BRIAN COX & JEFF FORSHAW

O UNIVERSO QUÂNTICO
TUDO QUE PODE ACONTECER REALMENTE ACONTECE

Editora Fundamento

2016, Editora Fundamento Educacional Ltda.
Reimpresso em 2022.

Editor e edição de texto: Editora Fundamento
Editoração eletrônica: Willian Bill
CTP e impressão: Imprensa da Fé
Tradução: Demberg.com Comunicação e Marketing Ltda. (Flávio Demberg)
Revisão técnica: Vivian Machado de Menezes
Arte da capa: Zuleika Iamashita

Copyright © 2011 por Brian Cox e Jeff Forshaw
Os direitos dos autores foram assegurados.

Todos os direitos reservados. Nenhuma parte deste livro pode ser arquivada, reproduzida ou transmitida em qualquer forma ou por qualquer meio, seja eletrônico ou mecânico, incluindo fotocópia e gravação de backup, sem permissão escrita do proprietário dos direitos.

Dados Internacionais de Catalogação na Publicação (CIP)
(Câmara Brasileira do Livro, SP, Brasil)

Cox, Brian
    O Universo quântico: tudo que pode acontecer realmente acontece / Brian Cox e Jeff Forshaw ; [versão brasileira da editora] – 1. ed. – São Paulo, SP : Editora Fundamento Educacional Ltda., 2016.

Título original: The quantum universe: everything that can happen does happen

1. Teoria quântica I. Forshaw, Jeff. II. Título.

13-01954   CDD-530.12

Índice para catálogo sistemático:
1. Teoria quântica: Física 530.12

Fundação Biblioteca Nacional

Depósito legal na Biblioteca Nacional, conforme Decreto nº 1.825, de dezembro de 1907.
Todos os direitos reservados no Brasil por Editora Fundamento Educacional Ltda.

Impresso no Brasil

Telefone: (41) 3015 9700
E-mail: info@editorafundamento.com.br
Site: www.editorafundamento.com.br

Este livro foi impresso em papel pólen natural 70 g/m^2 e a capa em papel-cartão 250 g/m^2

Agradecimentos

Gostaríamos de agradecer aos muitos colegas e amigos que nos ajudaram a "acertar as coisas" e nos ofereceram conselhos e colaborações valiosos. Em particular, reconhecer a ajuda de Mike Birse, Gordon Connell, Mrinal Dasgupta, David Deutsch, Nick Evans, Scott Kay, Fred Loebinger, Dave McNamara, Peter Millington, Peter Mitchell, Douglas Ross, Mike Seymour, Frank Swallow e Niels Walet.

Temos uma dívida de gratidão para com as nossas famílias – Naomi e Isabel, Gia, Mo e George – pelo apoio, encorajamento e por lidarem tão bem com as nossas ansiedades.

Por fim, o nosso muito obrigado à nossa editora e às nossas agentes (Sue Rider e Diane Banks) pela paciência, incentivo e apoio eficiente.

E um agradecimento especial ao nosso editor, Will Goodlad.

Sumário

Agradecimentos
1. Algo estranho está acontecendo
2. Estar em dois lugares ao mesmo tempo
3. O que é partícula?
4. Tudo o que pode acontecer realmente acontece
5. Movimento como ilusão
6. A música dos átomos
7. O universo em uma cabeça de alfinete
   (e por que não atravessamos o chão)
8. Interconectados
9. O mundo moderno
10. Interação
11. O espaço vazio não está vazio
    Epílogo: a morte das estrelas
    Leitura adicional
    Índice

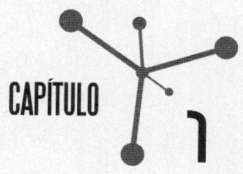

CAPÍTULO 1

Algo estranho está acontecendo

Quântico. A palavra é, ao mesmo tempo, provocadora, desconcertante e fascinante. Dependendo do ponto de vista, ou é um testemunho do profundo sucesso da ciência ou é um símbolo do limitado alcance da intuição humana quando nos defrontamos com a inevitável estranheza do domínio subatômico. Para um físico, a mecânica quântica é um dos três grandes pilares que sustentam o nosso entendimento do mundo natural. Os outros dois são a teoria da relatividade geral e a teoria da relatividade restrita, ambas de Einstein. Estas duas lidam com a natureza do espaço e do tempo e com a força da gravidade. A mecânica quântica aborda todo o resto, e alguém poderia dizer que pouco interessa se ela é provocadora, desconcertante ou fascinante, pois se trata simplesmente de uma teoria da física que descreve como as coisas se comportam. Considerando-se esse parâmetro pragmático, ela é muito encantadora quanto à sua precisão e capacidade de explicação. Há um experimento em eletrodinâmica quântica, a mais antiga e mais bem compreendida das teorias quânticas modernas, que envolve mensurar como um elétron se comporta nas proximidades de um ímã. Os físicos teóricos trabalharam duramente durante anos, usando lápis, papel e computadores, para prever o que os experimentos encontrariam. Os cientistas experimentais construíram e conduziram experimentos delicados para desvelar os mínimos detalhes da natureza. Os dois grupos, independentemente, apresentaram resultados precisos, comparáveis em exatidão ao medir a distância entre Manchester e Nova York com uma diferença de poucos centímetros. De modo notável, o número encontrado pelos experimentalistas concordava perfeitamente com aquele calculado pelos teóricos; medição e cálculo estavam em perfeita conformidade.

Isso é impressionante, mas também esotérico. Se mapear o mundo em miniatura fosse a única preocupação da teoria quântica, você estaria perdoado por questionar o porquê de todo esse estardalhaço. A ciência, é claro, não pretende ser útil, porém muitas das mudanças sociais e tecnológicas que têm revolucionado as nossas vidas surgiram da pesquisa fundamental conduzida pelos exploradores atuais, cuja única motivação é compreender melhor o mundo à sua volta. Essas instigantes viagens de descoberta através das disciplinas científicas trouxeram maior expectativa de vida, viagens aéreas intercontinentais, telecomunicações modernas, liberdade do trabalho pesado da agricultura de subsistência e uma visão arrebatadora, inspiradora e humilhante do nosso mundo em meio a um oceano infinito de estrelas. No entanto, tudo isso é secundário. Nós exploramos porque somos curiosos, não porque desejamos desenvolver grandes visões sobre a realidade ou inventar melhores engenhocas.

A teoria quântica é talvez o principal exemplo de algo infinitamente esotérico tornando-se profundamente útil. Esotérico, porque ela descreve um mundo no qual uma partícula realmente pode estar em vários lugares ao mesmo tempo e que se move de um lugar para outro pelo fato de explorar simultaneamente o universo inteiro. Útil, porque a compreensão do comportamento dos menores blocos que constituem o universo serve de base para a compreensão de tudo o mais. Essa declaração beira a húbris, uma vez que o mundo é composto de fenômenos complexos e diversos. Não obstante essa complexidade, descobrimos que tudo é constituído de um amontoado de minúsculas partículas que se movem de acordo com as leis da teoria quântica. Estas são tão simples que podem ser resumidas no verso de um envelope. E o fato de não precisarmos de uma biblioteca inteira para explicar a natureza essencial das coisas é um dos maiores mistérios que há.

Parece que quanto mais entendemos sobre a natureza elementar do mundo, mais simples ela parece ser. Oportunamente, explicaremos quais são essas leis básicas e como os minúsculos blocos "conspiram" para formar o mundo. No entanto, para que não fiquemos tão empolgados com a simplicidade subjacente do universo, é preciso fazer uma advertência: embora as regras básicas do jogo sejam simples, as suas consequências não são necessariamente fáceis de prever. A nossa experiência cotidiana do

> A TEORIA QUÂNTICA É TALVEZ O PRINCIPAL EXEMPLO DE ALGO INFINITAMENTE ESOTÉRICO TORNANDO-SE PROFUNDAMENTE ÚTIL.

mundo é dominada pelos relacionamentos entre enormes conjuntos de muitos trilhões de átomos, e tentar inferir o comportamento de plantas e de pessoas por esses primeiros princípios seria insensato. Admitir isso não reduz a questão – todos os fenômenos são realmente sustentados pela física quântica das minúsculas partículas.

Considere o mundo à sua volta. Você está segurando um livro feito de papel, a polpa amassada de uma árvore[1]. Árvores são máquinas capazes de pegar uma quantidade de átomos e moléculas, decompô-los e rearranjá-los em colônias cooperantes, compostas de muitos trilhões de partes individuais. Elas fazem isso por meio de uma molécula conhecida como clorofila, constituídas de mais de cem átomos de carbono, hidrogênio e oxigênio, unidos de forma intrincada com alguns átomos de magnésio e nitrogênio. Essa estrutura é capaz de capturar a luz que viajou os 150 milhões de quilômetros desde a nossa estrela, uma fornalha nuclear com o volume de um milhão de Terras, e transferir essa energia para o núcleo das células, que a usam para construir moléculas de dióxido de carbono e água, exalando o oxigênio essencial à vida. São essas cadeias moleculares que formam a superestrutura das árvores e de todas as coisas vivas, e o papel de seu livro. Você consegue ler o livro e entender as palavras porque tem olhos que podem converter a luz dispersa pelas páginas em impulsos elétricos que são interpretados por seu cérebro, a estrutura mais complexa que conhecemos no universo. Descobrimos que todas essas coisas não são nada mais que estruturas de átomo e que a grande variedade de átomos é formada por apenas três partículas: elétrons, prótons e nêutrons. Também encontramos que

---
[1] A menos, é claro, que você esteja lendo uma versão eletrônica deste livro. Nesse caso, terá de exercitar a sua imaginação.

os prótons e nêutrons são compostos de unidades ainda menores, chamadas *quarks* e é aqui que as coisas terminam, até onde sabemos hoje. Como base de tudo isso, está a teoria quântica.

A representação do universo que habitamos, tal como revelada pela física moderna, é, portanto, uma imagem de simplicidade subjacente; elegantes fenômenos "dançam" fora do nosso alcance visual, e a diversidade do mundo macroscópico emerge. Essa é, talvez, a suprema conquista da ciência moderna: a redução da tremenda complexidade do mundo – aí incluídos os seres humanos – à descrição do comportamento de algumas poucas minúsculas partículas subatômicas e das quatro interações que ocorrem entre elas. A melhor descrição que temos de três dessas interações – as nucleares forte e fraca que operam dentro do núcleo atômico e a eletromagnética que une átomos e moléculas – é fornecida pela teoria quântica. Somente a gravidade, a mais fraca, mas provavelmente a mais conhecida das quatro, não conta, até o presente, com uma descrição quântica satisfatória.

De fato, a teoria quântica tem uma certa reputação de ser "esquisita" e há enorme quantidade de tolices escritas em seu nome. Gatos podem estar mortos e vivos ao mesmo tempo; partículas podem estar em dois lugares simultaneamente; Heisenberg diz que tudo é incerto. Todas essas coisas são verdadeiras, mas a conclusão tão frequente – de que, se algo estranho está acontecendo no micromundo, então estamos imersos no mistério – definitivamente não é verdadeira. A percepção extrassensorial, as curas místicas, os braceletes vibratórios para nos proteger da radiação e sabe-se lá de mais o quê são incluídos clandestinamente no panteão das coisas possíveis, sob o amparo da palavra "quântico". Trata-se de absurdos que emergem da falta de clareza de pensamento, de fantasias, de mal-entendidos legítimos ou propositais ou de alguma combinação infeliz de tudo isso. A teoria quântica descreve o mundo com precisão, por meio de regras matemáticas tão concretas quanto qualquer uma das proposições de Newton ou de Galileu. Por isso é que conseguimos calcular a resposta magnética de um elétron com tamanha precisão. Como veremos, a teoria quântica oferece uma descrição da natureza com imensa capacidade explanatória e preditiva, que abrange uma grande variedade de fenômenos, desde os *chips* de silício até as estrelas.

Nosso objetivo ao escrever este livro é desmistificar a doutrina quântica, um sistema teórico que se provou notavelmente confuso, mesmo para os cientistas pioneiros. A nossa abordagem adotará uma perspectiva moderna, com a vantagem de um século de observações e de avanços teóricos. Para definir o cenário, contudo, gostaríamos de iniciar a nossa jornada na virada do século 20 e examinar alguns dos problemas que levaram os físicos a se afastarem tão radicalmente do que pensavam antes.

> A TEORIA QUÂNTICA DESCREVE O MUNDO COM PRECISÃO, POR MEIO DE REGRAS MATEMÁTICAS TÃO CONCRETAS QUANTO QUALQUER UMA DAS PROPOSIÇÕES DE NEWTON OU DE GALILEU.

A teoria quântica foi motivada, como ocorre de modo geral na ciência, pela descoberta de fenômenos naturais que não podiam ser explicados pelos paradigmas científicos da época. Para tal teoria, esses fenômenos foram muitos e os mais diversos. Uma sucessão de resultados inexplicáveis causou entusiasmo e perplexidade e catalisou um período de inovação teórica e experimental, que verdadeiramente merece receber o rótulo clichê: uma era de ouro. Os nomes dos protagonistas estão gravados na mente de todo estudante de Física e dominam as aulas dos cursos de graduação ainda hoje: Rutherford, Bohr, Planck, Einstein, Pauli, Heisenberg, Schrödinger, Dirac. Provavelmente, não haverá de novo na História uma época em que tantos nomes tenham se associado, com esplendor científico, na busca de um só objetivo: uma nova teoria dos átomos e das forças que constituem o mundo físico. Em 1924, nas primeiras décadas da teoria quântica, Ernest Rutherford, o físico neozelandês que descobriu o núcleo atômico em Manchester, escreveu: "O ano de 1896... marcou o início do que ficou conhecido apropriadamente como a era heroica das Ciências Físicas. Nunca antes na história da Física se testemunhou um período de tanta atividade, no qual descobertas de fundamental importância se seguiram umas às outras com surpreendente rapidez".

Entretanto, antes de viajarmos para a Paris do século 19 e para o nascimento da teoria quântica... e quanto à palavra "quântico"? O termo entrou no vocabulário da Física em 1900, por meio do trabalho de Max Planck. Este estudioso estava preocupado com a descoberta de uma descrição teórica da radiação emitida pelos objetos quentes – a conhecida "radiação de corpo negro" –, aparentemente porque fora contratado para isso por uma empresa de iluminação elétrica, e, por acaso, as portas do universo foram abertas pelo trivial. Mais adiante neste livro, abordaremos o grande *insight* de Planck com mais detalhes, mas, para os fins desta breve introdução, é suficiente dizer que ele descobriu que só poderia explicar as propriedades da radiação de corpo negro se assumisse que a luz era emitida em pequenos pacotes de energia, que ele chamou de "quanta". A palavra em si quer dizer "pacotes" ou "distinto". Inicialmente, ele achou que isso seria apenas um truque matemático, mas o trabalho subsequente de Albert Einstein, em 1905, sobre um fenômeno chamado efeito fotoelétrico, deu base adicional para a hipótese quântica. Os resultados eram sugestivos, porque os pequenos pacotes de energia poderiam ser considerados idênticos às partículas.

A ideia de que a luz consiste em um fluxo de pequenos pacotes tem uma longa e famosa história, que data do nascimento da física moderna e da época de Isaac Newton. Entretanto, em 1864, o físico escocês James Clerk Maxwell parece ter eliminado completamente quaisquer dúvidas persistentes quanto a isso, em uma série de artigos que Albert Einstein descreveria mais tarde como "os mais profundos e mais proveitosos que a física recebeu desde os tempos de Newton". Maxwell mostrou que a luz é uma onda eletromagnética propagando-se pelo espaço. Assim, a ideia da luz como onda teve uma origem imaculada e, ao que parece, incontestável. Ainda assim, em uma série de experimentos conduzidos na Washington University, em Saint Louis, de 1923 a 1925, Arthur Compton e seus colegas tiveram sucesso ao incidir os *quanta* de luz sobre elétrons. Ambos se comportaram como bolas de sinuca, oferecendo uma clara evidência de que a conjectura teórica de Planck tinha firme base no mundo real. Em 1926, os *quanta* de luz foram batizados de "fótons". A evidência era indiscutível – a luz comporta-se tanto como onda quanto como partícula. Isso marcou o fim da física clássica e o fim da "infância" da teoria quântica.

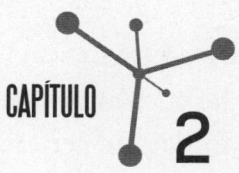

CAPÍTULO 2

Estar em dois lugares ao mesmo tempo

Ernest Rutherford refere-se a 1896 como o início da revolução quântica, porque esse foi o ano em que Henri Becquerel, trabalhando em seu laboratório em Paris, descobriu a radioatividade. O pesquisador estava tentando usar compostos de urânio para gerar raios X, descobertos apenas alguns meses antes por Wilhelm Röntgen, em Würzburg. Em vez disso, ele descobriu que tais compostos emitiam *"les rayons uraniques"*, que eram capazes de escurecer chapas fotográficas mesmo quando elas estavam envolvidas em papel grosso, em que a luz não podia penetrar. A importância dos raios de Becquerel foi reconhecida em um artigo pelo grande cientista Henri Poincaré, já em 1897, no qual ele falou, de modo presciente, sobre a descoberta que "podemos pensar hoje como aquela que nos abrirá acesso a um novo mundo de que ninguém suspeita". A coisa intrigante sobre o decaimento radioativo, que provou ser um prenúncio de outros eventos, era que nada parecia ativar a emissão dos raios; eles simplesmente "saíam" das substâncias, de modo espontâneo e imprevisível.

Em 1900, Rutherford notou o problema: "Todos os átomos formados ao mesmo tempo devem durar um intervalo definido. Isso, entretanto, é o contrário da lei de transformação observada, segundo a qual os átomos têm uma vida que abrange todos os valores de zero ao infinito". Essa aleatoriedade no comportamento do micromundo aparece como uma surpresa, porque, até o momento, a ciência era resolutamente determinística. Se, em algum instante no tempo, você sabia tudo o que era possível saber sobre algo, então acreditava que poderia prever com certeza absoluta o futuro desse algo. O rompimento com esse tipo de previsibilidade é uma característica marcante da teoria quântica: ela lida com probabilidades, em vez de com certezas, não por falta do conhecimento absoluto, mas porque alguns aspectos da natureza são, na sua essência profunda, governados pelas leis do acaso. E, assim, agora entendemos que é simplesmente impossível prever quando um átomo específico se desintegrará. O decaimento radioativo foi o primeiro encontro da ciência com o jogo de dados da natureza. E isso trouxe confusão para muitos físicos durante longo tempo.

Claramente havia algo de interessante acontecendo dentro dos átomos, embora a sua estrutura interna fosse inteiramente desconhecida. A principal descoberta foi feita por Rutherford, em 1911, que usou uma fonte radioativa para bombardear uma placa fina de ouro com um tipo de radiação conhecida como partículas alfa (sabemos hoje que estas são os núcleos de átomos de hélio). Esse cientista, com seus colegas Hans Geiger e Ernest Marsden, descobriu, para a sua imensa surpresa, que, em média, 1 em 8.000 partículas alfa não atravessava o ouro como era esperado, mas rebatia diretamente de volta. Rutherford descreveu o momento de maneira particularmente expressiva: "Tratava-se efetivamente do mais incrível evento que já ocorreu na minha vida. Era quase tão incrível quanto alguém dar um tiro com uma bala de 40 cm em um lenço de papel, e ela ricochetear de volta para o atirador!" Para todos os efeitos, tal pesquisador era tido por todos como um indivíduo admirável e sensato. Certa vez, ele descreveu um funcionário público arrogante como "um ponto euclidiano: ele tem posição, mas sem magnitude".

Rutherford supôs que seus resultados experimentais poderiam ser explicados somente se o átomo consistisse em um núcleo muito pequeno no centro, com elétrons orbitando a seu redor. Na época, ele provavelmente tinha em mente algo semelhante aos planetas em órbita em torno do Sol. O núcleo contém quase toda a massa do átomo, por isso ele seria capaz de barrar as partículas alfa de 40 cm e ricocheteá-las de volta. O hidrogênio, o mais simples dos elementos, tem um núcleo que formado por um único próton com raio de aproximadamente

$1,75 \times 10^{-15}$ m. Caso essa notação não lhe seja familiar, isso significa 0,00000000000000175 metros ou, por extenso, dois bilhões de milionésimos de metro. Pelo que poderíamos dizer hoje, o único elétron é como o funcionário público arrogante de Rutherford, como um ponto, e orbita em torno do núcleo de hidrogênio a um raio cerca de 100.000 vezes maior que o diâmetro do núcleo. O núcleo tem uma carga elétrica positiva, e o elétron, uma carga elétrica negativa, o que significa que há uma força de atração entre eles, análoga à força da gravidade que mantém a Terra em órbita ao redor do Sol. Isso, por sua vez, quer dizer que os átomos são, em grande parte, espaço vazio. Se você imaginar um núcleo ampliado até o tamanho de uma bola de tênis, o minúsculo elétron seria menor que uma partícula de poeira orbitando em volta dele a uma distância de um quilômetro. Essas imagens são bem surpreendentes, uma vez que a matéria sólida certamente não parece muito vazia.

O átomo nuclear de Rutherford levantou uma série de problemas para os físicos da época. Era bem conhecido, por exemplo, que o elétron deveria perder energia ao se mover na órbita em torno do núcleo atômico, porque todas as coisas com carga elétrica expelem energia ao se deslocarem em trajetos curvos. Essa é a ideia por trás da operação do radiotransmissor, dentro do qual os elétrons são agitados e, como resultado, ondas eletromagnéticas de rádio são emitidas. Heinrich Hertz inventou o radiotransmissor em 1887 e, quando Rutherford descobriu o núcleo atômico, já havia uma estação de rádio comercial que enviava mensagens através do Atlântico, da Irlanda para o Canadá. Portanto, não havia dúvidas quanto à teoria das cargas em órbita e a emissão de ondas de rádio, o que desconcertava aqueles que tentavam explicar como os elétrons conseguiam manter a órbita ao redor do núcleo.

Um fenômeno igualmente inexplicável era o mistério da luz emitida por átomos quando aquecidos. Muito antes, em 1853, o cientista sueco Anders Jonas Ångstrom liberou uma descarga elétrica através de um tubo de gás hidrogênio e analisou a luz emitida pela reação. Poderia se presumir que um gás incandescente produziria todas as cores do arco-íris; afinal de contas, o que é o Sol se não uma bola de gás incandescente? Em vez disso, Ångstrom observou que o hidrogênio emitia luz de três cores bem distintas: vermelho, azul esverdeado e violeta, como um arco-íris de três arcos estreitos e claros. Logo se descobriu que todo elemento químico se comportava dessa maneira, emitindo uma barra de cores específica. Na época em que o átomo nuclear de Rutherford surgiu, outro cientista chamado Heinrich Gustav Johannes Kayser compilou um trabalho de referência de seis volumes e 5.000 páginas, intitulado *Handbuch der Spectroscopie*, documentando todas as linhas coloridas e brilhantes dos elementos conhecidos. A questão, é claro, foi: por que ele fez isso? Não somente "por quê, professor Kayser?" (o estudioso deve ter sido motivo de brincadeira em festas), porém também "por que a profusão de linhas coloridas?" Por mais de 60 anos, a ciência da espectroscopia, como era conhecida, havia sido, ao mesmo tempo, um sucesso da observação e um deserto teórico.

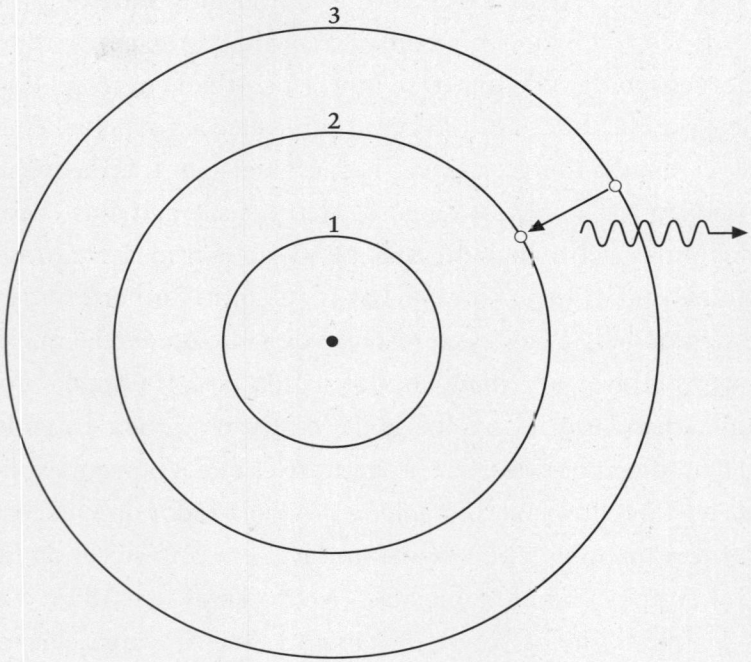

Figura 2.1 – Modelo de Bohr de um átomo que ilustra a emissão de um fóton (linha ondulada) quando um elétron desce de uma órbita para outra (indicado pela seta).

Em março de 1912, fascinado pelo problema da estrutura atômica, o físico dinamarquês Niels Bohr viajou para Manchester a fim de encontrar Rutherford. Mais tarde, ele comentou que tentar decodificar os movimentos internos do átomo a partir dos dados espectroscópicos era algo semelhante a deduzir as bases da Biologia fundamentando-se na asa colorida de uma borboleta. O átomo em forma de sistema solar apresentado por Rutherford forneceu a pista de que Bohr precisava e, em 1913, este publicou a primeira teoria quântica da estrutura atômica. A teoria tinha lá seus problemas, mas também tinha várias revelações fundamentais que possibilitariam o desenvolvimento da teoria quântica moderna. O físico dinamarquês concluiu que os elétrons só podem adotar determinadas órbitas em torno do núcleo se a órbita de mais baixa energia for a mais próxima dele. Ele também afirmou que os elétrons podem pular entre essas órbitas, isto é, pulam para uma órbita maior quando recebem energia (de uma descarga elétrica em um tubo, por exemplo) e, no devido tempo, eles cairão de volta a uma órbita menor, emitindo luz no processo. A cor dessa luz é definida diretamente pela diferença de energia entre as duas órbitas. A figura 2.1 ilustra a ideia básica: a seta representa um elétron descendo do terceiro nível de energia para o segundo e emitindo luz (representada pela linha ondulada) ao fazê-lo. No modelo de Bohr, o elétron só é capaz de girar ao redor do próton em uma dessas órbitas especiais, "quantizadas"; espiralar-se para o interior é simplesmente proibido. Desse modo, tal teoria permitiu que o físico calculasse os comprimentos de onda, ou seja, determinasse as cores da luz observada por Ångstrom – elas foram atribuídas a um elétron que pulava da quinta órbita para a segunda (luz violeta); da quarta órbita para a segunda (luz azul esverdeada); ou da terceira para a segunda (luz vermelha). A estrutura proposta por Bohr também previu corretamente que deveria haver luz emitida como consequência de elétrons pulando para a primeira órbita. Essa luz está na parte ultravioleta do espectro, que não é visível ao olho humano, por isso não foi vista por Ångstrom. Entretanto, ela havia sido identificada em 1906 pelo físico de Harvard, Theodore Lyman, e o modelo do dinamarquês descreve perfeitamente os dados desse estudioso.

O UNIVERSO QUÂNTICO

Embora Bohr não tenha conseguido estender seu modelo para além do hidrogênio, as ideias que ele introduziu poderiam ser aplicadas aos outros átomos. Especificamente, se alguém presumisse que os átomos de cada elemento tivessem um único conjunto de órbitas, então eles emitiriam somente luzes de certas cores. Estas funcionariam, portanto, como uma impressão digital, e os astrônomos certamente não esperariam para explorar a exclusividade das linhas espectrais emitidas pelos átomos como uma maneira de determinar a composição química das estrelas.

O modelo do físico dinamarquês foi um bom começo, porém claramente insatisfatório: por que não era possível que os elétrons se espiralassem para o interior, para órbitas menores, quando se sabia que eles deveriam perder energia ao emitir ondas eletromagnéticas – uma ideia tão bem firmada na realidade com o advento do rádio? E por que as órbitas dos elétrons eram quantizadas primeiramente? E quanto aos elementos mais pesados do que o hidrogênio: como seria a compreensão de sua estrutura?

Ainda que possa ter sido incompleta, a teoria de Bohr representou um passo crucial e um exemplo de como os cientistas geralmente progridem. Não faz sentido ficar completamente estagnado diante de evidências confusas e desconcertantes. Nesses casos, os pesquisadores normalmente fazem um *ansatz*, uma conjectura, um palpite fundamentado, se você preferir, e prosseguem calculando as consequências de sua hipótese. Se a suposição se confirmar, ou seja, se a teoria subsequente ratificar o experimento, é possível retornar com alguma confiança à tentativa de entendimento mais detalhado da hipótese inicial. O *ansatz* de Bohr foi confirmado, no entanto permaneceu inexplicável por 13 anos.

Revisitaremos a história dessas ideias quânticas iniciais no decorrer do livro. Por ora, ficaremos com um conjunto de resultados estranhos e questões parcialmente respondidas, pois foi com isso que os fundadores da teoria quântica se depararam. Em resumo: seguindo Planck, Einstein apresentou a ideia de que a luz é feita de partículas, mas

Maxwell mostrou que ela também se comporta como onda. Rutherford e Bohr lideraram o caminho para o entendimento da estrutura dos átomos, todavia a maneira como os elétrons se comportavam dentro dos átomos não estava de acordo com nenhuma teoria conhecida. E os fenômenos heterogêneos coletivamente chamados de radioatividade, em que os átomos se separam de forma espontânea sem razão aparente, continuaram a ser um mistério, em especial por introduzirem um elemento perturbadoramente aleatório na física. Não havia dúvida: algo estranho estava acontecendo no mundo subatômico.

O primeiro passo em direção a uma resposta consistente e unificada é creditado ao físico alemão Werner Heisenberg. O que ele fez representou nada menos que uma abordagem completamente nova da teoria da matéria e das forças. Em julho de 1925, Heisenberg publicou um artigo em que rejeitava toda a mixórdia de ideias

> A FUNÇÃO DE UMA TEORIA DA NATUREZA É FAZER PREVISÕES PARA QUANTIDADES QUE POSSAM SER COMPARADAS A RESULTADOS EXPERIMENTAIS.

e teorias incompletas, incluindo o modelo de átomo de Bohr, e prenunciava uma abordagem totalmente nova para a física. Ele começou assim: "Neste estudo, tentaremos afirmar as bases de uma mecânica quântica teórica, a qual é exclusivamente fundamentada em relações entre quantidades que são, em princípio, observáveis". Trata-se de um passo importante, porque Heisenberg estava dizendo que a matemática subjacente à teoria quântica não precisa corresponder a nada que nos é familiar. O trabalho da teoria quântica deve ser prever diretamente coisas observáveis, como a cor da luz emitida pelos átomos de hidrogênio. Não se pode esperar que ela forneça algum tipo de imagem mental satisfatória para o funcionamento interno do átomo, porque isso não é necessário e talvez nem seja possível. De uma só tacada, o físico alemão derrubou o conceito de que o funcionamento da natureza deva estar necessariamente de acordo com o senso comum. Isso não quer dizer que uma teoria do mundo subatômico não precise concordar com nossa experiência cotidiana ao descrever o movimento de objetos grandes, como bolas de tênis ou um avião. Entretanto, temos que estar preparados para abandonar o preconceito de que as coisas minúsculas se comportam como versões menores das coisas grandes, se isso for o que nossas observações experimentais prescrevem.

Não há dúvida de que a teoria quântica é difícil e, de fato, nenhuma incerteza de que a abordagem de Heisenberg é extremamente complicada. O ganhador do Prêmio Nobel Steven Weinberg, um dos maiores físicos vivos, falou sobre o artigo escrito pelo pesquisador germânico em 1925:

> *Se o leitor ficar perplexo com o que Heisenberg estava fazendo, não estará sozinho. Tentei ler várias vezes o artigo de Heisenberg ao retornar de Heligoland e, embora eu ache que entenda a Mecânica Quântica, nunca entendi as motivações de Heisenberg para as questões matemáticas em seu artigo. Os físicos teóricos, quando bem-sucedidos, vivem um destes dois papéis: ou são sábios ou são mágicos... Em geral, não é difícil entender o trabalho dos físicos sábios, mas o trabalho dos físicos mágicos é quase sempre incompreensível. Nesse sentido, o artigo de Heisenberg, de 1925, foi pura magia.*

A filosofia de Heisenberg, no entanto, não é pura magia. É simples e está na essência de nossa abordagem neste livro: a função de uma teoria da natureza é fazer previsões para quantidades que possam ser comparadas a resultados experimentais. Não somos obrigados a produzir uma teoria que sustente qualquer relação que percebamos no mundo todo. Felizmente, embora estejamos adotando a abordagem de Heisenberg, estaremos seguindo a abordagem mais clara de Richard Feynman sobre o mundo quântico.

Usamos bastante a palavra "teoria" nas páginas anteriores e, antes de continuarmos a montar a teoria quântica, será útil analisar uma teoria mais simples. Uma boa teoria científica especifica um conjunto de regras que determinam o que pode e o que não pode acontecer a alguma coisa no mundo. Essas regras devem permitir que se façam previsões que possam ser testadas pela observação. Se estas demonstrarem ser falsas, a teoria está errada e deve ser descartada. Se elas estiverem de acordo com a observação, a teoria é mantida. Nenhuma teoria é "verdadeira", uma vez que sempre é possível refutá-la. Como disse o biólogo Thomas Huxley: "A ciência é o senso comum organizado, em que uma bela teoria foi liquidada por um fato repulsivo". Qualquer conjunto de ideias que não seja suscetível à refutação não é uma teoria científica – realmente, podemos ir mais longe e afirmar que não existem informações confiáveis de fato. A confiança na contestação é o motivo de as teorias científicas serem diferentes das questões de opinião. A propósito, esse significado científico da palavra "teoria" é distinto do uso comum, que geralmente sugere certo grau de especulação. As teorias científicas podem ser especulativas se ainda não tiverem sido confrontadas com a evidência; uma teoria estabelecida, no entanto, é algo sustentado por um grande conjunto de evidências. Os cientistas se esforçam para desenvolver teorias que abranjam a maior extensão de fenômenos possível; e os físicos, em particular, ficam bastante animados com a perspectiva de descrever tudo o que pode acontecer no mundo material por meio de um pequeno número de regras.

Um exemplo de boa teoria que possui uma vasta gama de aplicabilidade é a teoria da gravidade de Isaac Newton, publicada em 5 de julho de 1687, no *Philosophiæ Naturalis Principia Mathematica*. Essa foi a primeira teoria científica moderna e, embora posteriormente tenha se mostrado imprecisa em algumas circunstâncias, era tão boa que é usada até hoje. Einstein desenvolveu uma teoria mais precisa da gravidade, a Relatividade Geral, em 1915.

A teoria da gravidade de Newton pode ser expressa por uma única equação matemática:

$$F = G \frac{m_1 m_2}{r^2}$$

Isso pode parecer simples ou complicado, dependendo de seu conhecimento de matemática. Eventualmente, usaremos a matemática neste livro. Para os leitores que a consideram uma disciplina difícil, sugerimos desprezar as fórmulas, sem grande receio. Procuraremos sempre destacar as ideias principais sem depender dela. Incluímos a matemática principalmente por ela nos permitir explicar realmente por que as coisas são como são. Sem isso, teríamos de recorrer à mentalidade do físico guru, da qual extraímos profundidades do nada; e nenhum dos dois autores ficaria à vontade no papel de um guru.

> A CONFIANÇA NA CONTESTAÇÃO É O MOTIVO DE AS TEORIAS CIENTÍFICAS SEREM DIFERENTES DAS QUESTÕES DE OPINIÃO.

Retornemos agora à equação de Newton. Imagine uma maçã fragilmente pendurada em um galho. A percepção da força da gravidade graças à queda de uma maçã madura em sua cabeça em uma tarde de verão foi, de acordo com a lenda, o caminho do físico para criar sua teoria. Newton disse que o fruto estava sujeito à força da gravidade, que o puxou para o solo. Essa força é representada na equação pelo símbolo F. Então, antes de tudo, a equação permite que você calcule a força exercida sobre a maçã, se souber o que significam as notações do lado direito do sinal de igual. O símbolo r representa a distância entre o centro da maçã e o centro da Terra. É r^2 porque Newton descobriu que a força depende do quadrado da distância entre os objetos. Em linguagem não matemática, isso significa que, se você dobrar a distância entre o fruto e o centro de nosso planeta, a força gravitacional cai a um fator 4. Se triplicar a distância, ela cai a um fator 9. E assim sucessivamente. Os físicos chamam esse comportamento de lei do inverso do quadrado. Os caracteres m_1 e m_2 referem-se à massa da maçã e à massa da Terra e sua inclusão na equação indica o reconhecimento de Newton de que a força gravitacional de atração entre dois corpos depende do produto de suas massas. Isso, é claro, traz a pergunta: o que é massa? Essa é uma questão interessante por si só, e, para respondê-la do modo mais profundo hoje em dia, teremos de esperar até falarmos sobre uma partícula quântica conhecida como o bóson de Higgs. Explicando genericamente, massa é a medida da quantidade de "conteúdo" dentro de alguma coisa. A Terra contém mais massa que a maçã. Entretanto, esse tipo de constatação não é lá muito preciso. Felizmente, Newton também nos deu uma forma de medir a massa de um objeto, independentemente da lei da gravidade, que está contida na segunda de suas três leis do movimento, as quais todos os estudantes de física do Ensino Médio adoram, a saber:

1. todo corpo se mantém em estado de repouso, ou de movimento uniforme em uma linha reta, a menos que uma força altere esse estado;
2. um corpo de massa m sofre uma aceleração a quando uma força F age sobre ele. Em formato de equação: $F = ma$;
3. a toda ação, há sempre uma reação oposta e de igual intensidade.

As três leis de Newton descrevem o movimento das coisas sob a influência de uma força. A primeira lei se refere ao que acontece a um corpo quando nenhuma força age sobre ele: o objeto permanece parado ou em movimento em linha reta a velocidade constante. Mais adiante, estaremos procurando uma lei equivalente para as partículas quânticas e não estamos estragando a surpresa se dissermos desde já que as partículas quânticas simplesmente não ficam paradas – saltam para todos os lados mesmo quando não há forças agindo sobre elas. De fato, a própria noção de "força" está ausente na teoria quântica e, com isso, a segunda lei de Newton também está sujeita ao descarte. Aliás, o que queremos afirmar é que essas leis estão sendo "jogadas no lixo" porque foram definidas apenas como aproximadamente corretas. Elas funcionam bem em muitos casos, porém falham totalmente ao descrevermos o fenômeno quântico. As leis da teoria quântica substituem as de Newton e oferecem uma explicação mais precisa do mundo. A física newtoniana emerge da descrição quântica, e é importante perceber que a situação não é "Newton para as coisas grandes, e quântica para as pequenas" – é a segunda para tudo!

Apesar de não estarmos aqui muito interessados na terceira lei de Newton, ela merece um comentário ou dois para seus fãs. Tal lei diz que as forças ocorrem em pares: se eu fico de pé, então meus pés pressionam a Terra, e esta responde, empurrando-me de volta. Isso implica afirmar que, para um sistema "fechado", a força resultante é nula, o que significa, por sua vez, que o momento linear total do sistema é conservado. Devemos usar o conceito de momento linear em todo este livro. Para uma única partícula, ele é definido como o produto da massa da partícula por sua velocidade, o que assim descrevemos: $p = mv$. Curiosamente, a conservação do movimento linear tem algum sentido na teoria quântica, ainda que a ideia de força não o tenha.

Por ora, contudo, é a segunda lei de Newton que nos interessa. $F = ma$ significa que, se você aplicar uma dada força a algum objeto e medir a aceleração dele, a razão entre aquela e esta será sua massa. Isso assume que você saiba como definir força, o que não é tão difícil. Um modo simples de fazê-lo, porém não tão preciso ou prático, seria medi--la em termos da tração exercida sobre alguma coisa: uma tartaruga, digamos, andando em linha reta e atrelada a um objeto que ela puxa. Poderíamos chamar a tartaruga média de "Tartaruga SI" e mantê-la em uma caixa fechada no Escritório Internacional de Pesos e Medidas, em Sèvres, na França. Duas tartarugas atreladas ao objeto exerceriam duas vezes a força; três produziriam três vezes; e assim por diante. Seria possível, então, falar sempre da força de tração como o número de tartarugas necessário para gerar tal força.

Com esse sistema, que é bastante absurdo para ser adotado por um comitê internacional de padrões[2], podemos puxar um objeto com uma tartaruga e medir a aceleração dele, o que nos permitirá deduzir sua massa, por meio da segunda lei de Newton. Então, repetiremos o processo para um segundo objeto, a fim de deduzir sua massa e, em seguida, relacionaremos ambas as massas com a lei da gravidade, para determinar a força entre elas em função da gravidade. Entretanto, para determinar em número de tartarugas a força gravitacional entre as duas massas, precisaríamos ainda calibrar todo o sistema com relação à própria força da gravidade, e é aqui que o símbolo G aparece.

---

[2] Mas não tão absurdo assim, se considerarmos que uma medida de potência frequentemente usada até hoje é o "cavalo-vapor" ou simplesmente "cavalo".

G é um número muito importante, chamado de constante gravitacional de Newton, que indica a força da gravidade. Se dobrássemos G, estaríamos duplicando essa força, e isso faria a maçã acelerar duas vezes mais em direção ao solo. Portanto, essa constante descreve uma das propriedades fundamentais de nosso universo e viveríamos em um universo bem diferente se ela tivesse outro valor. Admite-se atualmente que G tem o mesmo valor em qualquer lugar do universo e que se tem mantido constante por todo o tempo (aparece também na teoria da gravidade de Einstein, na qual também é uma constante). Há outras constantes universais na natureza sobre as quais falaremos neste livro. Na mecânica quântica, a mais importante é a constante de Planck, assim chamada em homenagem ao pioneiro quântico Max Planck, e representada pelo símbolo h. Também trataremos da velocidade da luz, c, que não é somente a velocidade a que a luz viaja no vácuo, mas o limite universal de velocidade. "É impossível viajar mais rápido que a velocidade da luz e certamente isso não é recomendável, já que o chapéu não para no lugar", declarou Woody Allen certa vez.

As três leis do movimento de Newton e a lei da gravitação são tudo de que precisamos para entender o movimento na presença da gravidade. Não existem outras regras ocultas que não tenhamos determinado – apenas essas poucas leis resolvem tudo e nos permitem, por exemplo, compreender a órbita dos planetas em nosso sistema solar. Juntas, elas restringem rigorosamente os tipos de trajetórias que os objetos podem realizar ao se moverem sob a influência da gravidade. Usando somente as leis de Newton, podemos provar que todos os planetas, cometas, asteroides e meteoros do sistema solar só se deslocam ao longo de trajetórias conhecidas como seções cônicas. A mais simples destas, e que a Terra segue muito aproximadamente com sua órbita em torno do Sol, é um círculo. Em geral, os planetas e luas se movimentam em trajetórias orbitais conhecidas como elipses, que são círculos alongados. As outras duas seções cônicas são chamadas de parábola e hipérbole. Uma parábola é a trajetória que é feita por uma bala de canhão ao ser disparada pela artilharia. A última seção cônica, a hipérbole, é a trajetória que o objeto mais longínquo construído pelo homem segue agora em direção às estrelas. A Voyager 1 está (no momento da redação deste texto) ultrapassando os 18 bilhões de quilômetros da Terra e se distanciando do sistema solar a uma velocidade de 538 milhões de quilômetros por ano. A mais bela das conquistas da Engenharia foi lançada em 1977 e ainda mantém contato com a Terra, registrando medidas do vento solar em um gravador e transmitindo-as de volta a uma potência de 20 watts. A Voyager 1 e sua sonda-irmã Voyager 2 são testemunhos inspiradores do desejo humano de exploração do universo. As duas naves espaciais visitaram Júpiter e Saturno, e a Voyager 2 seguiu para realizar visitas a Urano e Netuno. Elas navegaram o sistema solar com precisão, utilizando-se da gravidade para serem lançadas para além dos planetas em direção ao espaço interestelar. Os operadores aqui na Terra não usaram nada mais que as leis de Newton para planejar o curso das espaçonaves entre os planetas interiores e os exteriores e em direção às estrelas. A Voyager 2 passará próxima a Sirius, a mais brilhante das estrelas do céu, em menos de 300 mil anos. Fizemos isso tudo e temos todo esse conhecimento por causa da teoria da gravidade de Newton e de suas leis do movimento.

As leis newtonianas nos oferecem uma imagem muito intuitiva do mundo. Como vimos, elas tomam a forma de equações – relações matemáticas entre quantidades mensuráveis – que nos permitem prever com precisão como os objetos se movem no espaço. Inerente a toda essa estrutura, existe a suposição de que os objetos estão, em dado instante, situados em algum lugar e que, conforme o tempo passa, deslocam-se tranquilamente de um local para outro. Isso parece tão evidente e verdadeiro que quase não vale a pena comentar a respeito. Porém, precisamos reconhecer que essa suposição é um preconceito. Podemos realmente ter certeza de que as coisas estão efetivamente aqui ou ali e que elas não estão, na verdade, em dois lugares diferentes ao mesmo tempo? É claro, sua cabana no jardim não está, de maneira perceptível, em dois locais completamente distintos concomitantemente – mas e um elétron dentro de um átomo? Ele poderia estar "aqui" e "ali" simultaneamente? Por ora, esse tipo de sugestão parece ser absurda, principalmente porque não conseguimos visualizá-la com nossa mente, porém veremos que é assim que as coisas realmente são. Neste estágio de nossa narrativa, tudo o que estamos fazendo ao apresentar essa estranha declaração é indicar que as leis de Newton foram construídas sobre a intuição, como uma casa edificada sobre a areia, considerando-se a física fundamental.

Há um experiência muito simples, conduzida pela primeira vez por Clinton Davisson e Lester Germer, nos Laboratórios Bell, nos Estados Unidos, e publicada em 1927. Ele mostra que a imagem intuitiva do mundo proposta por Newton está errada. Embora maçãs, planetas e pessoas pareçam de fato se comportar de modo "newtoniano", deslocando-se de um ponto para outro de forma regular e previsível no decorrer do tempo, o experimento mostrou que os elementos fundamentais da matéria não agem assim.

O artigo de Davisson e Germer começa do seguinte modo: "A intensidade de espalhamento de um feixe homogêneo de elétrons de velocidade ajustável incidente sobre um cristal de níquel foi medida como uma função da direção". Felizmente, há uma maneira de entender a conclusão principal da descoberta por meio de uma versão simplificada do experimento, conhecida como experiência da dupla fenda. Ela consiste em uma fonte que emite elétrons na direção de uma placa com duas fendas (ou aberturas). Depois da placa, há uma tela que pisca quando um elétron a atinge. Não importa qual seja a fonte de elétrons, mas, em termos práticos, podemos imaginar um cabo com carga elétrica estendido na frente do experimento[3]. Ilustramos a experiência da dupla fenda na figura 2.2.

Imagine que apontemos uma câmera para a tela e deixemos o obturador aberto para tirar uma fotografia de longa exposição dos pequenos *flashes* de luz emitidos à medida que, um a um, os elétrons atinjam a tela. Um padrão surgirá e a pergunta simples é: "qual será?" Considerando que elétrons são simplesmente pequenas partículas que se comportam de modo semelhante a maçãs ou planetas, poderíamos esperar que o padrão emergente fosse parecido com aquele mostrado na figura 2.2. Alguns elétrons passam pelas fendas; a maioria, não. Os

---

[3] Antigamente, os televisores funcionavam usando essa ideia. Uma corrente de elétrons gerada por um cabo quente era reunida em um feixe e acelerada por um campo magnético em direção a uma tela que brilhava quando os elétrons a atingiam.

que as atravessam podem ricochetear na beirada delas, o que os espalha um pouco, no entanto a maior parte dos elétrons passa pelas fendas. Portanto, os *flashes* mais brilhantes da fotografia certamente aparecerão alinhados com elas.

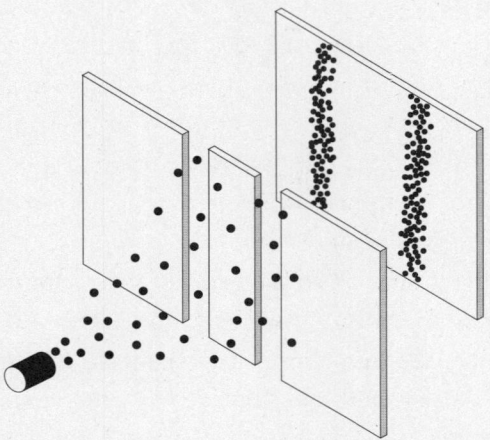

Figura 2.2 – Uma fonte emissora dispara elétrons em direção a um par de fendas, e, se eles se comportassem como partículas "normais", nós esperaríamos ver os impactos na tela em duas faixas, como na ilustração. Notavelmente, não é isso o que acontece.

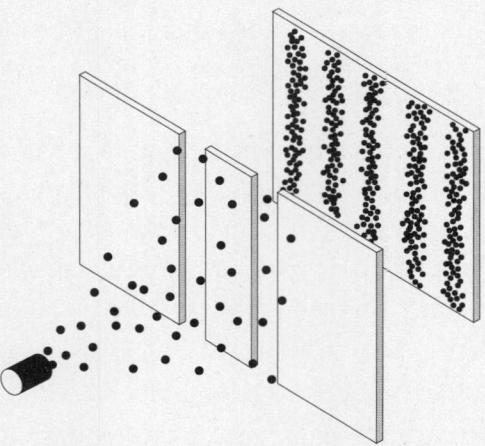

Figura 2.3 – Na realidade, o impacto dos elétrons não cria duas faixas alinhadas com as fendas. Em vez disso, um padrão de faixas é formado: elétron por elétron, as faixas aumentam no decorrer do tempo.

Não é o que acontece. Em vez disso, o resultado se parece com a figura 2.3. Um padrão como esse é o que Davisson e Germer publicaram em seu estudo de 1927. Posteriormente, Davisson recebeu o Prêmio Nobel de 1937 por sua "descoberta experimental da difração dos elétrons por cristais". Ele dividiu o prêmio, não com Germer, mas com George Paget Thomson, que obteve sozinho o mesmo padrão em experimentos na Universidade de Aberdeen. As faixas alternadas claras e escuras são vistas como um padrão de interferência, e esta é mais comumente associada a ondas.

Para entender o porquê desse fenômeno, vamos pensar na experiência da dupla fenda com ondas na água, no lugar de elétrons.

Imagine uma piscina. Coloque no meio dela uma barreira com duas fendas. A tela e a câmera podem ser substituídas por um detector de ondas, enquanto o cabo elétrico, por algo que gere ondas: uma tábua de madeira presa a um motor que a movimente na água deve servir. As ondas produzidas pela tábua viajarão pela superfície da água até alcançarem a barreira. Quando uma delas atingir a barreira, a maior parte será rebatida, porém duas pequenas partes passarão pelas fendas. Essas duas novas ondas se espalharão além das fendas até o detector de ondas. Observe que usamos o verbo "espalhar", porque as ondas não continuam simplesmente em linha reta depois das fendas, mas, em vez disso, as fendas agem como duas fontes de ondas novas e cada qual propaga semicírculos cada vez maiores. A figura 2.4 ilustra o que acontece.

A figura fornece uma demonstração visual impressionante do comportamento das ondas na água. Existem áreas em que não há ondas e que parecem se irradiar das fendas como os raios de uma roda, enquanto outras áreas são preenchidas pelas ondulações. O paralelo com o padrão visto por Davisson, Germer e Thomson é surpreendente. Para o caso dos elétrons na tela, as áreas impactadas por poucos elétrons correspondem às regiões na piscina em que a água manteve-se calma – representadas pelos raios que vemos projetados na figura.

Em uma piscina, é bem fácil entender como esses raios surgem: na superposição e na combinação das ondas, conforme elas se propagam a

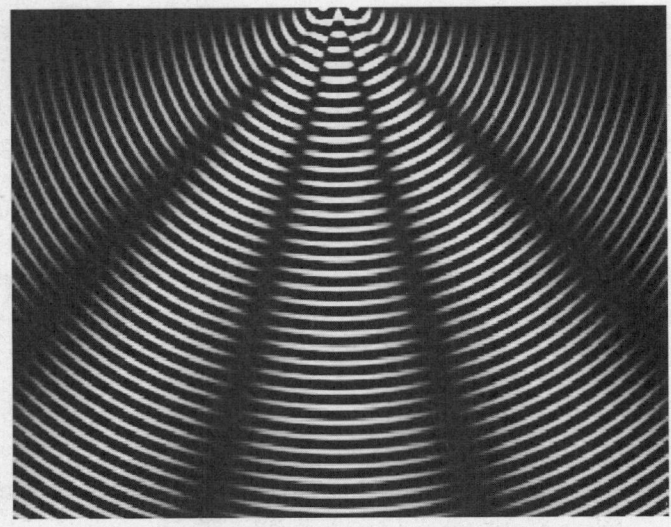

Figura 2.4 – Vista aérea das ondas na água se propagando de dois pontos (situados na parte de cima da figura) em uma piscina. As duas ondas circulares se sobrepõem e interferem entre si. Os "raios da roda" são as áreas onde as duas ondas se anulam mutuamente, e a água permanece em repouso.

partir das fendas. Como as ondas possuem cristas e vales, quando elas se encontram, podem se somar ou se subtrair. Se duas delas se encontram com a crista de uma alinhada com o vale da outra, anular-se-ão, e não haverá onda nesse ponto. Em outro ponto, elas podem se aproximar com suas cristas em perfeito alinhamento e ali se somarão para produzir uma onda maior. Em cada lugar da piscina, a distância das duas fendas será um pouco diferente, o que quer dizer que, em alguns pontos, as duas ondas se encontrarão com cristas juntas; em outros, com cristas e vales alinhados; e, na maior parte dos casos, com alguma combinação desses dois extremos. O resultado será um padrão alternado, um padrão de interferência.

Em contraste com as ondas na água, o fato experimentalmente observado de que os elétrons também produzem um padrão de interferência é muito difícil de entender. De acordo com Newton e o senso comum, os elétrons são emitidos de uma fonte, viajam em linha reta em direção às fendas (porque não há forças agindo sobre eles – lembre-se da primeira lei newtoniana), passam por elas talvez com um leve desvio, caso resvalem nas bordas das aberturas, e continuam em linha reta até atingirem a tela. Isso não deveria resultar em um padrão de interferência, mas produzir o par de faixas que vimos na figura 2.2. Ora, poderíamos supor que há algum engenhoso mecanismo por meio do qual os elétrons exercem uma força uns sobre os outros, de modo a se desviarem da linha reta ao passar pelas fendas. No entanto, essa hipótese pode ser rejeitada, porque é possível fazermos o experimento enviando um elétron por vez, da fonte para a tela. Teríamos de esperar, no entanto, à medida que os elétrons atingissem a tela um após o outro, o padrão de faixas surgiria lenta e seguramente. Tal resultado é muito surpreendente, pois o padrão de faixas é absolutamente característico da interferência de ondas entre si, embora ele surja de um elétron por vez – ponto por ponto. Trata-se de um bom exercício mental tentar pensar em como um padrão de interferência pode ser construído partícula por partícula quando disparamos estas contra uma tela através de duas fendas. É um bom exercício, porém inútil, e, depois de algumas horas "queimando" os neurônios, você se convencerá de que é inconcebível criar um padrão de faixas. O que quer que sejam essas partículas que atingem a tela, elas não estão se comportando como partículas "normais". É como se os elétrons estivessem, de algum modo, "interferindo uns com os outros". Nosso desafio é propor uma teoria que consiga explicar o que isso significa.

Houve um curioso acontecimento histórico relacionado ao caso que nos fornece uma ideia do desafio intelectual trazido pela experiência da dupla fenda. George Paget Thomson era filho de J. J. Thomson, que recebeu um Prêmio Nobel por sua descoberta do elétron, em 1899, quando mostrou que o elétron é uma partícula com carga elétrica e massa próprias: um minúsculo grão de matéria. Quarenta anos depois da descoberta do pai, George recebeu o Prêmio Nobel por demonstrar que o elétron não se comporta como seu progenitor imaginara. Papai Thomson não estava errado: o elétron realmente tem massa e carga elétrica bem definidas, e sempre que o vemos ele aparece como

> Por maior que seja o Sol, queimar combustível com tal violência tem consequências e, um dia, a fonte de combustível dele se esgotará. (...) Parece que nada na natureza poderá evitar o catastrófico colapso.

um pequeno ponto de matéria. O que ocorre é que o elétron não se comporta exatamente como uma partícula normal, como Davisson, Germer e Thomson filho viriam a descobrir. E, mais importante ainda, ele também não se comporta exatamente como uma onda, porque o padrão não é resultante de alguma suave dispersão de energia, mas é construído por vários pequenos pontos. Nós sempre percebemos os elétrons como descritos pelo Thomson pai, como pequenos pontos.

Talvez você já esteja vendo a necessidade de adotar o modo de pensar de Heisenberg. As coisas que observamos são partículas; portanto, melhor seria construirmos uma teoria das partículas. Nossa tese também deve ser capaz de prever o padrão de interferência que é produzido quando os elétrons, um após o outro, passam através das fendas e atingem a tela. Os detalhes de como os elétrons viajam da fonte, passam pelas fendas e atingem a tela não são coisas que observamos, portanto não precisam estar de acordo com algo que experimentamos na vida cotidiana. De fato, a "jornada" dos elétrons nem mesmo necessita ser algo que possamos abordar. Tudo o que temos de fazer é encontrar uma teoria que consiga prever que os elétrons atingem a tela no padrão observado na experiência da dupla fenda. É o que faremos no próximo capítulo.

Para que não caiamos na ideia de que tudo isso é apenas uma fascinante parte da microfísica que tem pouca relevância no mundo macroscópico, devemos dizer que a teoria quântica das partículas que explica a experiência da dupla fenda também será capaz de descrever a estabilidade dos átomos, a luz colorida emitida por elementos químicos, a desintegração radioativa, entre outros grandes enigmas que surpreenderam os cientistas na virada do século 20. O fato de nosso modelo descrever a maneira como os elétrons se comportam quando estão presos dentro da matéria também nos permitirá entender o funcionamento daquela que talvez seja a invenção mais importante do século 20: o transistor.

No capítulo final deste livro, veremos uma aplicação surpreendente da teoria quântica, que é uma das maiores demonstrações do poder do pensamento científico. As previsões mais bizarras de tal teoria geralmente têm a ver com o comportamento de coisas pequenas. No entanto, como as coisas grandes são feitas de coisas pequenas, existem algumas circunstâncias em que a física quântica é necessária para explicar as propriedades observadas em alguns dos corpos de maior massa no universo – as estrelas. Nosso Sol está em constante batalha com a gravidade. Essa bola de gás, com massa 333 mil vezes maior que a de nosso planeta, tem uma força gravitacional em sua superfície que é quase 28 vezes maior que a da Terra, o que gera um poderoso estímulo ao próprio colapso. O colapso é evitado pela pressão para o exterior produzida pelas reações de fusão nuclear nas profundidades do núcleo solar, que convertem 600 milhões de toneladas de hidrogênio em hélio a cada segundo. Por mais vasta que seja essa nossa estrela, queimar combustível com tal violência tem consequências e, um dia, a fonte de combustível dela se esgotará. A pressão para o exterior do Sol então cessará e a força da gravidade reafirmará seu domínio, dessa vez sem oposição. Parece que nada na natureza poderá evitar o catastrófico colapso.

Na verdade, a física quântica aparecerá para salvar o dia. As estrelas que têm sido resgatadas pelos efeitos quânticos são conhecidas como anãs brancas, e esse deverá ser o destino final de nosso Sol. No fim deste livro, empregaremos nosso entendimento da mecânica quântica para determinar a maior massa possível de uma estrela anã branca. Essa massa foi calculada pela primeira vez em 1930 pelo astrofísico indiano Subrahmanyan Chandrasekhar, e o resultado foi aproximadamente 1,4 vezes a massa de nosso Sol. Admiravelmente, esse número pode ser calculado usando-se apenas a massa de um próton e os valores das três constantes da natureza que já conhecemos: a constante gravitacional de Newton, a velocidade da luz e a constante de Planck.

O UNIVERSO QUÂNTICO

O desenvolvimento da própria teoria quântica e o cálculo desses quatro números poderiam ter acontecido mesmo que nunca tivéssemos olhado para as estrelas. Imaginemos uma civilização particularmente agorafóbica, confinada em profundas cavernas abaixo da superfície de nosso planeta. Ela não teria o conceito do espaço celeste, porém poderia ter desenvolvido uma teoria quântica. Só de brincadeira, até poderia ter calculado a maior massa possível de uma esfera gigante de gás. E suponham que, um dia, um intrépido explorador dessa civilização resolvesse se aventurar para a superfície pela primeira vez e olhasse admirado o espetáculo acima: um céu cheio de luzes, uma galáxia de centenas de bilhões de sóis arqueando-se de horizonte a horizonte. Esse sujeito descobriria, assim como nós o fizemos a partir de nossa perspectiva privilegiada aqui na Terra, que, por entre as muitas remanescências de estrelas em extinção, não há uma com massa maior que o limite de Chandrasekhar.

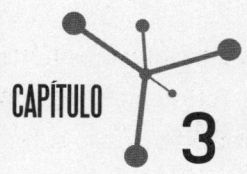

CAPÍTULO 3

O que é partícula?

Nossa abordagem da teoria quântica foi iniciada por Richard Feynman, ganhador do Prêmio Nobel, nova-iorquino e tocador de bongô, descrito por seu amigo e colaborador Freeman Dyson como "metade gênio, metade bufão". Posteriormente, este mudou sua opinião: Feynman poderia ser mais bem descrito como "totalmente gênio, totalmente bufão". Portanto, seguiremos sua abordagem neste livro porque ela é divertida, além de ser provavelmente o caminho mais simples para entender nosso Universo Quântico.

Além de ser responsável pela mais simples formulação da mecânica quântica, Richard Feynman foi também um excelente professor, capaz de transferir seu profundo conhecimento da física para uma página ou para a audiência de uma palestra, com clareza inigualável e o mínimo de complicações. Desprezava aqueles que procuravam tornar a física mais complicada do que ela precisava ser. Mesmo assim, no início de sua série de livros acadêmicos intitulada *The Feynman Lectures on Physics*, ele sentiu a necessidade de ser bastante honesto sobre a natureza absurda da teoria quântica. "As partículas subatômicas", escreveu Feynman, "não se comportam como ondas; não se comportam como partículas; não se comportam como nuvens, ou como bolas de sinuca, ou como pesos sobre molas, ou como qualquer coisa que jamais tenhamos visto". Vamos em frente com a construção de um modelo que mostre exatamente como elas se comportam.

Como ponto de partida, assumiremos que os blocos elementares da natureza são as partículas. Isso foi confirmado não só pela experiência da dupla fenda, em que os elétrons sempre chegam a pontos específicos na tela, mas também por todo um conjunto de experimentos. De fato, a "física das partículas" não tem esse nome à toa. A questão que precisamos resolver é: como as partículas se movimentam? É claro, a suposição mais simples seria a de que elas se movem em linha reta, ou em curvas quando sofrem ação de forças, como definido por Newton. Entretanto, isso pode não estar correto, uma vez que qualquer explicação da experiência da dupla fenda exige que os elétrons "interfiram entre si" quando passam através das fendas e, para fazer isso, eles devem, de algum modo, propagar-se. Eis aqui, portanto, o desafio: construir uma teoria de partículas semelhantes a pontos de tal modo que elas também se propaguem. Isso não é tão impossível quanto parece: podemos fazê-lo se pensarmos que cada partícula pode estar em vários lugares ao mesmo tempo. É claro, isso ainda pode parecer impossível, contudo a proposição de que uma partícula deve estar em vários lugares ao mesmo tempo é, de fato, uma declaração mais clara, mesmo que pareça absurda. De agora em diante, vamos nos referir a essas partículas absurdas – que são semelhantes a pontos, mas que se propagam – como "partículas quânticas".

Com a proposta de que "uma partícula pode estar em mais de um lugar ao mesmo tempo", estamos nos deslocando de nossa experiência cotidiana para um território não mapeado. Um dos maiores obstáculos ao desenvolvimento e à compreensão da física quântica é a confusão que esse tipo de consideração pode trazer. Para evitar que isso aconteça, devemos seguir Heisenberg e aprender a nos sentir confortáveis diante de visões de mundo que vão de encontro à experiência tangível. Sentir-se "desconfortável" pode ser mal interpretado como "confusão" e com frequência os estudantes tentam entender em termos habituais o que está acontecendo. É a resistência a novas ideias o que

> SHAKESPEARE ESTAVA CERTO QUANDO HAMLET DISSE: "PORTANTO, COMO ESTRANHO, DEVE SER BEM RECEBIDO. HÁ MAIS COISAS NO CÉU E NA TERRA, HORÁCIO, DO QUE SONHA A TUA FILOSOFIA.

efetivamente leva à confusão, não a dificuldade inerente das próprias ideias, porque o mundo real simplesmente não se comporta de maneira habitual. Precisamos, por conseguinte, manter a mente aberta e não nos deixar afligir por toda a estranheza. Shakespeare estava certo quando Hamlet disse: "Portanto, como estranho, deve ser bem recebido. Há mais coisas no céu e na terra, Horácio, do que sonha a tua filosofia".

Um bom começo é pensar atentamente sobre a experiência da dupla fenda com ondas sobre a água. Nosso objetivo será entender o que faz as ondas gerarem o padrão de interferência. Devemos ter certeza de que nossa teoria das partículas quânticas é capaz de compreender esse comportamento, para que possamos explicar a experiência da dupla fenda aplicada aos elétrons.

Há duas razões que explicam por que as ondas que passam por duas fendas podem interferir entre si. A primeira é que a onda viaja por ambas as fendas ao mesmo tempo, criando duas novas ondas que se deslocam e se combinam. É visível que uma onda pode fazer isso. Não temos problemas em visualizar uma longa onda se projetando e quebrando na praia. É uma parede de água, uma coisa que se movimenta e se propaga. Precisaremos, então, decidir como tornaremos nossa partícula quântica uma "coisa que se movimenta e se propaga". A segunda razão é que as duas novas ondas que surgem das fendas são capazes ou de se somar ou de se subtrair entre si quando se combinam. Essa capacidade de interferência das duas ondas é essencial na explicação do padrão de interferência. O caso extremo é quando as oscilações não coincidem e provocam a completa anulação das ondas. Assim, também será necessário considerar que nossa partícula quântica irá interferir de algum modo consigo mesma.

A experiência da dupla fenda associa o comportamento dos elétrons ao das ondas. Vejamos, então, até onde podemos chegar com essa associação. Repare na figura 3.1, ignorando, por ora, as linhas que unem A a E e B a F e se concentre nas ondas. A imagem poderia representar uma piscina, e as linhas onduladas seriam as ondas se propagando sobre a água. Imagine que tiremos uma fotografia justamente após uma tábua de madeira ser movimentada no lado esquerdo da piscina e

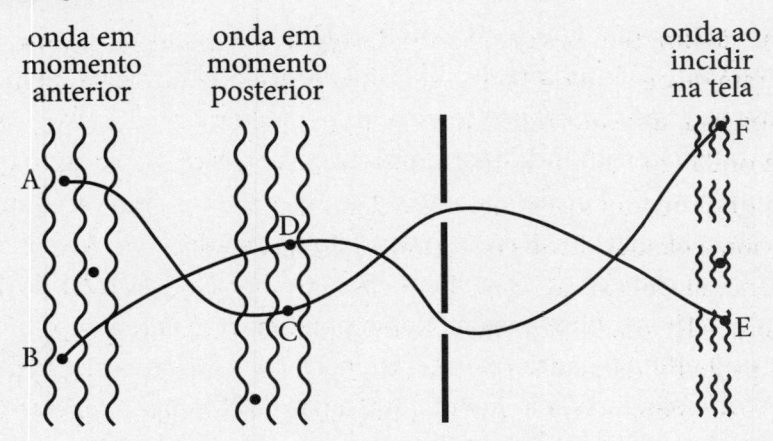

Figura 3.1 – Onda representando um elétron em movimento indo de uma fonte até a tela, e como isso deve ser interpretado como todas as maneiras de ele viajar. As trajetórias A a C a E e B a D a F ilustram apenas dois dos infinitos caminhos possíveis que o elétron pode tomar.

provocar as ondas. A foto mostraria uma onda recém-formada que se estende da parte de cima até a parte de baixo da imagem. A água à frente, no resto da piscina, estaria calma. Uma segunda foto, tirada pouco depois, revelaria que a onda se moveu em direção às fendas, atingindo a área de água calma. Mais adiante, a água teria passado pelo par de fendas e gerado o padrão de interferência de faixas, ilustrado pelas linhas onduladas no lado direito.

Releiamos o último parágrafo, porém substituindo o termo "onda d'água" por "onda-elétron", seja lá o que isso for. Uma onda-elétron, assim chamada, tem o potencial de explicar o padrão de faixas que queremos entender, uma vez que na experiência ela se comporta como uma onda d'água. No entanto, precisamos explicar por que o padrão do elétron é constituído de pequenos pontos conforme os elétrons atingem a tela, um por um. À primeira vista, isso parece estar em conflito com a ideia de uma onda que se propaga, contudo não está. A perspicácia está em compreender que podemos ter uma explicação se interpretarmos a onda-elétron não como uma perturbação material real (como é o caso da onda d'água), mas, sim, como algo que simplesmente nos informa onde o elétron pode ser encontrado. Observe que dissemos "o" elétron, porque a onda deve descrever o comportamento de um único elétron – assim, temos uma chance de explicar como esses pontos surgem. Trata-se de uma onda-elétron e não de uma onda de elétrons: não devemos cair nessa armadilha do pensamento. Se imaginarmos uma foto da onda em dado instante, vamos interpretá-la do seguinte modo: onde a onda for maior, é mais provável encontrar o elétron; onde ela for menor, a chance de que o elétron ali esteja é menor. Quando a onda finalmente alcança a tela, um pequeno ponto aparece e nos informa a posição do elétron. A única função da onda-elétron é nos permitir calcular a probabilidade de o elétron atingir a tela em determinado lugar. Se não nos preocuparmos com o que a onda-elétron realmente "é", tudo se encaixa, pois, quando conhecemos a onda, conseguimos dizer qual é a posição provável do elétron. A diversão vem em seguida, quando tentamos entender o que essa proposta de uma onda-elétron implica para a viagem do elétron da fenda até a tela.

Antes disso, no entanto, pode valer a pena ler o parágrafo anterior novamente, porque ele é muito importante. Ele não pretende ser óbvio e certamente não é fácil. A proposta da onda-elétron possui todas as propriedades necessárias para explicar o surgimento do padrão de interferência observado na experiência, mas é algo como um palpite sobre a forma como as coisas devem funcionar. Sendo bons físicos, devemos explorar as consequências e ver se elas correspondem à natureza.

Retornando à figura 3.1, propusemos que, a cada instante no tempo, o elétron é descrito por uma onda, assim como no caso das ondas d'água. Em um momento anterior, a onda-elétron está à esquerda das fendas. Isso indica que o elétron está, de certo modo, posicionado em algum lugar da onda. Em um instante seguinte, a onda avança em direção às fendas, da mesma maneira que as ondas d'água o fazem, e o elétron está então em algum lugar da nova onda. Estamos afirmando que o elétron "poderia estar primeiro em A e em seguida em C", ou que ele "poderia estar primeiro em B e em seguida em D", ou que "poderia estar em A e em seguida em D" e por aí vai. Mantenha essa ideia por um minuto e pense no momento ainda posterior, depois de a onda haver passado pelas fendas e ter alcançado a tela. O elétron poderia ser encontrado então em E ou talvez em F. As curvas que desenhamos na figura representam dois caminhos possíveis que o elétron poderia tomar desde a fonte, passando pelas fendas e chegando à tela. Talvez tenha sido de A a C a E ou de B a D a F. Esses são apenas dois dos infinitos caminhos viáveis que o elétron poderia tomar.

O ponto crucial é que não faz sentido dizer que "o elétron poderia ter se aventurado por qualquer desses caminhos, mas tomou só um deles". Declarar que o elétron realmente se aventurou em um caminho específico seria explicar o padrão de interferência como se houvéssemos bloqueado uma das fendas na experiência com as ondas d'água. Precisamos deixar que a onda atravesse as duas fendas, para que tenhamos um padrão de interferência, e isso significa que devemos permitir todos os caminhos possíveis para o elétron viajar da fonte até a tela. Colocando de outra maneira, quando falamos que o elétron está "em algum lugar da onda", o que queremos dizer é que ele está simultaneamente em todos os locais da onda. É assim que devemos pensar, porque, se considerarmos que o elétron está posicionado em algum ponto específico, a onda não se propaga e perdemos a analogia com a onda d'água. Como consequência disso, não conseguiremos explicar o padrão de interferência.

Mais uma vez, pode valer a pena reler o raciocínio acima, porque ele enseja muito do que se seguirá. Não há truques: o que estamos colocando é que necessitamos descrever uma onda propagadora que é também um elétron semelhante a um ponto; e uma forma possível de fazê-lo é afirmar que o elétron viaja da fonte até a tela percorrendo todos os caminhos concebíveis ao mesmo tempo.

Isso sugere que devemos interpretar uma onda-elétron como um único elétron que viaja da fonte até a tela por uma infinidade de caminhos diferentes. Em outras palavras, a resposta certa para a questão "como o elétron chegou até a tela?" é: "ele percorreu uma infinidade de caminhos possíveis, alguns dos quais passavam pela fenda superior, enquanto outros atravessavam pela fenda inferior". Certamente, o "ele" se refere a um elétron que não é uma partícula ordinária, habitual. A isso é que chamamos partícula quântica.

O que é partícula?

Após tentar descrever um elétron que imita de várias maneiras o comportamento das ondas, precisamos falar de maneira mais precisa sobre as ondas. Devemos começar com uma explicação do que acontece na piscina quando duas ondas se encontram, combinam-se e interferem entre si. Para isso, temos de encontrar um modo adequado de representar as posições das oscilações de cada onda. Em jargão técnico, elas são conhecidas como fases. Dizemos "em fase", se as ondas se somam de algum modo, e "fora de fase" se elas se anulam. O termo também é usado para a Lua: em seu curso de aproximadamente 28 dias, ela passa de nova para cheia e refaz o ciclo, em contínuo movimento crescente e decrescente. A etimologia da palavra "fase" vem do grego *phasis*, que se refere ao aparecimento e ao desaparecimento de um fenômeno astronômico. O surgimento e a ocultação regular da superfície lunar iluminada parecem ter conduzido ao uso atual do termo, em especial na ciência, como descrição de algo cíclico. E é desse modo que conseguimos representar ilustrativamente as posições das oscilações das ondas d'água.

Observe a figura 3.2. Uma maneira de representar as fases é como em um relógio com um só ponteiro em rotação. Assim, temos a liberdade de representar visualmente um conjunto de possibilidades em 360 graus completos: o ponteiro pode apontar para 12 horas, 3 horas, 9 horas e todos os pontos intermediários. No caso da Lua, podemos imaginar a lua nova representada pelo ponteiro às 12 horas; a crescente côncava, à 1h30; o quarto crescente, às 3h; a crescente convexa, às 4h30; a lua cheia, às 6h; e assim por diante. O que faremos aqui é usar algo abstrato para descrever um fenômeno concreto: a face de um relógio para ilustrar as fases da Lua. Desse modo, se desenharmos um relógio com o ponteiro voltado para as 12h, você saberá prontamente que ele está representando a lua nova. E, ainda que não tenhamos dito isso, você saberá que o ponteiro apontando para as 5h significa que estamos nos aproximando da lua cheia. O uso de imagens ou símbolos abstratos para representar coisas reais é fundamental na física – basicamente, é para isso que os físicos usam a matemática. O poder dessa abordagem surge quando as representações abstratas podem ser trabalhadas com

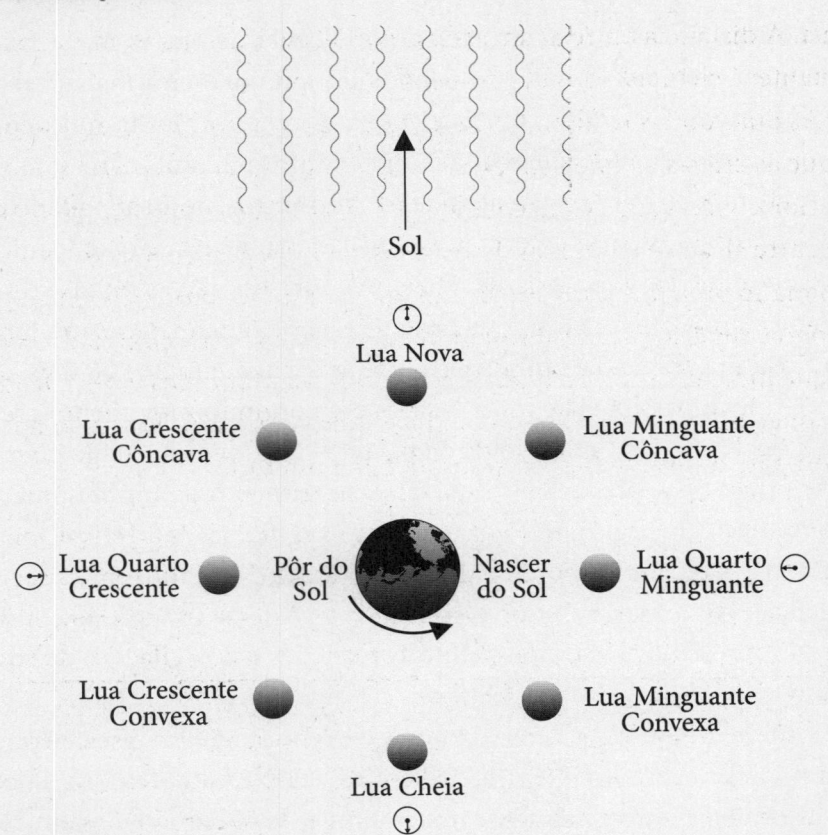

Figura 3.2 – As fases da Lua no Hemisfério Norte

regras simples para que sejam feitas previsões seguras sobre o mundo real. Como logo veremos, as faces do relógio nos permitirão fazer previsões, porque elas registram as posições relativas das oscilações das ondas. Isso, por sua vez, permitirá que calculemos se elas se anularão ou se somarão, ao se combinar.

A figura 3.3 mostra o gráfico de duas ondas d'água em certo instante no tempo. Vamos representar as cristas das ondas (oscilação superior) com o relógio apontando para as 12h, e os vales (oscilação inferior) com o ponteiro às 6h. Também podemos ilustrar as posições intermediárias das ondas, entre as oscilações, com leituras intermediárias do relógio, como fizemos com as fases da Lua, entre a lua nova e a lua cheia. A distância entre as sucessivas oscilações da onda é um dado importante: é chamada de comprimento da onda.

As duas ondas na figura 3.3 estão fora de fase entre si, o que significa que as cristas da onda superior estão alinhadas com os vales da onda inferior e vice-versa. Consequentemente, é fácil ver que elas se anularão entre si, ao se combinar. Isso é mostrado no gráfico abaixo, em que a "onda" é uma linha reta. Pelos relógios, todos os que marcam as 12h da onda superior, que representam suas cristas, estão alinhados com os que indicam as 6h da onda inferior, que ilustram seus vales. De fato, qualquer que seja a posição, os relógios da onda superior estão apontando para a direção oposta à dos da onda inferior.

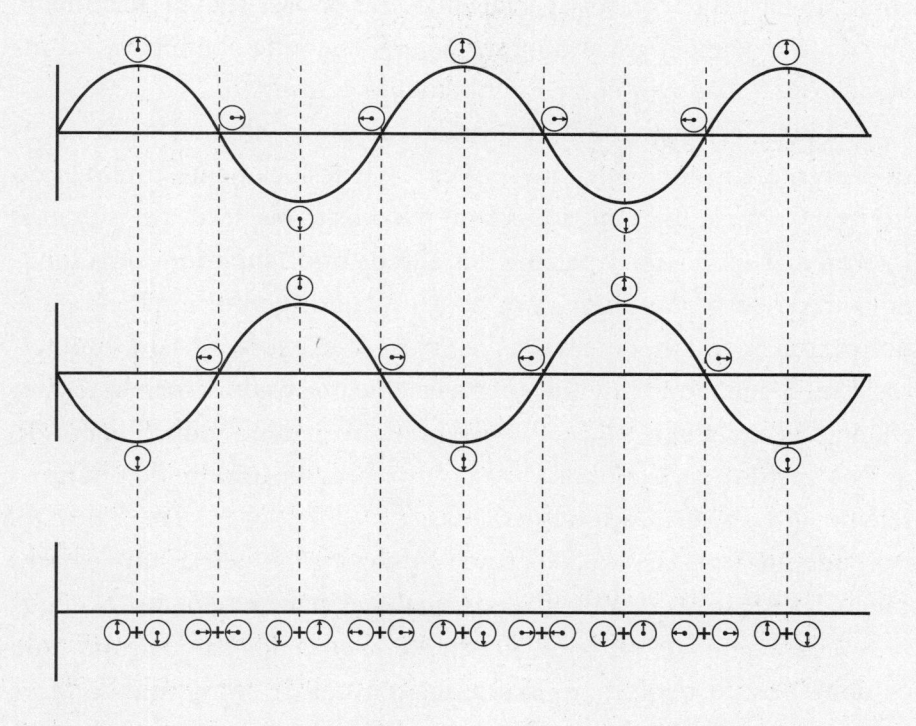

Figura 3.3 – Duas ondas dispostas de maneira que uma cancela a outra. A onda de cima está fora de fase com a onda de baixo, isto é, as cristas se alinham com os vales. Quando as duas ondas são combinadas, elas se cancelam para produzir nada – como está ilustrado na imagem inferior, onde a "onda" é uma linha reta.

O UNIVERSO QUÂNTICO

Ao usar relógios para descrever as ondas, parece que estamos complicando demais as coisas. Certamente, se quisermos combinar duas ondas d'água, basta associar as alturas de cada onda e não precisaremos demonstrar isso com relógios. Isso é verdadeiro para as ondas d'água. Entretanto, não estamos sendo malvados e usamos os relógios por uma boa razão. Em breve, veremos que a flexibilidade extra que eles nos oferecem é absolutamente necessária para descrever as partículas quânticas.

Com isso em mente, devemos agora empregar um pouco de tempo para criar uma regra precisa para combinar os relógios. No caso da figura 3.3, a norma deve resultar na "anulação" de todos os relógios, sem exceção: 12h anula 6h; 3h anula 9h; e assim por diante. Sem dúvida, a anulação perfeita é o caso especial em que as ondas estão perfeitamente fora de fase. Vamos buscar uma regra geral que funcionará para a combinação de ondas de qualquer alinhamento e forma.

A figura 3.4 mostra mais duas ondas, dessa vez, alinhadas de maneira diferente, de modo que uma está em leve deslocamento com relação à outra. Como antes, marcamos com relógios as oscilações e os pontos intermediários. Agora, o relógio das 12h da onda superior está alinhado com o relógio das 3h da onda abaixo. Vamos definir uma regra que nos permita combinar esses dois relógios. A lei é juntar os dois ponteiros. Daí, desenhando um novo ponteiro que una os dois, formamos um triângulo (veja a figura 3.5). O novo ponteiro será um pouco maior do que os outros dois e apontará para outra direção: trata-se de um novo relógio, que é a soma dos outros dois.

Podemos ser mais precisos ainda e usar trigonometria simples para calcular o efeito da combinação de qualquer par de relógios. Na figura 3.5, associamos o relógio das 12h com o das 3h. Vamos supor que os ponteiros do relógio original tenham 1 cm de comprimento (correspondente a ondas d'água de amplitude igual a 1 cm). Ao juntarmos os ponteiros, teremos um triângulo retângulo com dois lados de 1 cm cada. O novo ponteiro será o terceiro lado do triângulo: a hipotenusa. O teorema de Pitágoras nos diz que o quadrado da hipotenusa é igual

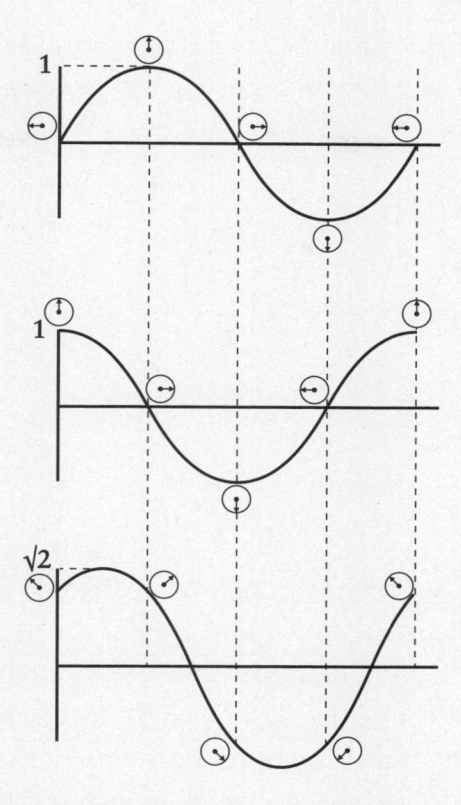

Figura 3.4 – Duas ondas em deslocamento relativo entre si – a onda superior e a do meio se combinam para formar a onda inferior.

à soma dos quadrados dos catetos: $h^2 = x^2+y^2$. Aplicando-se os números na fórmula, temos: $h^2 = 1^2+1^2 = 2$. Assim, o comprimento do novo ponteiro h é a raiz quadrada de 2, que é aproximadamente 1,414 cm. Para que direção se voltará o novo ponteiro? Para saber isso, precisaremos conhecer o ângulo de nosso triângulo, indicado por θ na figura. Nesse exemplo de dois ponteiros de igual comprimento, um apontando para as 12h e outro para as 3h, é possível calculá-lo sem necessariamente conhecer trigonometria. A hipotenusa obviamente aponta para um ângulo de 45°; assim, a nova "hora" está a meio caminho entre as posições 12h e 3h, o que equivale a 1,5h. Essa ilustração é um caso especial, é claro. Escolhemos os relógios de modo que os ponteiros estivessem em ângulo reto e fossem do mesmo comprimento, para facilitar a matemática. Mas certamente é possível determinar o comprimento de um ponteiro e a "hora" resultante para a combinação de qualquer par de relógios.

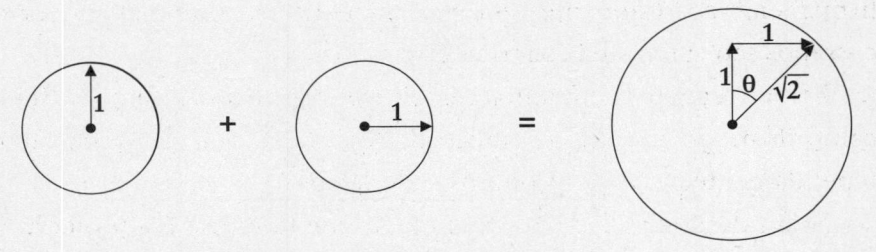

Figura 3.5 – A regra para a combinação de relógios

Agora, observe novamente a figura 3.4. Em cada ponto da nova onda, conseguimos calcular a amplitude da onda ao combinar os relógios, utilizando a regra que definimos acima e verificando a posição do novo ponteiro com relação à das 12h. Quando o relógio aponta para esta hora, isso é óbvio: a amplitude da onda é simplesmente o comprimento do ponteiro. Do mesmo modo, às 6h, também é claro, porque a onda possui um vale de profundidade igual ao comprimento do ponteiro. Além disso, é bem evidente quando o relógio indica as 3h (ou as 9h), pois temos uma amplitude de onda igual a zero, uma vez que o ponteiro está em ângulo reto à posição de 12h. Para determinar a amplitude da onda descrita por qualquer posição do relógio, devemos multiplicar o comprimento do ponteiro, h, pelo cosseno do ângulo que o ponteiro faz com a posição de 12h. Por exemplo, o ângulo que a posição de 3h faz com a posição de 12h é de 90º, e o cosseno de 90º é zero, o que significa que a amplitude da onda é zero. De maneira equivalente, a posição de 1,5h corresponde a um ângulo de 45º com a posição de 12h, e o cosseno de 45º é aproximadamente 0,707; logo, a amplitude da onda é 0,707 vezes o comprimento do ponteiro (observe que 0,707 é $1/\sqrt{2}$). Se sua trigonometria não é boa o suficiente para acompanhar esses cálculos, você pode ignorá-los, sem problemas. É o princípio que importa, ou seja, com o comprimento do ponteiro e sua posição, você consegue obter a amplitude da onda – e, mesmo que não conheça trigonometria, pode se arriscar, desenhando cuidadosamente os ponteiros do relógio e projetando-os sobre a posição de 12h com uma régua. (Recomendamos firmemente aos estudantes que não adotem essa alternativa. Senos e cossenos são coisas úteis para ser aprendidas.)

Essa é a regra para combinar relógios, que se mostra muito funcional, como ilustrado no último gráfico da figura 3.4, em que a aplicamos repetidamente para vários pontos ao longo das ondas.

Nessa descrição das ondas d'água, o que interessa é a projeção da "hora" a respeito da posição de 12h, correspondente a somente um número: a amplitude da onda. Por isso é que o uso dos relógios não é realmente necessário para descrever ondas d'água. Observe os três relógios na figura 3.6: eles correspondem à mesma amplitude de onda e, portanto, fornecem formas equivalentes de representar a mesma amplitude da água. No entanto, é claro que são diferentes relógios e, como veremos, essas distinções de fato importam quando descrevemos partículas quânticas, porque, para elas, o comprimento do ponteiro (ou o tamanho do relógio) possui uma interpretação muito relevante.

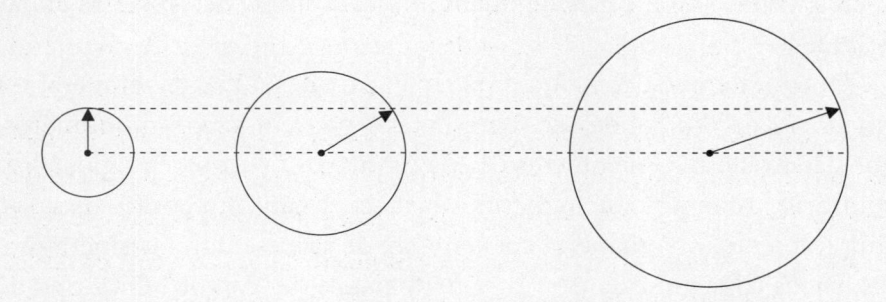

Figura 3.6 – Três relógios diferentes com a mesma projeção com relação à posição das 12h

Em alguns momentos deste livro, e neste em especial, as coisas são abstratas. Para evitar qualquer confusão, devemos recorrer à visão mais ampla. Os resultados experimentais de Davisson, Germer e Thomson e sua semelhança com o comportamento das ondas d'água nos inspiraram a um *ansatz*: necessitamos representar uma partícula como uma onda, e a própria onda pode ser ilustrada por vários relógios. Imaginamos que a onda-elétron se propaga "como uma onda d'água", porém não explicamos exatamente como isso funciona. Por outro lado, também nunca dissemos como a onda d'água se propaga. Tudo o que interessa no momento é reconhecer a analogia com as ondas d'água e a noção de que o elétron é descrito em qualquer instante como uma onda que se propaga e interfere como ondas d'água. No próximo capítulo, iremos além e seremos mais precisos sobre como um elétron realmente se movimenta no tempo. Ao fazê-lo, seremos levados a um conjunto de preciosidades, incluindo o famoso princípio da incerteza, de Heisenberg.

Antes de continuar, gostaríamos de falar um pouco sobre os relógios que estamos propondo que representem as ondas-elétrons. Enfatizamos que eles não são reais em nenhum sentido e que o ponteiro da hora não tem absolutamente nada a ver com nenhuma hora do dia. Essa ideia de usar um grupo de pequenos relógios para descrever um fenômeno físico real não é um conceito tão estranho quanto pode parecer. Os físicos empregam técnicas similares para explicar muitas coisas na natureza, e já vimos como esses objetos podem ser usados para descrever as ondas d'água.

Outro exemplo desse tipo de abstração é a descrição da temperatura em uma sala, que pode ser representada por um grupo de números, que não existem como objetos físicos, assim como nossos relógios. Pelo contrário, o conjunto de números e sua associação com pontos na sala é simplesmente uma maneira conveniente de representar a temperatura. Os físicos chamam essa estrutura matemática de "campo". O campo de temperatura é somente um conjunto de números, um para cada ponto. No caso da partícula quântica, o campo é mais complicado porque requer um relógio em cada ponto, em vez de um número. Geralmente, esse campo é chamado de "função de onda" da partícula. O fato de precisarmos de um conjunto de relógios para a função de onda, enquanto um só número seria suficiente para o campo de temperatura ou para as ondas d'água, é uma diferença importante. No jargão da física, os relógios estão ali porque a função de onda é um campo "complexo" e a temperatura ou a amplitude da água, por sua vez, são campos "reais". Não necessitamos desses termos, pois podemos trabalhar com os relógios[4].

> NÃO IRÍAMOS MUITO LONGE EM FÍSICA SE RESTRINGÍSSEMOS NOSSA DESCRIÇÃO DO UNIVERSO A COISAS DIRETAMENTE PERCEPTÍVEIS PELOS SENTIDOS.

Não devemos nos preocupar por não ter uma forma direta de apreender uma função de onda, como fazemos com um campo de temperatura. O fato de o que a ilustra não ser algo que não podemos tocar, cheirar ou ver diretamente é irrelevante. Efetivamente, não iríamos muito longe em física se restringíssemos nossa descrição do universo a coisas diretamente perceptíveis pelos sentidos.

Em nossa discussão sobre a experiência da dupla fenda para elétrons, dissemos que a onda-elétron está, no máximo, onde é mais provável que o elétron esteja. Essa interpretação permitiu que avaliássemos como o padrão de interferência de faixas pode ser construído, ponto a ponto, conforme o elétron atinge a tela. Todavia, essa não é uma declaração precisa o suficiente para nossos objetivos neste momento. Queremos saber qual é a probabilidade de encontrar um elétron em determinado ponto – queremos colocar um número nele. É aqui que os relógios se tornam necessários, porque a possibilidade que queremos não é simplesmente uma amplitude de onda. A coisa certa a fazer é interpretar o quadrado do comprimento do ponteiro do relógio como a probabilidade de achar a partícula na área do relógio. É por isso que precisamos da flexibilidade extra que os relógios nos oferecem, em contraste com os simples números. Essa interpretação não pretende ser totalmente óbvia, e não conseguimos dar nenhuma boa explicação de por que ela está correta. Sabemos, enfim, que ela está certa porque nos

---

[4] Para aqueles que têm familiaridade com a matemática, basta que apenas troquem as palavras: "relógios" por "número complexo"; "tamanho do relógio" por "módulo do número complexo"; e "posição do ponteiro" por "fase". A regra de combinação dos relógios nada mais é que a regra de combinação de números complexos.

conduz a previsões que concordam com os dados experimentais. Essa interpretação da função de onda foi uma das questões problemáticas encaradas pelos pioneiros da teoria quântica.

A função de onda (que é o nosso conjunto de relógios) foi introduzida na teoria quântica por meio de uma série de artigos publicados em 1926, pelo físico austríaco Erwin Schrödinger. Seu texto de 21 de junho tem uma equação que deve estar gravada na mente de todo estudante de graduação em Física. Ela é conhecida, naturalmente, como equação de Schrödinger:

$$i\hbar \frac{\partial}{\partial t}\Psi = \hat{H}\Psi$$

O símbolo grego Ψ (pronuncia-se "psi") representa a função de onda. A equação de Schrödinger descreve como a função de onda se altera no tempo. Os detalhes da equação são irrelevantes para nossos objetivos, porque não iremos seguir a abordagem desse físico neste livro. O interessante, entretanto, é que, embora Schrödinger tenha escrito a equação correta para a função de onda, ele a interpretou erroneamente, no começo. Foi Max Born, um dos físicos mais velhos a trabalhar com a teoria quântica em 1926, que, com 43 anos de idade, formulou a interpretação certa em um artigo publicado apenas quatro dias depois do estudo de Schrödinger. Mencionamos sua idade porque a teoria quântica, nos meados da década de 20, tinha o apelido de "Knabenphysik", "física de garotos", pois muitos de seus protagonistas eram jovens. Em 1925, Heisenberg tinha 23 anos de idade; Wolfgang Pauli, cujo famoso princípio de exclusão veremos mais adiante, tinha 22 anos, mesma idade de Paul Dirac, o físico britânico que formulou a equação que descreve o elétron. Fala-se frequentemente que a juventude libertava esses estudiosos dos antigos modos de pensar e lhes permitiu abraçar a nova e radical configuração do mundo representada pela teoria quântica. Schrödinger, aos 38 anos, era um senhor na companhia desses jovens, e é verdade que ele nunca se sentiu muito à vontade com a teoria que ajudou a desenvolver.

A interpretação radical de Born sobre a função de onda, pela qual ele recebeu o Prêmio Nobel de Física em 1954, é que o quadrado do comprimento do ponteiro do relógio em determinado ponto representa a probabilidade de a partícula ser encontrada ali. Por exemplo, se o ponteiro do relógio posicionado em algum ponto tem o comprimento de 0,1, seu quadrado é de 0,01. Isso significa que a probabilidade de encontrar a partícula nesse ponto é de 0,01, isto é, uma em cem. Você poderia perguntar por que Born simplesmente não elevou ao quadrado todos os relógios de uma vez, de modo que, nesse exemplo, o próprio ponteiro teria um comprimento de 0,01. Isso não funcionaria, porque, para considerar a interferência, vamos querer combinar os relógios, e somar 0,01 mais 0,01 (o que dá 0,02) não é o mesmo que adicionar 0,1 a 0,1 e depois elevar ao quadrado (o que dá 0,04).

Podemos ilustrar essa ideia-chave da teoria quântica com outro exemplo. Considere afetar uma partícula de tal modo que ela possa ser descrita por um conjunto específico de relógios. Imagine também que tenhamos um dispositivo que consegue medir a localização das partículas. Esse dispositivo (fácil de imaginar, no entanto, não tão simples de construir) poderia ser uma pequena caixa que seria viável montar rapidamente em qualquer região do espaço. Se a teoria diz que a chance de encontrar uma partícula em algum ponto é de 0,01 (uma vez que o ponteiro do relógio tem comprimento de 0,1), então, ao montarmos a caixa em torno desse ponto, teremos a probabilidade de um em cem de achar a partícula dentro da caixa. Isso significa que é pouco provável que encontremos algo ali. Entretanto, se pudermos refazer o experimento, reconfigurando tudo para que a partícula seja descrita pela mesma posição inicial dos relógios, então conseguiremos reproduzir o experimento *quanta*s vezes quisermos. Agora, para cada cem vezes que olharmos a caixa, uma vez, em média, deveremos descobrir que há uma partícula dentro dela – nas outras 99 vezes, ela estará vazia.

A interpretação do comprimento do ponteiro elevado ao quadrado como probabilidade de encontrar uma partícula em determinado ponto não é particularmente difícil de compreender, porém realmente

> O MOVIMENTO DAS PARTÍCULAS SEGUE LEIS DA PROBABILIDADE, MAS A PRÓPRIA PROBABILIDADE SE PROPAGA DE ACORDO COM A LEI DA CAUSALIDADE.

parece que nós (ou melhor, Max Born) a tiramos do nada. E, de fato, de uma perspectiva histórica, foi muito difícil para alguns grandes cientistas aceitá-la – para Einstein e Schrödinger entre eles. Referindo-se ao verão de 1926, 50 anos depois, Dirac escreveu: "Esse problema da interpretação demonstrou-se mais difícil que o cálculo das equações". Apesar dessa dificuldade, é digno de nota que, ao fim daquele mesmo ano, o espectro da luz emitida pelo átomo de hidrogênio, um dos grandes enigmas da física do século 19, já havia sido calculado por meio das equações de Heisenberg e de Schrödinger. (Dirac mostrou mais tarde que as duas abordagens eram completamente equivalentes.)

Einstein expressou sua objeção à natureza probabilística da mecânica quântica no famoso trecho de uma de suas cartas a Born, escrita em dezembro de 1926: "A teoria é abrangente, mas efetivamente não nos aproxima do segredo do 'velho'. Estou convencido de que *Ele* não está jogando dados". A questão era que, até então, supunha-se que a física era completamente determinística. É claro, a ideia de probabilidade não é exclusiva da teoria quântica. Ela é empregada regularmente em várias situações, desde apostas em corrida de cavalos até a ciência da termodinâmica, na qual se baseou toda a engenharia vitoriana. Todavia, a razão para isso é uma falta de conhecimento sobre a parte do mundo em questão, em vez de algo fundamental. Pense no jogo de cara ou coroa – o arquetípico jogo de azar. Estamos todos familiarizados com a probabilidade nesse contexto. Se jogarmos a moeda cem vezes, esperamos que, em média, tiremos cara 50 vezes e coroa outras 50 vezes. Antes da teoria quântica, éramos obrigados a dizer que, se soubéssemos tudo sobre a moeda – precisamente a forma como ela foi jogada ao ar, a força da gravidade, os detalhes das pequenas correntes de ar que atravessam a sala, a temperatura do ar etc. –, poderíamos calcular, em princípio, se ela cairia com cara ou coroa para cima. A consideração de probabilidades nesse contexto seria, portanto, um reflexo de nossa falta de conhecimento sobre o sistema, e não algo intrínseco ao próprio sistema.

As probabilidades na teoria quântica não são exatamente como essas; elas são fundamentais. Não é o caso de, por sermos ignorantes, só conseguirmos prever a probabilidade de uma partícula estar em um ponto ou outro. Não temos, mesmo em princípio, como adivinhar em que posição estará uma partícula. O que podemos pressupor, com precisão absoluta, é a probabilidade de que uma partícula será encontrada em determinado ponto se a procurarmos. Mais do que isso: somos capazes de prever com absoluta exatidão como essa probabilidade muda com o tempo. Born assim expressou, em 1926: "O movimento das partículas segue leis da probabilidade, mas a própria probabilidade se propaga de acordo com a lei da causalidade". É especificamente isso que a equação de Schrödinger faz: trata-se de uma equação que nos permite calcular exatamente como será a função de onda no futuro, considerando como era no passado. Nesse sentido, ela é análoga às leis de Newton. A diferença é que, enquanto as leis newtonianas nos permitem determinar a posição e a velocidade de partículas em qualquer instante no futuro, a mecânica quântica nos possibilita calcular somente a probabilidade de que elas serão encontradas em determinado local.

Essa perda de poder preditivo foi o que incomodou Einstein e muitos de seus colegas. Com a vantagem de mais de 80 anos de visão retrospectiva e de muito trabalho, o debate agora parece ser algo redundante, e é fácil evitá-lo com a afirmação de que Born, Heisenberg, Pauli, Dirac e outros estavam corretos, e que Einstein, Schrödinger e a velha guarda estavam errados. No entanto, certamente era possível naquela época acreditar que a teoria quântica estava, de alguma forma, incompleta e que as probabilidades apareciam, assim como na termodinâmica ou no jogo de cara e coroa, porque nos faltavam determinadas informações sobre as partículas. Hoje, essa ideia tem pouca aceitação – os desenvolvimentos teórico e experimental indicam que a natureza realmente usa números aleatórios, e a perda de certeza ao se fazer previsões sobre as posições de partículas é uma propriedade intrínseca do mundo físico: probabilidades são o melhor que podemos fazer.

CAPÍTULO 4

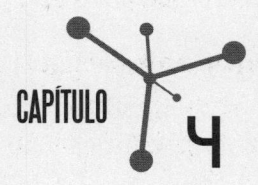

Tudo o que pode acontecer realmente acontece

Definimos agora uma estrutura sobre a qual podemos explorar a teoria quântica em detalhes. As ideias principais são muito simples em termos técnicos, mas são difíceis no modo como nos desafiam a confrontar nossos preconceitos sobre o mundo. Dissemos que uma partícula seria representada por vários reloginhos e que o comprimento do ponteiro de cada um deles, em uma dada posição (elevado ao quadrado), representaria a probabilidade de a partícula ser encontrada naquele lugar. Os relógios não são a questão central – eles são um artifício matemático que usaremos para registrar as probabilidades de encontrar a partícula em algum local. Também estabelecemos uma regra para combinar os relógios, o que é necessário para descrever o fenômeno da interferência. Precisamos agora "fechar o conjunto" e procurar uma norma que nos diga como os relógios se modificam de um momento para outro. Essa regra substituirá a primeira lei de Newton, uma vez que nos permitirá prever o que uma partícula fará caso seja deixada por conta própria. Vamos começar pelo início e imaginar uma partícula em determinada posição.

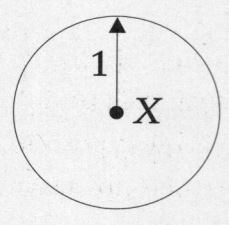

Figura 4.1 – Um relógio representando uma partícula que está localizada em determinada posição no espaço.

Sabemos como representar uma partícula em certa posição, o que é mostrado na figura 4.1. Teremos um relógio nessa posição, com o ponteiro de comprimento 1 (porque 1 elevado ao quadrado é 1, e isso significa que a probabilidade de encontrar uma partícula ali é igual a 1, ou seja, de cem por cento). Vamos supor que o relógio aponte para as 12h, embora essa escolha seja completamente arbitrária. Considerando-se as probabilidades, o ponteiro poderia indicar qualquer posição, no entanto tivemos de escolher uma para começar, daí a posição das 12h. A pergunta que queremos responder é a seguinte: qual é a chance de que a partícula estará em outra posição depois de determinado tempo? Em outras palavras: quantos relógios nós deveremos usar e onde precisaremos posicioná-los no instante seguinte? Para Isaac Newton, essa seria uma interrogação tola: se posicionamos uma partícula em algum lugar e não lhe aplicamos nenhuma ação, ela não vai para lugar algum. Porém a natureza diz, de maneira quase categórica, que isso está errado. De fato, Newton não poderia estar mais equivocado!

Eis a resposta certa: a partícula pode estar em qualquer lugar do universo no instante seguinte. Isso significa que devemos usar um número infinito de relógios, um em cada ponto concebível no espaço! Vale a pena reler essa sentença várias vezes. Provavelmente, teremos de ir além.

Conceber que a partícula pode estar em qualquer lugar no espaço é equivalente a não considerar nada a respeito do movimento da partícula. Essa é a concepção mais imparcial que podemos ter, e ela realmente possui certo apelo ascético[5], embora, aceitavelmente, pareça violar as leis do senso comum e talvez também as da física.

Um relógio é a representação de algo definido – a probabilidade de uma partícula ser encontrada na posição de certa hora. Se sabemos que uma partícula está em determinada posição em dado momento, nós a representamos pelo relógio naquela posição. A proposta é que, se temos uma partícula em dada posição no instante zero, então, no instante

---

[5] Ou apelo estético, conforme seu ponto de vista.

> Muitos problemas são difíceis demais para serem resolvidos em um único movimento mental, e o entendimento profundo raramente emerge em momentos de "eureca".

"zero mais um pouco", devemos usar um vasto – na verdade, infinito – conjunto de novos relógios, para preencher todo o universo! Isso supõe a possibilidade de que a partícula salte para todo e qualquer lugar nesse instante. Nossa partícula estará simultaneamente a um nanômetro de distância e a um bilhão de anos-luz no núcleo de uma estrela em uma galáxia distante. Isso parece, por assim dizer, um disparate. Entretanto, vamos deixar claro: a teoria precisa ser capaz de explicar a experiência da dupla fenda e, assim como uma onda se propaga ao colocarmos o dedo em uma superfície líquida parada, um elétron inicialmente posicionado em algum lugar tem de se propagar conforme o tempo passa. O que necessitamos definir é como exatamente ele se propaga.

Diferente da onda d'água, estamos propondo que a onda-elétron se propague a ponto de preencher o universo em um instante. Tecnicamente falando, diríamos que a regra de propagação de partículas é diferente da regra de propagação de ondas d'água, ainda que ambas se propaguem de acordo com uma "equação de onda". A equação para calcular a segunda é diferente da usada para determinar as ondas de partículas (que é a famosa equação de Schrodinger, mencionada no capítulo anterior), porém ambas incorporam a física das ondas. As diferenças estão nos detalhes de como elas se propagam de um lugar a outro. Caso você conheça um pouco da teoria da relatividade de Einstein, deve ficar nervoso quando falamos de uma partícula saltando pelo universo em um instante, porque isso parece significar que algo viajaria mais rápido que a luz. Na realidade, a ideia de que uma partícula possa estar aqui e, no momento posterior, em algum outro lugar muito distante não cria, por si só, uma contradição com relação às teorias de Einstein, pois a declaração verdadeira é a de que a informação não pode viajar mais rápido que a luz e a teoria quântica mantém-se em conformidade com essa regra. Como veremos, a dinâmica correspondente a uma partícula saltando pelo universo é exatamente o oposto da transferência de informação, porque não temos como saber de antemão para onde a partícula saltará. Parece que estamos construindo uma teoria sobre a total anarquia. E, claro, você deve estar considerando que a natureza certamente não pode se comportar dessa maneira. No entanto, como veremos no decorrer do livro, a ordem que percebemos no mundo cotidiano de fato emerge desse comportamento incrivelmente absurdo.

Se você está com dificuldades para aceitar essa proposta anárquica – de que temos de preencher todo o universo com pequenos relógios para descrever o comportamento de uma única partícula subatômica no tempo – bem-vindo ao time! Levantar o véu da teoria quântica e tentar interpretar seus segredos é desafiante para qualquer pessoa. Niels Bohr tem uma citação famosa: "Aqueles que não ficam chocados no primeiro contato com a mecânica quântica possivelmente não a entenderam". E Richard Feynman disse, na introdução do volume III de *The Feynman Lectures on Physics*: "Creio que posso dizer seguramente que ninguém entende a mecânica quântica". Felizmente, seguir as regras é muito mais simples do que procurar entender o que elas realmente significam. A capacidade de acompanhar atentamente os resultados de um conjunto de hipóteses, sem se prender muito a implicações filosóficas, é uma das habilidades mais importantes que um físico aprende. É exatamente esse o espírito de Heisenberg: vamos definir nossas hipóteses iniciais e verificar os resultados. Se chegarmos a um conjunto de previsões que estejam de acordo com as observações do mundo ao nosso redor, então devemos aceitar como boa uma teoria.

Muitos problemas são difíceis demais para serem resolvidos em um único movimento mental, e o entendimento profundo raramente emerge em momentos de "eureca". O truque está em ter certeza de que compreendeu cada pequena etapa, já que, depois de um número suficiente de fases, a visão maior deve surgir. Ou fazemos assim, ou perceberemos que adentramos em caminhos equivocados e precisaremos começar tudo de novo. As pequenas etapas que descrevemos até aqui não são difíceis por si sós, mas a ideia de, a partir de um só relógio, propagarmos uma infinidade de outros é, sem dúvida, uma noção complexa, especialmente se tentarmos nos imaginar desenhando todos eles. A eternidade é um tempo muito longo, para parafrasear Woody Allen, em especial próximo do fim. Nosso conselho é não entrar em pânico, nem desistir, pois, de qualquer modo, a palavra "infinidade" é um detalhe. Nossa próxima tarefa é estabelecer a regra que nos dirá como serão todos esses relógios algum tempo depois de lançarmos a partícula.

A regra que procuramos é a essencial da teoria quântica, embora tenhamos de incluir uma segunda regra quando considerarmos a possibilidade de que o universo contém mais que uma partícula. No entanto, comecemos pelo início: por ora, vamos nos concentrar em uma única partícula solitária no universo – ninguém poderá nos acusar de ir rápido demais. Vamos supor que, em dado instante no tempo, sabemos exatamente onde essa partícula está, portanto ela será representada por um único relógio. Nossa tarefa específica é identificar a regra que nos indicará como será cada um dos novos relógios propagados pelo universo, em qualquer tempo no futuro.

Primeiro, definiremos a regra sem nenhuma justificativa. Em alguns parágrafos adiante, retornaremos para discutir por que ela é dessa maneira, todavia agora devemos tratá-la como se fosse a regra de um jogo, a saber: em um tempo t no futuro, um relógio a uma distância x do relógio original tem seu ponteiro movimentado em sentido anti-horário a um valor proporcional a x^2; o valor do movimento do ponteiro também é proporcional à massa m da partícula e inversamente proporcional ao tempo t. Simbolicamente, isso significa que o ponteiro do relógio é movimentado a um valor proporcional a mx^2/t. Em outras palavras, quer dizer que há mais movimento para uma partícula com mais massa; que quanto maior a distância com relação ao relógio original, maior o movimento; e que quanto mais tempo decorrido, menor o movimento. Isso é um algoritmo – uma receita, se preferir – que nos mostra exatamente como calcular uma dada distribuição de relógios em algum momento no futuro. Em cada ponto do universo, desenharemos um novo relógio com o ponteiro movimentado a certo valor dado pela nossa regra. Isso servirá para nossa declaração de que a partícula pode – e ela de fato o faz – saltar de sua posição inicial para todo e qualquer ponto no universo, distribuindo novos relógios no processo.

Para simplificar as coisas, imaginamos apenas um relógio inicial, mas, é claro, em algum momento no tempo já deve haver muitos outros, representando o fato de que a partícula não está em algum lugar definido. Como saberemos o que fazer com todo esse conjunto de relógios? A resposta é: faremos o que fizemos para somente um relógio e repetiremos isso para todo e qualquer relógio do conjunto. A figura 4.2 ilustra a ideia. O agrupamento inicial de relógios é representado pelos pequenos círculos, e as setas indicam que a partícula salta do lugar de cada relógio inicial para o ponto X, "depositando" um novo relógio no processo. Certamente, o processo distribui um novo relógio em X para cada relógio inicial e devemos combinar todos eles para construir o relógio final, definitivo, em X. O tamanho do ponteiro deste nos indicará a probabilidade de encontrar a partícula em X, no instante posterior.

Não é tão estranho que precisemos combinar os relógios que chegam ao mesmo ponto. Cada relógio corresponde a uma maneira diferente por meio da qual a partícula poderia ter chegado a X. Essa combinação é compreensível se pensarmos na experiência da dupla fenda: estamos simplesmente tentando expressar a descrição das ondas utilizando relógios. Podemos imaginar dois relógios iniciais, um em cada fenda. Cada um gerará outro relógio em um ponto específico da tela, em um momento posterior, e devemos combinar esses dois relógios para obtermos o padrão de interferência . Resumindo, portanto, a regra para calcular como será o relógio em um ponto específico é levar todos os relógios iniciais àquele ponto, um a um, e, em seguida, combiná--los, empregando a regra de combinação que conhecemos no capítulo anterior.

Já que desenvolvemos essa linguagem para descrever a propagação das ondas, também podemos pensar nesses mesmos termos para ondas mais conhecidas. Em 1690, o físico holandês Christiann Huygens descreveu dessa maneira a propagação das ondas de luz. Ele não falou de relógios imaginários, porém enfatizou que deveríamos considerar

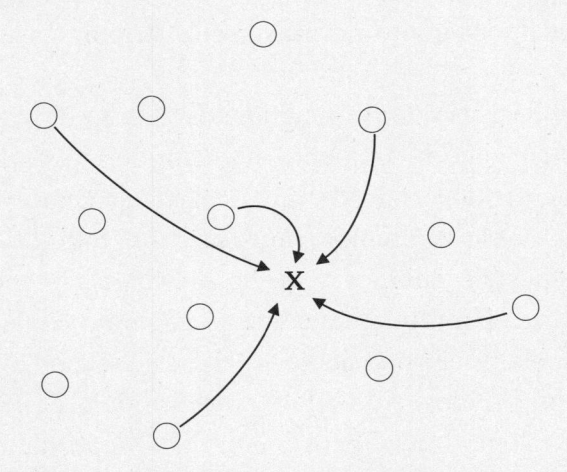

Figura 4.2 – Os saltos dos relógios. Os círculos indicam as localizações da partícula em dado instante. Associaremos um relógio a cada localização. Para calcular a probabilidade de encontrar a partícula no ponto X, devemos considerar o salto da partícula desde todas as localizações originais até X. Alguns desses saltos estão representados pelas setas. A forma das linhas não tem nenhum significado e não indica que a partícula viaja fazendo certa trajetória desde a localização de um relógio até X.

cada ponto em uma onda de luz como fonte de ondas secundárias (exatamente como cada relógio propaga vários relógios secundários). Essas ondas se combinariam, portanto, para produzir uma nova onda. O processo se repete de modo que cada ponto na nova onda também age como fonte de outras adicionais, as quais se combinam, e assim a onda avança.

Podemos retornar agora a algo que deve estar lhe incomodando. Por que, afinal, escolhemos a grandeza mx^2/t para determinar o valor do movimento do ponteiro do relógio? Essa grandeza tem um nome: ela é conhecida como *ação* e possui uma longa e respeitável história na física. Ninguém realmente entende por que a natureza faz uso dela de modo tão fundamental, o que significa que ninguém pode de fato explicar por que esses relógios se movimentam por aquele valor. O que, de certa forma, leva à questão: como alguém percebeu pela primeira vez que essa grandeza era tão importante? A ação foi apresentada inicialmente pelo filósofo e matemático alemão Gottfried Leibniz, em um trabalho não publicado, escrito em 1669, embora ele não tenha encontrado uma maneira de usá-la para efetuar cálculos. Ela foi reintroduzida pelo cientista francês Pierre-Louis Moreau de Maupertuis, em 1744, e posteriormente utilizada pelo amigo dele, o matemático Leonard Euler, para formular um novo e poderoso princípio da natureza. Imagine uma bola viajando pelo ar. Euler descobriu que esse objeto viaja em uma trajetória tal que a ação calculada entre quaisquer dois pontos do percurso é sempre a mínima possível. Para o caso da bola, a ação está relacionada com a diferença entre a energia cinética e a energia potencial da bola[6]. Isso é conhecido como "princípio da ação mínima" e pode ser uma alternativa às leis do movimento de Newton. À primeira vista, é um princípio bastante estranho, porque, para voar de uma maneira que minimizasse a ação, aparentemente a bola teria de saber para onde está indo antes de chegar lá. De que outro modo, ela poderia voar pelo ar para que, afinal, a grandeza chamada ação fosse minimizada? Colocado dessa forma, o princípio da ação mínima aparenta ser teleológico – ou seja, as coisas parecem acontecer para realizar um fim predeterminado. Ideias teleológicas geralmente não são bem-aceitas na ciência, e é fácil entender o porquê disso. Em Biologia, uma explicação teleológica para o surgimento de criaturas complexas equivaleria a um argumento da existência de um criador, enquanto a teoria da evolução de Darwin, por meio da seleção natural, fornece uma explicação mais simples e que se adequa perfeitamente aos dados disponíveis atualmente. Não há componente teleológico na teoria darwiniana – mutações aleatórias produzem variações nos organismos, e pressões externas do ambiente e de outros seres vivos determinam quais destas são transmitidas para as próximas gerações. Esse processo por si só pode dar conta da complexidade que vemos na vida sobre a Terra. Em outras palavras: não há necessidade de um grande plano e não existe adequação gradual da vida em direção a algum tipo de perfeição. Ao contrário, a evolução da vida é um caminho aleatório, gerado pela cópia imperfeita de genes em um ambiente externo em constante mudança. O biólogo francês

---

[6] A energia cinética é igual a $mv^2/2$, e a energia potencial é mgh quando a bola está a uma altura h acima do solo. g é o valor de aceleração de todos os objetos nas proximidades da Terra. A ação é a diferença integralizada entre os tempos associados aos dois pontos na trajetória.

O UNIVERSO QUÂNTICO

Jacques Monod, ganhador do Prêmio Nobel, foi mais longe ao definir um pilar para a biologia moderna: "a negação sistemática ou axiomática de que o conhecimento científico possa ser obtido com base em teorias que envolvam, explicitamente ou não, um princípio teleológico".

Com relação à física, não há debate sobre se o princípio da ação mínima realmente funciona, uma vez que ele permite a realização de cálculos que descrevem corretamente a natureza e é um pilar da física. Pode-se argumentar que o princípio da ação mínima não é teleológico, contudo a discussão é descartada assim que compreendemos a abordagem de Feynman sobre a mecânica quântica. A bola viajando pelo ar "sabe" qual trajetória escolher, porque ela realmente, silenciosamente, explora todas as trajetórias possíveis.

Como se descobriu que a regra para o movimento dos relógios poderia ter a ver com essa grandeza chamada ação? De uma perspectiva histórica, Dirac foi o primeiro a buscar uma fórmula da teoria quântica que envolvesse a ação, porém, de maneira excêntrica, ele preferiu divulgar sua pesquisa em um jornal soviético, para mostrar seu apoio à ciência soviética. O artigo, intitulado "A lagrangiana na mecânica quântica", foi publicado em 1933 e ficou na obscuridade por vários anos. Na primavera de 1941, o jovem Richard Feynman vinha pensando em como desenvolver uma nova abordagem para a teoria quântica por meio da fórmula lagrangiana da mecânica clássica (que é derivada do princípio da ação mínima). Em uma "cervejada" em Princeton, ele conheceu Herbert Jehle, um físico europeu visitante, e, como os físicos costumam fazer depois de beber um pouco, os dois começaram a discutir ideias sobre suas pesquisas. Jehle se lembrou do artigo esquecido de Dirac e, no dia seguinte, eles encontraram o texto na biblioteca de Princeton. Imediatamente, Feynman começou os cálculos utilizando o formalismo do colega e, no curso de uma tarde, com Jehle o acompanhando, ele descobriu que poderia derivar a equação de Schrödinger a partir de um princípio da ação. Isso foi um tremendo passo adiante, embora inicialmente Feynman presumisse que Dirac já o tivesse feito, posto que aquilo era uma coisa fácil de fazer. Fácil, quero dizer, se você fosse um Richard Feynman.

Oportunamente, este perguntou a Dirac se ele sabia que, com alguns cálculos matemáticos adicionais, seu estudo de 1933 poderia ser usado daquela maneira. Mais tarde, relembrou que o amigo, deitado sobre a grama em Princeton depois de ter dado uma palestra um tanto medíocre, simplesmente lhe respondeu: "Não, não sabia. Interessante". Dirac foi um dos grandes físicos de todos os tempos, no entanto era um homem de poucas palavras. Eugene Wigner, outro dos grandes físicos, comentava: "Feynam é um segundo Dirac, só que humano".

Para recapitular: definimos uma regra que nos permite descrever todo um conjunto de relógios que representam o estado de uma partícula em dado instante no tempo. É uma regra um pouco bizarra – preencher o universo com um número infinito de relógios, todos relacionados entre si por um valor que depende de uma grandeza estranha, porém historicamente importante, chamada ação. Se dois ou mais relógios caírem no mesmo ponto, devem-se combiná-los. A regra é baseada na premissa de que uma partícula pode pular de qualquer ponto específico no universo para absolutamente qualquer outro lugar em um instante infinitamente pequeno. Dissemos no início que essas ideias esquisitas precisam ser testadas na natureza, a fim de verificar se surge algo coerente. Para começar esse processo, vamos ver como algo muito concreto, um dos marcos da teoria quântica, emerge dessa aparente anarquia: o princípio da incerteza de Heisenberg.

Princípio da incerteza de Heisenberg

O princípio da incerteza de Heisenberg é um dos temas mais mal compreendidos da teoria quântica, uma via por meio da qual toda a sorte de charlatães e vigaristas procura vender suas inutilidades filosóficas. Heisenberg o apresentou em 1927, em um artigo intitulado "*Über den anschaulichen Inhalt der quantentheoretischen Kinematik und Mechanik*", que é muito difícil de traduzir. A palavra difícil é *anschaulich*, que significa algo como "físico" ou "intuitivo". O autor do estudo parece ter sido motivado por sua profunda indignação de que a versão mais intuitiva de Schrödinger era mais amplamente aceita do que a sua, ainda

O UNIVERSO QUÂNTICO

> ALGUÉM PODERIA PENSAR QUE SERIA POSSÍVEL VENCER AS LIMITAÇÕES DO PRINCÍPIO DA INCERTEZA DESENVOLVENDO UM EXPERIMENTO CRIATIVO. DEMONSTRAREMOS QUE ISSO NÃO É POSSÍVEL E QUE O PRINCÍPIO DA INCERTEZA É ABSOLUTAMENTE FUNDAMENTAL.

que os dois formalismos levassem aos mesmos resultados. Na primavera de 1926, Schrödinger teve a convicção de que sua equação da função de onda oferecia uma imagem física do que ocorria dentro dos átomos. Ele achava que sua função de onda era uma coisa que pudesse ser vista e que tivesse relação com a distribuição de cargas elétricas dentro do átomo. Isso posteriormente foi considerado incorreto, mas pelo menos fez os físicos se sentirem contentes durante os primeiros seis meses de 1926, até que Born introduziu sua interpretação probabilística.

Heisenberg, por outro lado, tinha construído sua teoria em torno da matemática abstrata, que previa com grande sucesso os resultados dos experimentos, todavia não era acessível a uma clara interpretação física. Ele expressou sua irritação a Pauli, em uma carta escrita em 8 de junho de 1926, poucas semanas antes de Born lançar seu ataque metafórico contra a abordagem intuitiva de Schrödinger: "Quanto mais penso na parte física da teoria de Schrödinger, mais repugnante ela me parece. O que ele escreve sobre o *anschaulichkeit* dessa teoria... eu considero *mist*". A tradução da palavra alemã *mist* é "lixo" ou "bobagem" ou "coisa inútil".

O que Heisenberg decidiu fazer foi explorar o que queria dizer uma "imagem intuitiva", ou *anschaulichkeit*, de uma teoria física. O estudioso perguntou a si mesmo: "O que a teoria quântica tem a dizer sobre as propriedades conhecidas das partículas, como a posição?" No espírito de sua teoria original, ele propôs que a posição de uma partícula seria uma coisa significativa a ser tratada somente se fosse especificado o modo como medi-la. Ou seja, você não pode indagar onde realmente está um elétron dentro de um átomo de hidrogênio sem descrever exatamente como encontrará essa informação. Isso parece semântica, porém definitivamente não é. Heisenberg avaliou que o próprio ato de mensurar algo introduz uma perturbação e que, em consequência disso, há um limite referente a quão precisamente conseguimos "conhecer" um elétron. Especificamente, em seu artigo original, o físico foi capaz de estimar qual é a relação entre o quão precisamente podemos medir ao mesmo tempo a posição e o momento linear de uma partícula. Em seu famoso princípio da incerteza, ele afirmou que se Δx é a incerteza de nosso conhecimento sobre a posição de uma partícula (a letra grega Δ pronuncia-se "delta", de modo que Δx é lido como "delta x") e Δp é a incerteza correspondente no momento linear, então

$$\Delta x \Delta p \sim h$$

onde h é a constante de Planck, e o símbolo $\sim$ significa "é semelhante em tamanho a". Em palavras, o produto da incerteza da posição de uma partícula e a incerteza de seu momento linear será aproximadamente igual à constante de Planck. Isso significa que, quanto mais precisamente identificarmos a localização de uma partícula, menos precisamente poderemos saber sobre seu momento linear, e vice-versa. Heisenberg chegou a essa conclusão ao observar a dispersão de fótons de elétrons, que são o modo como "vemos" o elétron, assim como enxergamos os objetos do dia a dia por sua dispersão de fótons e os capturamos com nossos olhos. Em geral, a luz que reflete em um objeto perturba o objeto imperceptivelmente, entretanto isso não nega nossa incapacidade essencial de isolar absolutamente o ato de mensurar da coisa a ser mensurada. Alguém poderia pensar que seria possível vencer as limitações do princípio da incerteza desenvolvendo um experimento criativo. Demonstraremos a seguir que isso não é possível e que o princípio da incerteza é absolutamente fundamental, porque iremos deduzi-lo usando somente nossa teoria dos relógios.

Derivando o princípio da incerteza de Heisenberg a partir da teoria dos relógios

Em vez de começar com uma partícula em um ponto específico, vamos pensar na situação em que sabemos mais ou menos onde a partícula está, mas não sua localização exata. Se nós conhecemos a informação de que uma partícula está em algum lugar em uma pequena região do espaço, devemos representá-la por um conjunto de relógios preenchendo essa área. Em cada ponto dessa região, haverá um relógio que representará a probabilidade de a partícula ser encontrada ali. Se elevarmos ao quadrado o comprimento dos ponteiros dos relógios em cada ponto e os combinarmos, teremos 1, ou seja, a probabilidade de encontrar a partícula em algum lugar naquela região é de 100%.

Daqui a pouco, usaremos nossas regras quânticas para fazer um cálculo sério, no entanto primeiro devemos confessar que não mencionamos um importante adendo à nossa regra de movimento dos ponteiros dos relógios. Não quisemos apresentá-lo antes porque se trata de um detalhe técnico; contudo, se o ignorarmos, não teremos as respostas certas ao calcular as probabilidades reais. Ele está relacionado ao que falamos no fim do parágrafo anterior. Se começamos com um só relógio, o ponteiro deve ter o comprimento de 1, porque a partícula tem de ser encontrada no local do relógio com uma probabilidade de 100%. Em seguida, nossa regra quântica diz que, para descrever a partícula em algum momento posterior, necessitamos transportar esse relógio para todos os pontos no universo, o que corresponde ao salto da partícula de sua localização inicial. Claro, não podemos ter todos os ponteiros com comprimento de 1 ou nossa interpretação probabilística falharia. Imagine, por exemplo, que a partícula fosse descrita por quatro relógios, o que indicaria que ela estaria em quatro lugares diferentes. Se cada ponteiro tem o tamanho de 1, a probabilidade de a partícula estar localizada em qualquer das quatro posições seria de 400%, o que obviamente não faz sentido. Para corrigir esse problema, devemos encurtar os ponteiros e movimentá-los no sentido anti-horário. Essa "regra de encurtamento" determina que, depois de todos os relógios serem propagados, a redução do tamanho dos ponteiros de cada um deles deverá ser feita pela raiz quadrada do número total de relógios[7].

---

[7] Encurtar os ponteiros de todos os relógios na mesma razão só será verdadeiro se ignorarmos os efeitos da teoria da relatividade especial de Einstein. Caso contrário, alguns dos relógios sofrerão um encurtamento maior do que os outros. Não precisaremos nos preocupar com isso.

Para quatro relógios, isso significa que cada ponteiro deve ser encurtado pela $\sqrt{4}$, o que quer dizer que cada um dos quatro relógios resultantes terá um ponteiro de comprimento de ½. Há, portanto, uma probabilidade de $(½)^2 = 25\%$ de que a partícula seja encontrada no local de qualquer dos quatro relógios. Desse modo simples, podemos assegurar que a probabilidade de a partícula ser encontrada em algum lugar totalize sempre 100%. Obviamente, pode haver um número infinito de locais possíveis, caso em que os relógios teriam ponteiro de tamanho zero, o que pareceria assustador. Porém, a matemática consegue lidar com isso. Para nossos fins, devemos sempre imaginar que há um número finito de relógios e, em qualquer caso, jamais precisaremos realmente saber o quanto um relógio foi encurtado.

Retornemos à ideia de um universo que contenha uma única partícula, cuja localização não é conhecida com exatidão. Você pode considerar a próxima seção como uma pequena charada matemática – pode ser complicado entender na primeira vez, e talvez valha a pena relê-la, todavia, se você conseguir acompanhar o raciocínio, entenderá como surge o princípio da incerteza. Para ficar mais simples, assumimos que a partícula se move em uma dimensão, o que significa que ela está localizada em algum ponto de uma linha. O caso tridimensional, mais real, não é essencialmente diferente – ele só é mais difícil de desenhar. Na figura 4.3, ilustramos a situação, representando a partícula por uma sequência de três relógios. Devemos imaginar que há muito mais deles – um relógio em cada ponto possível em que a partícula pode estar –, entretanto isso também seria muito complicado para desenhar. O relógio 3 está à esquerda na sequência de relógios, e o relógio 1, à direita. Reiterando: isso demonstra uma situação em que sabemos que a partícula parte de algum ponto entre os relógios 1 e 3. Newton afirmaria que a partícula permanecerá entre os relógios 1 e 3, se não fizermos nada sobre ela, mas o que diz a regra quântica? Aqui é que a diversão começa – vamos brincar com as regras dos relógios para responder a essa questão.

Vamos dar tempo para que os ponteiros dos relógios andem e, então, verificar o que acontece nessa sequência. Começaremos pensando em

O UNIVERSO QUÂNTICO

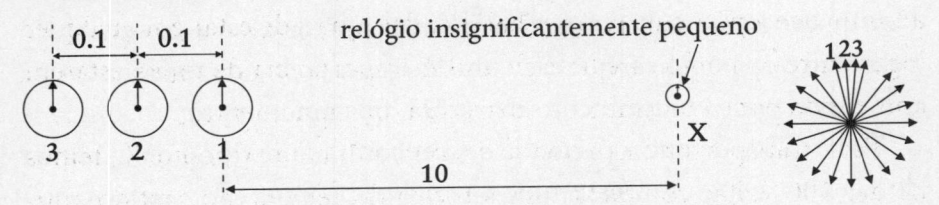

Figura 4.3 – Uma sequência de três relógios, com o ponteiro na mesma posição: isso descreve uma partícula inicialmente localizada na região dos relógios. Estamos interessados em saber quais as chances de encontrar a partícula no ponto X, em um momento posterior.

um ponto específico, marcado com X na figura, a uma grande distância do conjunto inicial. Mais adiante, definiremos quantitativamente a "grande distância", mas, por ora, a expressão significa simplesmente que precisamos movimentar bastante os ponteiros dos relógios.

Aplicando as regras do jogo, devemos pegar cada relógio do conjunto inicial e transportá-lo até o ponto X, deslocando o ponteiro e encurtando-o de acordo. Fisicamente, isso corresponde ao salto da partícula da localização do conjunto até o ponto X. Haverá muitos relógios chegando em X, um para cada relógio inicial na linha, e devemos combinar todos eles. Feito isso, o quadrado do comprimento do ponteiro do relógio resultante em X nos dará a probabilidade de encontrarmos a partícula em X.

Vejamos agora como a coisa se resolve com alguns números. Digamos que o ponto X esteja a uma distância de 10 unidades do relógio 1 e que o conjunto inicial tenha uma extensão de 0,2 unidades. Para responder à pergunta óbvia "quanto representam 10 unidades", é que a constante de Planck entra na história. Por enquanto, porém, devemos nos desviar habilmente dessa questão e definir simplesmente que 1 unidade de distância corresponde a 1 volta completa (12 horas) do relógio. Isso significa que o ponto X está a aproximadamente $10^2 = 100$ voltas completas do conjunto inicial (lembre-se da regra do movimento dos ponteiros). Precisamos também assumir que os relógios no conjunto inicial começaram com igual tamanho e que todos apontavam para as 12h. Considerar que os ponteiros tinham igual tamanho é apenas admitir que a partícula tem probabilidades iguais de estar em qualquer lugar entre os pontos 1 e 3 na figura. A importância de todos estarem apontando para a mesma hora aparecerá oportunamente.

Para transportar um relógio do ponto 1 para o ponto X, temos de dar 100 voltas completas no ponteiro do relógio, no sentido anti-horário, como define nossa regra. Agora, vamos para o ponto 3, que está à distância de 0,2 unidades, e transportamos esse relógio para X. Ele terá de viajar 10,2 unidades. Assim, deveremos girar o ponteiro um pouco mais do que antes, isto é, $10,2^2$, que é algo muito próximo de 104 voltas completas.

Temos agora dois relógios em X, correspondentes aos saltos das partículas 1 e 3 até X. Precisamos combiná-los para calcular a posição do relógio final. Como ambos foram girados a um valor muito próximo de números inteiros de voltas completas, os dois estarão indicando aproximadamente a posição de 12h, e a combinação deles formará um relógio com um ponteiro maior também apontado para as 12h. Observe que é a direção final dos ponteiros que interessa. Não é necessário manter registro da frequência de voltas completas. Até aqui, está muito bem. Mas não terminamos ainda, porque há muitos outros pequenos relógios dentro do conjunto.

Nossa atenção se volta agora para o relógio no meio do conjunto, ou seja, o ponto 2. Esse relógio está a 10,1 unidades de distância de X, o que significa que temos de girá-lo $10,1^2$ vezes. Isso é muito próximo de 102 rotações completas – novamente, um número inteiro de voltas. Precisamos combinar esse relógio com os outros em X, e, como antes, isso aumentará ainda mais o tamanho do ponteiro em X. Continuando, há também um ponto a meia distância entre os pontos 1 e 2, e o relógio que saltar dali fará 101 rotações completas, o que mais uma vez ampliará o tamanho do ponteiro final. Entretanto, existe aqui uma questão importante. Se procurarmos o relógio a meio caminho desses dois pontos, ele será um que terá feito 100,5 rotações ao atingir X. Isso corresponde a um relógio com o ponteiro marcando as 6h e, ao combiná-lo, reduziremos o comprimento do ponteiro em X. Um pequeno raciocínio deverá convencê-lo de que, embora os pontos 1, 2 e 3 produzam em X relógios que leiam 12h e os pontos no meio da linha entre 1, 2 e 3 também gerem relógios na posição das 12h, os pontos que estão em ¼ e ¾ da distância entre os pontos 1 e 3 e os pontos 2 e 3 resultarão em relógios na posição das 6h. No total, haverá cinco relógios apontando para cima e quatro, para baixo. Ao combinarmos todos eles, surgirá em X um relógio com um ponteiro minúsculo, uma vez que os relógios praticamente se anularão uns aos outros.

Essa "anulação de relógios" obviamente se aplica ao caso real de considerarmos todo ponto possível na região entre os pontos 1 e 3. Por exemplo, o ponto em ⅛, no caminho desde o ponto 1, gera um relógio na posição de 9h, enquanto o ponto em ⅜ gera a posição de 3h – novamente, um anula o outro. O efeito final é que os relógios correspondentes a todos os caminhos que a partícula poderia ter tomado de algum lugar no conjunto até o ponto X se cancelam entre si. Essa anulação é ilustrada à direita, na figura. As setas indicam os ponteiros dos relógios chegando a X a partir de vários pontos no conjunto inicial. O resultado final da combinação de todas essas setas é que elas se anulam umas às outras. Esse é o aprendizado essencial aqui.

Recapitulando: acabamos de mostrar que, considerando que o conjunto original de relógios seja grande o suficiente e que o ponto X esteja a uma distância razoável, para cada relógio que atingir X com a posição de 12h, chegará outro relógio com a posição de 6h, que o anulará. Para cada relógio que alcançar o mesmo ponto com a posição de 3h, chegará outro com a posição de 9h, que também o cancelará, e assim por diante. Todas essas anulações significam que não há possibilidade efetiva de a partícula ser encontrada em X. Essa conclusão é, de fato, bem interessante e instigante, pois parece a descrição de uma partícula que não está se movendo. Embora tenhamos começado com a proposta aparentemente absurda de que uma partícula pode ir de um ponto no espaço a qualquer outro lugar no universo em um instante, agora descobrimos que isso não ocorre se começarmos com um conjunto de relógios. Para um conjunto, em razão da maneira como os relógios interferem uns com os outros, não existe chance efetiva de a partícula se afastar de sua posição inicial. Esse "clímax" a que se chega é resultado de uma "orgia de interferências quânticas", nas palavras de James Binney, professor de Oxford.

> EM UM MOMENTO DE INSPIRAÇÃO GENIAL, NA NOITE DE 7 DE OUTUBRO DE 1900, MAX PLANCK CONSEGUIU EXPLICAR A MANEIRA POR MEIO DA QUAL OS OBJETOS QUENTES IRRADIAM ENERGIA.

Para que ocorram a orgia de interferências quânticas e a resultante anulação dos relógios, o ponto X deve estar a uma distância razoável do conjunto inicial, de modo que os ponteiros dos relógios possam fazer rotações completas várias vezes. Por quê? Porque se o ponto X estiver muito perto, os ponteiros não realizarão uma volta inteira, o que quer dizer que os relógios não se anularão uns aos outros. Imagine, por exemplo, que a distância entre o ponto 1 e o ponto X seja 0,3, em vez de 10. Agora, o primeiro relógio do conjunto fará um movimento menor que o anterior, correspondente a $0,3^2 = 0,09$ de uma rotação, o que indica que ele estará apontando para a posição de um pouco depois de 1h. Do mesmo modo, o relógio no ponto 3, no fim do conjunto, agora fará um movimento de $0,5^2 = 0,25$ de uma rotação, o que representa a posição de 3h. Consequentemente, todos os relógios chegarão ao ponto X na posição entre 1h e 3h, o que significa que eles não se cancelarão entre si, mas se combinarão em um grande relógio que apontará aproximadamente para a posição de 2h.

Tudo isso nos leva a afirmar que há boa chance de não encontrarmos a partícula em pontos próximos do conjunto original, porém fora dele. Por "próximos", queremos dizer que não existe movimento suficiente para girar completamente os ponteiros pelo menos uma vez. Começamos a ter um vislumbre do princípio da incerteza, contudo ainda um pouco vago. Então, vamos investigar o que pretendemos declarar exatamente com um conjunto inicial "grande o suficiente" e um ponto "a distância razoável".

Nosso *ansatz* inicial, acompanhando Dirac e Feynman, foi de que o valor de movimento dos ponteiros quando uma partícula de massa m salta para uma distância x em um tempo t é proporcional à ação, isto é, o valor do movimento é proporcional a mx^2/t. Dizer que é "proporcional a" não é muito bom quando desejamos calcular números reais. Necessitamos saber precisamente qual é o valor de movimento. No capítulo 2, discutimos a lei da gravitação de Newton e, para fazer previsões quantitativas, introduzimos a constante gravitacional do mesmo teórico, que determina a força da gravidade. Com a constante newtoniana, os números podem ser colocados na equação, e coisas reais podem ser calculadas, como o período orbital da Lua ou o trajeto da sonda Voyager 2, em sua jornada pelo sistema solar. Precisamos agora de algo similar para a mecânica quântica – uma constante da natureza que "defina a escala" e nos permita considerar a ação e chegar a uma declaração exata sobre o valor de movimento dos relógios, conforme os desloquemos a uma distância específica de sua posição inicial, por um dado tempo. Essa constante é a de Planck.

Uma breve história da constante de Planck

Em um momento de inspiração genial, na noite de 7 de outubro de 1900, Max Planck conseguiu explicar a maneira por meio da qual os objetos quentes irradiam energia. Durante a segunda metade do século 19, a relação exata entre a distribuição dos comprimentos de ondas da luz emitida por objetos quentes e sua temperatura era um dos grandes mistérios da física. Todo objeto quente emite luz e, enquanto a temperatura aumenta, a natureza da luz se modifica. Estamos familiarizados com a luz na região visível, correspondente às cores do arco-íris, todavia a luz também pode ocorrer em comprimentos de onda que sejam ou muito longos ou muito curtos para serem vistos pelo olho humano. A luz com um comprimento de onda mais longo que a luz vermelha é chamada de "infravermelha" e pode ser vista com óculos de visão noturna. Comprimentos de onda ainda mais longos correspondem às ondas de rádio. Da mesma forma, a luz com comprimento de onda mais curto que a luz azul é chamada de "ultravioleta", e a luz de menor comprimento de onda é geralmente denominada "raio gama". Um pedaço de carvão à temperatura ambiente emitirá luz na parte infravermelha do espectro. No entanto, se o atirarmos no fogo, ele ficará vermelho incandescente. Isso ocorre porque, conforme se aumenta a temperatura do carvão, reduz-se o comprimento de onda médio da radiação que ele emite, eventualmente entrando na faixa que nossos olhos conseguem ver. A regra é: quanto mais quente o objeto, menor o comprimento de onda da luz emitida. À medida que melhorou a precisão das mensurações de experiências no século 19, tornou-se evidente que ninguém tinha a fórmula matemática correta para descrever essa observação. Esse problema era referido como "problema do corpo negro", porque os físicos chamam de "corpos negros" os objetos hipotéticos que absorvem e reemitem totalmente qualquer radiação. A questão era grave, porque revelava a incapacidade de entender a natureza da luz emitida por toda e qualquer coisa.

Por muitos anos, Planck havia pensado bastante sobre esse e outros problemas relacionados nos campos da termodinâmica e eletromagnetismo, antes de ser nomeado professor de física teórica em Berlim. A vaga foi oferecida para Boltzmann e para Hertz antes de ele ser convidado, mas ambos recusaram. Foi um bom acaso, pois Berlim era o centro das investigações experimentais em radiação de corpos negros, e a imersão de Planck no trabalho experimental foi essencial para seu subsequente esforço teórico. Os físicos geralmente trabalham melhor quando há chance de terem conversas casuais e abrangentes com os colegas.

Conhecemos bem a data e o momento da revelação de Planck porque, naquele dia, ele e sua família passavam a tarde do domingo de 7 de outubro de 1900 com o colega Heinrich Rubens. Depois do almoço, os dois discutiram sobre o fracasso dos modelos teóricos daquela época para explicar os detalhes da radiação dos corpos negros. No começo da noite, Planck rabiscou a fórmula em um cartão-postal e a enviou para Rubens. Tratava-se da fórmula correta, porém ela era, de fato, muito estranha. Planck a descreveu mais tarde como "um ato de desespero", depois de ter tentado tudo o que podia. Não é evidentemente claro o modo como Planck chegou à fórmula. Na excelente biografia de Albert Einstein, "Sutil é o Senhor..." (*Subtle is the Lord*...), Abraham Pais escreveu: "Seu raciocínio era insano, mas sua insanidade tinha aquela qualidade divina que somente as maiores figuras transacionais podem trazer à ciência". A proposta de Planck era tão inexplicável quanto revolucionária. Ele descobriu que poderia explicar o espectro dos corpos negros, contudo apenas se assumisse que a energia da luz emitida era constituída de um grande número de pequenos "pacotes" de energia. Em outras palavras, a energia total é quantizada em unidades de uma nova constante fundamental da natureza, que o estudioso denominou "*quantum* de ação". Hoje em dia, nós a chamamos de constante de Planck.

O que tal fórmula realmente implica, embora seu autor não o tenha percebido na época, é que a luz é sempre emitida e absorvida em pacotes, ou *quanta*. Na notação moderna, esses pacotes têm energia $E = hc/\lambda$, em que λ (pronuncia-se "lambda") é o comprimento de onda da luz, c é a velocidade da luz, e h é a constante de Planck. O papel dessa constante na equação é como fator de conversão entre o comprimento de onda da luz e a energia do *quantum* a ela associado. O entendimento de que a quantização da energia da luz emitida (como concebida por Planck) aparece porque a própria luz é feita de partículas foi proposto por Albert Einstein, inicialmente de modo experimental. O físico fez essa proposição durante seu grande período de criatividade em 1905 – o *annus mirabilis*, quando também produziu a teoria da relatividade especial e a equação mais famosa da história científica, $E = mc^2$. Einstein foi agraciado com o Prêmio Nobel de Física, em 1921, (devido a um misterioso processo burocrático "nobeliano", ele só o recebeu em 1922), por seu trabalho sobre o efeito fotoelétrico, e não por suas conhecidas teorias da relatividade. Einstein postulou que a luz poderia ser concebida como um fluxo de partículas (na época, ele não usou a palavra "fótons") e reconheceu corretamente que a energia de cada fóton era inversamente proporcional a seu comprimento de onda. Essa conjectura é a origem de um dos mais famosos paradoxos da teoria quântica – o que afirma que as partículas se comportam como ondas, e vice-versa.

Planck removeu os primeiros alicerces da noção de luz de Maxwell, demonstrando que a energia da luz emitida por um objeto quente só poderia ser descrita se ela fosse emitida em *quanta*. Foi Einstein quem retirou os alicerces restantes, o que derrubou de vez todo o edifício da Física clássica. Sua interpretação do efeito fotoelétrico exigia não só que a luz fosse emitida em pequenos pacotes, mas também que ela interagisse com a matéria na forma de pacotes localizados. Em outras palavras, a luz realmente se comporta como um fluxo de partículas.

A ideia de que a luz é feita de partículas – ou seja, de que o "campo eletromagnético é quantizado" – foi bastante polêmica e recusada durante décadas depois de Einstein tê-la apresentado. A relutância dos colegas deste físico em abraçar a ideia do fóton pode ser vista na proposta dele (coescrita pelo próprio Planck) de associação à prestigiosa Academia Prussiana, em 1913, oito anos depois de apresentar o fóton:

> *Em suma, podemos dizer que praticamente não há um dos grandes problemas da física moderna a que Einstein não tenha dado notável contribuição. O fato de ele não ter conseguido, às vezes, resolvê-los com suas especulações, como é o caso, por exemplo, de sua hipótese dos* quanta *de luz, não pode ser usado contra ele, porque não é possível realmente introduzir novas ideias, mesmo nas ciências mais exatas, sem por vezes acatar certos riscos.*

Ou seja, ninguém realmente acreditava que os fótons fossem reais. A crença generalizada era que Planck estava em melhor situação, porque sua proposta tinha mais a ver com as propriedades da matéria – os pequenos osciladores que emitiam a luz – e não com a luz em si. Simplesmente, era muito bizarro crer que as belas equações das ondas de Maxwell precisavam ser substituídas por uma teoria das partículas.

Mencionamos essa história, em parte, para tranquilizar o leitor quanto às verdadeiras dificuldades que devem ser encaradas ao se aceitar a teoria quântica. É impossível visualizar uma coisa – por exemplo, um elétron ou um fóton – que se comporte um pouco como partícula, um pouco como onda e um pouco como nenhum dos dois. Einstein se preocupou com esses problemas pelo resto de sua vida. Em 1951, quatro anos antes de sua morte, ele escreveu: "Todos esses 50 anos de estudos não me aproximaram nem um pouco da resposta à questão: o que são os *quanta* de luz?"

Seis anos depois, o que é indiscutível é que a teoria que pretendemos desenvolver por meio de nossos conjuntos de pequenos relógios descreve com precisão os resultados de todo o experimento que foi pensado para testá-la.

De volta ao princípio da incerteza de Heisenberg

A narrativa anterior é, portanto, a história por trás da concepção da constante de Planck. Contudo, para nossos fins, o mais importante a observar é que tal constante é uma unidade de "ação", o que quer dizer que ela é o mesmo tipo de grandeza daquilo que nos mostra a distância do movimento dos relógios. Seu valor atual é $6{,}6260695729 \times 10^{-34}$ kg m²/s, o que é bastante insignificante em termos de padrões cotidianos. Por isso, não notamos seus efeitos difusos em nosso dia a dia.

Relembre o que escrevemos sobre a ação de uma partícula que salta de um ponto a outro: a massa da partícula multiplicada pela distância do salto ao quadrado e dividida pelo intervalo de tempo no qual o salto ocorre. Isso é medido em kg m²/s, como na constante de Planck, e, se simplesmente dividirmos a ação por essa constante, anularemos todas as unidades e teremos um número puro (*N.T.: também chamado de número adimensional*). De acordo com Feynman, esse número puro é o valor que devemos usar para movimentar o relógio associado à partícula que salta de um ponto a outro. Por exemplo, se o número for 1, isso indicará uma rotação completa; se for ½, indicará meia volta; e assim por diante. Em símbolos, o valor preciso que temos de utilizar para girar o ponteiro do relógio para calcular a possibilidade de uma partícula saltar uma distância x em um tempo t é $mx^2/(2ht)$. Observe que um fator ½ apareceu na fórmula. Você pode considerá-lo necessário para estar de acordo com o experimento ou pode notar que ele surge da definição de ação[8]. Qualquer uma das opções é válida. Agora que sabemos o valor da constante de Planck, podemos efetivamente quantificar o valor do movimento e efetuar o cálculo do ponto, o que adiamos anteriormente. Isto é: o que significa exatamente saltar uma distância de 10?

Vejamos o que nossa teoria tem a dizer sobre algo minúsculo pelos padrões cotidianos: um grão de areia. A teoria da mecânica quântica que desenvolvemos sugere que, se colocarmos o grão em algum lugar, em um instante posterior ele poderá estar em qualquer local do universo. Entretanto, obviamente, isso não é o que acontece a grãos de areia reais. Já vislumbramos uma saída para esse problema em potencial, porque, se há interferência suficiente entre os relógios, correspondente ao salto do grão de areia desde vários pontos iniciais, eles se anularão entre si, e isso manterá o grão no mesmo lugar. A primeira pergunta que precisamos responder é: *quantas* vezes os relógios devem girar se transportarmos uma partícula com a massa de um grão de areia a uma distância de, digamos, 0,001 milímetro, no tempo de 1 segundo? Não seríamos capazes de ver essa minúscula distância com nossos olhos, mas ela é bastante grande para a escala dos átomos. Você mesmo pode fazer o cálculo facilmente, substituindo os números na regra de movimento de Feynman[9]. A resposta é algo em torno de um trilhão de rotações completas do relógio. Imagine a quantidade de interferências que isso gerará. O resultado final é que o grão de areia permanecerá onde está e quase não há chances de que ele salte a uma distância perceptível,

---

[8] Para uma partícula de massa m que salte uma distância x em um tempo t, a ação é $\frac{1}{2}m(x/t)^2$, se a partícula viaja em linha reta a velocidade constante. No entanto, isso não quer dizer que a partícula quântica vá de um lugar a outro em linha reta. A regra do movimento dos relógios é obtida pela associação de um relógio com cada caminho possível que uma partícula pode percorrer entre dois pontos, e é uma casualidade se, depois de combinar todos esses caminhos, o resultado for igual a esse simples resultado. Por exemplo, a regra de movimento dos relógios não é tão simples se incluirmos correções para torná-la consistente com a teoria da relatividade especial de Einstein.

[9] Um grão de areia tem, em geral, massa de 1 micrograma, o que corresponde a um bilionésimo de um quilograma.

mesmo se tivermos, a fim de atingir tal conclusão, de considerar a possibilidade de que ele pulou silenciosamente para algum lugar no universo.

Trata-se de um resultado muito importante. Se você mesmo incluiu os números, já deve ter percebido o porquê disso: a pequenez da constante de Planck. Descrita em sua totalidade, ela tem o valor de 0,00000000000000000000000000000066260695729 kg m^2/s. Dividir qualquer número de nosso cotidiano por esse valor resultará em várias rotações do relógio e bastante interferência, com a consequência de que todas as exóticas jornadas de nosso grão de areia pelo universo se anularão umas às outras. E nós perceberemos essa viagem pelo espaço infinito como um desinteressante grão de areia imóvel na praia.

Figura 4.4 – Figura semelhante à figura 4.3, exceto que desta vez não estamos presos a um valor específico do tamanho do conjunto de relógios ou da distância até o ponto X.

É claro, nosso foco específico está naquelas situações em que os relógios não se anulam uns aos outros. E, como vimos, isso ocorre quando os relógios não se movimentam mais do que uma rotação. Nesse caso, a orgia de interferências não acontecerá. Vejamos o que esse fato significa quantitativamente.

Retornaremos ao conjunto de relógios, que redesenhamos na figura 4.4, porém, agora seremos mais abstratos em nossa análise, em vez de nos prendermos a números definidos. Consideraremos que o conjunto tem tamanho igual a Δx e que a distância do ponto mais próximo no conjunto até o ponto X é x. Nesse caso, o tamanho Δx do conjunto se refere à incerteza de nosso conhecimento sobre a posição inicial da partícula; ela está em algum lugar na região de tamanho Δx. Começando com o ponto 1, aquele mais próximo do ponto X, para ter um salto daquele ponto até este (X), devemos girar o relógio a um valor de

$$W_1 = \frac{mx^2}{2ht}$$

Agora, passaremos para o ponto mais distante, o 3. Quando deslocarmos o relógio desse ponto até X, ele girará a um valor maior, ou seja:

$$W_3 = \frac{m(x+\Delta x)^2}{2ht}$$

Podemos então ser precisos e definir a condição para que os relógios se propaguem de todos os pontos do conjunto e não se cancelem entre si: deverá haver menos de uma rotação completa de diferença entre os relógios nos pontos 1 e 3:

$$W_3 - W_1 < \text{uma rotação}$$

Reunindo tudo, temos:

$$\frac{m(x+\Delta x)^2}{2ht} - \frac{mx^2}{2ht} < 1$$

Vamos, agora, considerar o caso específico em que o tamanho do conjunto, Δx, é muito menor que a distância x. Isso significa que estamos buscando as possibilidades de que nossa partícula dê um salto para além de seu domínio inicial. Nesse caso, a condição para que não ocorra a anulação de relógios, derivada diretamente da equação anterior, é:

$$\frac{mx\Delta x}{ht} < 1$$

Se você conhece um pouco de matemática, será capaz de desmembrar a equação e desprezar todos os termos que envolvam $(\Delta x)^2$. Isso é válido porque dissemos que Δx é muito pequeno em comparação com x, e uma diminuta quantidade ao quadrado é uma quantia muito pequena.

Essa equação é a condição para que não haja anulações dos relógios no ponto X. Sabemos que, se os relógios não se cancelarem em um ponto específico, existirá uma boa chance de encontrarmos a partícula nesse ponto. Assim, descobrimos que, se a partícula estiver inicialmente localizada em um conjunto de tamanho Δx, haverá grande probabilidade de a encontrarmos, em um tempo t posterior, a uma longa distância x do conjunto, se a equação acima for satisfeita. Além disso, essa distância aumenta com o tempo, porque a estamos dividindo pelo tempo t em nossa fórmula. Em outras palavras, conforme o tempo passa, aumentam as chances de encontrar a partícula a uma maior distância de sua posição inicial. Isso começa a parecer com uma partícula que está se movendo. Observe ainda que a possibilidade de achar a partícula a grande distância também cresce à medida que Δx se torna menor – ou seja, ao passo que a incerteza da posição inicial da partícula se torna menor. O que queremos dizer é que quanto mais precisamente conhecemos a localização da partícula, mais rapidamente ela se distancia de sua posição inicial. Isso agora se parece bastante com o princípio da incerteza de Heisenberg.

Para nos aproximarmos ainda mais de tal princípio, vamos reformular um pouco a equação. Observe que, para uma partícula fazer seu trajeto de algum lugar no conjunto até o ponto X, no tempo t, ela deve saltar a distância x. Se mensurássemos a partícula em X, naturalmente concluiríamos que ela viajou a uma velocidade igual a x/t. Além disso, lembre-se de que a massa multiplicada pela velocidade de uma partícula é seu momento linear; logo, a grandeza mx/t é a medida do momento linear da partícula. Podemos então seguir em frente e simplificar nossa equação:

$$\frac{p\Delta x}{h} < 1$$

onde p é o momento linear. Essa equação pode ser reduzida para:

$$p\Delta x < h$$

e isso é tão importante que se torna digno de mais discussão, uma vez que se parece muito com o princípio da incerteza de Heisenberg.

A matemática termina por aqui, por enquanto. Se não foi possível para você acompanhar muito atentamente essa parte, provavelmente conseguirá retomar o raciocínio a partir daqui.

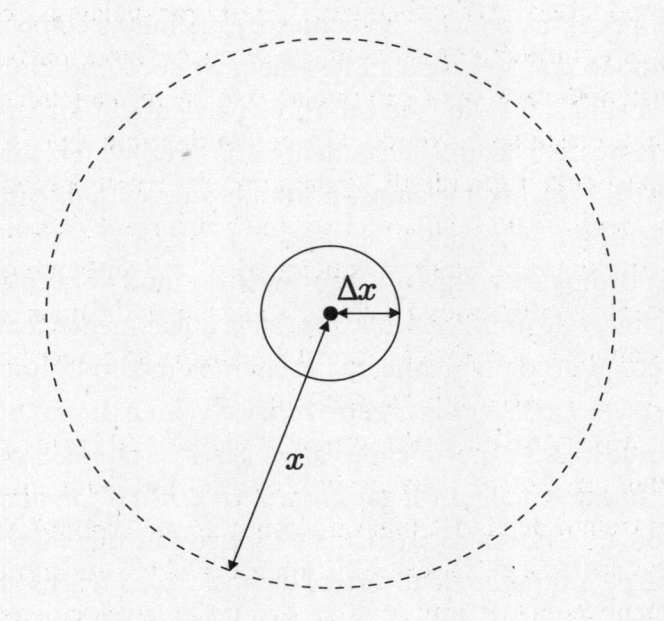

Figura 4.5 – Um pequeno conjunto cresce com o tempo e corresponde a uma partícula inicialmente localizada, que é deslocada conforme o tempo passa.

O UNIVERSO QUÂNTICO

Se imaginarmos uma partícula localizada em uma área de tamanho Δx, descobriremos que, depois de algum tempo decorrido, ela poderá ser encontrada em uma área maior de tamanho x. Tal situação é ilustrada na figura 4.5. Para ser preciso, isso significa que, se tivermos procurado a partícula inicialmente, haverá probabilidade de a encontrarmos em algum lugar da área menor. Se não a mensurarmos e, em vez disso, esperarmos um pouco, existirá uma boa chance de a acharmos em algum lugar da área maior, depois de algum tempo. Isso indica que a partícula poderá ter se movido de uma posição da área menor para uma posição da área maior. Ela não precisará ter se deslocado e ainda haverá uma probabilidade de que esteja na área menor Δx. Porém, é bem possível que a mensuração revele que a partícula se moveu praticamente até o limite da área maior[10]. Se esse caso extremo for constatado pela mensuração, concluiremos que a partícula está se movendo com um momento linear dado pela equação que acabamos de deduzir (se você não acompanhou a matemática, basta acreditar nisso), ou seja: $p = h/\Delta x$.

Agora, podemos retornar ao começo, exatamente como definimos antes, de modo que a partícula esteja de novo localizada inicialmente na área menor Δx. Ao mensurar a partícula, provavelmente a encontraríamos em algum lugar dentro da área maior, mas não no limite extremo, e concluiríamos, portanto, que o momento linear é menor que o valor extremo.

Se repetirmos esse experimento mais de uma vez, calculando o momento linear de uma partícula que esteja inicialmente dentro de um pequeno conjunto de tamanho Δx, estaremos medindo uma série de valores de p em qualquer lugar entre zero e o valor extremo $h/\Delta x$. Dizer "se repetirmos esse experimento várias vezes, estaremos medindo o momento linear em algum lugar entre zero e $h/\Delta x$" significa afirmar que o "momento linear da partícula é incerto por um valor de $h/\Delta x$". Justamente pela situação de incerteza da posição, os físicos atribuem o

---

[10] Há probabilidade de a partícula viajar ainda além do limite "extremo" marcado pela área maior na figura, mas, como mostramos, os relógios tenderiam a se anular em tais cenários.

símbolo Δp a essa dúvida e escrevem $\Delta p \Delta x \sim h$, pois o símbolo $\sim$ indica que o produto entre as incertezas da posição e o momento linear é aproximadamente igual à constante de Planck – pode ser um pouco maior ou um pouco menor. Com um pouco mais de dedicação à matemática, conseguiríamos deduzir essa equação exata. O resultado dependeria de detalhes do conjunto inicial de relógios, contudo o esforço extra não compensa, uma vez que o que mostramos é suficiente para capturar as ideias principais.

A declaração de que a incerteza da posição de uma partícula multiplicada pela incerteza de seu momento linear é (aproximadamente) igual à constante de Planck é, talvez, a forma mais familiar do princípio da incerteza de Heisenberg. Ela está nos dizendo que, partindo do conhecimento de que a partícula está localizada em alguma área em um tempo inicial, a mensuração da posição da partícula algum tempo depois revelará que a partícula está se movendo com um momento linear cujo valor não pode ser previsto mais precisamente do que "algum lugar entre zero e $h/\Delta x$". Em outras palavras, se confinamos uma partícula em uma área cada vez menor, há uma tendência de ela se distanciar cada vez mais daquela área. Isso é tão importante que vale a pena repetir uma terceira vez: quanto mais exatamente conhecermos a posição da partícula em dado instante, menos precisamente saberemos a velocidade de seu deslocamento e, portanto, onde ela estará em um tempo posterior.

Essa é justamente a declaração de Heisenberg sobre o princípio da incerteza. Ela está no cerne da teoria quântica, porém devemos saber que não é uma afirmação vaga. Trata-se de uma colocação sobre nossa incapacidade de rastrear partículas com precisão e não há aqui nenhuma magia quântica, assim como não existe mágica newtoniana. O que fizemos nas páginas anteriores foi derivar o princípio da incerteza de Heisenberg das regras fundamentais da física quântica, expressas nas normas de movimentação, redução e combinação dos relógios. De fato, sua origem reside em nossa proposição de que uma partícula pode estar em qualquer lugar no universo em um instante depois de termos medido sua posição. Nossa ousada suposição de que a partícula pode estar em todo e qualquer local no universo foi atenuada pela orgia de interferências quânticas, e o princípio da incerteza é, em certo sentido, tudo o que restou da anarquia original.

Antes de continuar, há uma coisa muito importante que necessitamos informar sobre como interpretar o princípio da incerteza. Não devemos cometer o erro de acreditar que a partícula está realmente em algum lugar específico e que a distribuição dos relógios iniciais reflete alguma limitação de nosso entendimento. Se pensássemos assim, não conseguiríamos calcular corretamente o princípio da incerteza, porque não admitiríamos que precisamos considerar os relógios de todos os pontos possíveis dentro do conjunto inicial, transportá-los a um ponto X e, então, combiná-los. Foi isso que nos deu nossa conclusão, isto é, tivemos de supor que a partícula chega a X por meio da superposição de vários caminhos possíveis. Mais adiante, faremos uso do princípio de Heisenberg em alguns exemplos do mundo real. Por ora, é satisfatório que tenhamos derivado uma das conclusões principais da teoria quântica usando nada mais que algumas simples manipulações de relógios imaginários.

Vamos aplicar alguns números nas equações, a fim de alcançar uma melhor apreensão das coisas. Quanto tempo nós devemos esperar para ter uma probabilidade razoável de que um grão de areia saltará para fora de uma caixa de fósforos? Assumiremos que a caixa de fósforos tenha dimensões de 3 cm de comprimento e que o grão de areia pese 1 micrograma. Relembre que a condição para que haja uma probabilidade razoável de o grão de areia saltar determinada distância é dada por

$$\frac{mx\Delta x}{ht} < 1$$

onde Δx é o tamanho da caixa de fósforos. Vamos calcular qual deve ser o valor de t se quisermos que o grão de areia salte uma distância x = 4 cm, o que ultrapassa o tamanho da caixa de fósforos. Por meio de uma simples operação de álgebra, temos:

$$t > \frac{mx\Delta x}{h}$$

Aplicando os números, notamos que t deve ser maior que aproximadamente 10^{21} segundos. Isso é algo em torno de 6×10^{13} anos, o que é mais de mil vezes a idade atual do universo. Logo, isso provavelmente não acontecerá. A mecânica quântica é estranha, no entanto, não tão estranha para permitir que um grão de areia salte sozinho de uma caixa de fósforos.

Para concluirmos este capítulo e adentrar no próximo, faremos uma observação final. Nossa derivação do princípio da incerteza foi baseada na configuração dos relógios, ilustrada na figura 4.4. Especificamente, definimos o conjunto inicial de relógios de modo que todos tivessem o ponteiro do mesmo tamanho e apontassem para a mesma posição. Esse arranjo específico corresponde a uma partícula inicialmente em descanso em certa região do espaço – um grão de areia dentro de uma caixa de fósforos, por exemplo. Embora tenhamos descoberto que a partícula provavelmente não se mantém em descanso, também observamos que, para objetos grandes – e um grão de areia é, de fato, bastante grande em termos quânticos –, esse movimento é completamente imperceptível. Assim, para nossa teoria, há algum movimento, mas ele é imperceptível para objetos grandes. É claro, estamos desconsiderando alguma coisa de importante, pois algo com grandes dimensões realmente se move; e lembrem-se de que a teoria quântica é uma teoria para todas as coisas, sejam elas grandes ou pequenas. Devemos agora resolver este problema: como podemos explicar o movimento?

CAPÍTULO 5

Movimento como ilusão

No capítulo anterior, derivamos o princípio da incerteza de Heisenberg por meio de um arranjo específico de relógios – um pequeno conjunto inicial, com cada relógio com ponteiros de igual tamanho e apontando para a mesma posição. Descobrimos que isso representa uma partícula que está praticamente estacionária, embora as regras quânticas digam que ela se agita um pouco. Precisamos agora definir uma configuração inicial diferente: queremos descrever uma partícula em movimento. Na figura 5.1, elaboramos a nova configuração de relógios. Temos novamente um conjunto de relógios, que corresponde a uma partícula inicialmente localizada na região dos relógios. O relógio na posição 1 aponta para as 12h, como antes, porém os outros relógios estão agora adiantados em diferentes valores. Dessa vez, desenhamos cinco relógios, simplesmente porque isso nos ajudará no raciocínio, ainda que, como antes, devamos imaginar relógios entre aqueles que concebemos – um para cada ponto no espaço do conjunto. Vamos aplicar a regra quântica e mover esses relógios até o ponto X, um longo caminho para fora do conjunto, e então descreveremos os vários caminhos que a partícula pode adotar do conjunto até X.

Com o mesmo procedimento que adotamos antes, vamos movimentar o relógio do ponto 1 e propagá-lo até o ponto X, girando o ponteiro de acordo. Ele girará por um valor de

$$W_1 = \frac{mx^2}{2ht}$$

Depois, vamos movimentar o relógio do ponto 2 e propagá-lo até o ponto X. Ele está um pouco mais distante, digamos, a uma distância d. Assim, girará um pouco mais:

$$W_2 = \frac{m(x+d)^2}{2ht}$$

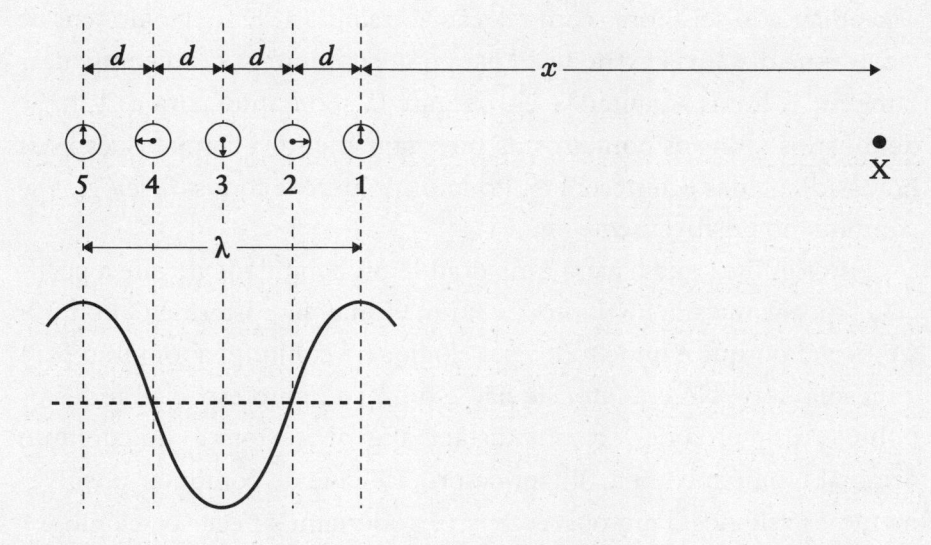

Figura 5.1 – O conjunto inicial (ilustrado pelos relógios 1 a 5) é composto de relógios com ponteiros em posições diferentes, todos com diferença de três horas com relação ao relógio vizinho. A parte inferior da figura mostra como varia a hora dos relógios no conjunto.

Foi exatamente isso que fizemos no capítulo anterior. Você já deve perceber que algo diferente acontecerá para essa nova configuração inicial de relógios. Definimos o relógio 2 de modo que ele estivesse inicialmente *adiantado* três horas com relação ao relógio 1 – de 12h para 3h. Entretanto, ao movimentar o relógio 2 para o ponto X, precisamos girar o ponteiro no sentido *anti-horário* um pouco mais que o relógio 1, o que corresponde à distância extra d que ele tem de viajar. Se estabelecermos que a posição inicial do ponteiro do relógio 2 é exatamente o mesmo valor de seu giro em sentido anti-horário ao viajar para o ponto

X, então o relógio 2 chegará a X exibindo *exatamente a mesma hora* do relógio 1. Isso significa que, em vez de anulá-lo, ele se combinará com o relógio 1 para fazer um relógio maior, o que indica que haverá grande probabilidade de a partícula ser encontrada em X. Trata-se de uma situação completamente diferente da orgia de interferências quânticas que ocorre quando começamos com todos os relógios com ponteiros na mesma posição. Vamos observar agora o relógio 3, cujo ponteiro está adiantado seis horas com relação ao relógio 1. Esse relógio tem de viajar uma distância extra de $2d$ para ir até o ponto X, e, ao compensar também as horas adiantadas, ele chegará lá apontando para as 12h. Se definirmos todos os ponteiros da mesma maneira, a compensação das horas adiantadas acontecerá em todo o conjunto, e todos os relógios se combinarão positivamente em X.

Isso significa que haverá uma grande probabilidade de que a partícula seja encontrada no ponto X em um momento posterior. O ponto X é especial porque é onde todos os relógios do conjunto apontarão para a mesma hora. No entanto, ele não é o único ponto especial: todos os pontos à esquerda de X a uma distância igual à extensão do conjunto original também compartilham da propriedade de combinar positivamente os relógios. Para observar isso, poderíamos pegar o relógio 2 e transportá-lo até um ponto a uma distância d à esquerda de X. Isso corresponderia a movê-lo até uma distância x, que é exatamente a mesma a que movemos o relógio 1 ao levá-lo para X. Conseguiríamos, então, transportar o relógio 3 até esse novo ponto à distância $x + d$, que é exatamente igual à distância a que movemos o relógio 2. Ao chegar a esse ponto, os dois relógios apontariam, portanto, para a mesma hora e se combinariam. Podemos repetir isso para todos os relógios do conjunto, mas somente até uma distância à esquerda de X que seja igual à extensão do conjunto original. Fora dessa região especial, os relógios se anulam entre si, porque eles não estão mais "protegidos" da orgia de interferências quânticas[11]. A interpretação é clara: o conjunto de relógios se movimenta conforme ilustrado na figura 5.2.

---

[11] Talvez você queira verificar isso por si mesmo.

relógios no tempo zero

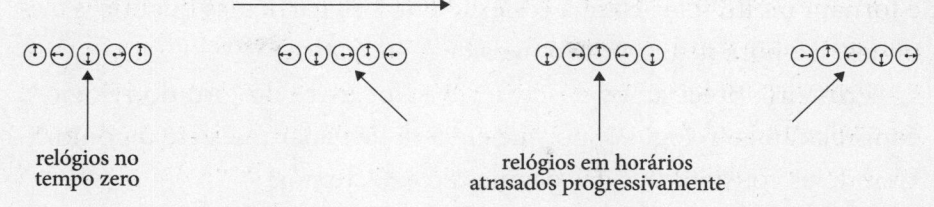

relógios em horários atrasados progressivamente

Figura 5.2 – O conjunto de relógios se move a uma velocidade constante para a direita. Isso ocorre porque o conjunto original de relógios tem seus ponteiros girados em relação uns aos outros, conforme descrito no texto acima.

Trata-se de uma conclusão fascinante. Ao definir o conjunto inicial com relógios que se complementam, em vez de relógios que apontam para a mesma posição, chegamos à descrição de uma partícula em movimento. De forma intrigante, também é possível fazer uma conexão muito importante entre os relógios complementares e o comportamento das ondas.

Lembre-se de que apresentamos os relógios no capítulo 2 para explicar o comportamento similar ao das ondas demonstrado pelas partículas na experiência da dupla fenda. Vamos rever a figura 3.3, na página 43, em que desenhamos um arranjo de relógios que descreve uma onda. Ele é exatamente como o grupo de relógios de nosso conjunto em movimento. Desenhamos a respectiva onda abaixo do conjunto, na figura 5.1, usando a mesma metodologia de antes: a posição das 12h representa a crista (oscilação superior) da onda; a de 6h indica o vale (oscilação inferior); e as de 3h e 9h apontam as posições em que a amplitude é zero.

Como já devemos ter falado, parece que a representação de uma partícula em movimento tem algo a ver com a de uma onda. Esta possui um comprimento de onda, que corresponde à distância entre os relógios que exibem horas idênticas no conjunto. Também indicamos isso na figura, com o símbolo λ.

Podemos agora calcular a que distância o ponto X deve estar do conjunto, para que relógios adjacentes se combinem positivamente. Isso nos levará a outra conclusão muito importante na mecânica quântica e tornará muito mais clara a conexão entre as partículas quânticas e as ondas. É a hora de um pouco mais de matemática.

Primeiro, precisamos descrever o valor extra do giro do relógio 2 com relação ao relógio 1, porque ele terá de viajar mais até o ponto X. Usando as constatações das páginas 86 e 87, temos:

$$W_2 - W_1 = \frac{m(x+d)^2 - mx^2}{2ht} \simeq \frac{mxd}{ht}$$

Aqui também, você mesmo pode calcular reduzindo a equação e excluindo as unidades d^2, porque d, a distância entre os relógios, é muito pequena quando comparada a x, a longa distância até o ponto X a partir do conjunto original.

Além disso, é direta a descrição do critério para os relógios apontarem para a mesma hora. Queremos que o valor extra do giro devido à propagação do relógio 2 seja anulado exatamente pela posição inicial adiantada do ponteiro. Para o exemplo da figura 5.1, o giro extra do relógio 2 é de ¼, porque havíamos adiantado o relógio um quarto de volta. Da mesma maneira, o relógio 3 tem um giro de ½, pois o adiantamos meia volta. De modo geral, podemos expressar simbolicamente a fração de uma rotação completa entre dois relógios como d/λ, em que d é a distância entre os relógios e λ é o comprimento de onda. Para melhor entender isso, pense em um caso em que a distância entre dois relógios seja igual ao comprimento de onda. Então, $d = \lambda$ e, portanto, $d/\lambda = 1$, o que é uma rotação completa: ambos os relógios apontarão para uma mesma hora.

Reunindo tudo isso, conseguimos dizer que, para dois relógios adjacentes apontarem para a mesma hora no ponto X, é necessário que o valor extra de giro que colocamos no relógio inicial seja igual ao valor extra de giro devido à diferença da distância de propagação:

$$\frac{mxd}{ht} = \frac{d}{\lambda}$$

Podemos simplificar a equação, como fizemos antes, observando que *mx/t* é o momento linear da partícula, *p*. Assim, com um pequeno ajuste, temos:

$$p = \frac{h}{\lambda}$$

Essa conclusão é tão importante que merece até um nome: ela é chamada de equação de De Broglie, por ter sido proposta pela primeira vez pelo físico francês Louis de Broglie, em setembro de 1923. É relevante porque associa o comprimento de onda a uma partícula de momento linear conhecido. Em outras palavras: ela expressa a ligação íntima entre uma propriedade geralmente relacionada às partículas – o momento linear – e uma propriedade comumente associada às ondas – o comprimento de onda. Desse modo, a dualidade onda-partícula da mecânica quântica emerge de nossa manipulação dos relógios.

A equação de De Broglie representa um imenso salto conceitual. Em seu artigo original, o autor escreveu que uma "onda fictícia associada" deveria ser atribuída a todas as partículas, incluindo os elétrons, e que um feixe de elétrons passando por uma fenda "deveria apresentar fenômenos de difração"[12]. Em 1923, isso era especulação teórica, porque, até 1927, Davisson e Germer ainda não haviam observado o padrão de interferência dos feixes de elétrons. Quase ao mesmo tempo, Einstein fez uma proposta semelhante à de De Broglie, usando uma argumentação diferente, e as duas conclusões teóricas constituíram o catalisador para que Schrödinger desenvolvesse sua mecânica das ondas. No último artigo antes de apresentar sua equação epônima, este físico escreveu: "Isso significa nada mais que levar a sério a teoria das ondas das partículas em movimento proposta por Einstein e por De Broglie".

---

[12] "Difração" é um termo usado para descrever um tipo particular de interferência, característico das ondas.

Podemos entender um pouco mais a equação de De Broglie observando o que ocorre se reduzirmos o comprimento de onda, o que corresponderia a aumentar o valor do giro entre os relógios adjacentes. Ou seja, reduziremos a distância entre os relógios que apontam para a mesma hora. Isso quer dizer que teríamos de aumentar a distância x para compensar a redução em λ. Em outras palavras, o ponto X precisa estar mais distante para que o giro extra seja "desfeito". Isso indica uma partícula de movimento mais rápido: um comprimento de onda menor implica um momento linear maior, que é exatamente o que a equação de De Broglie nos mostra. É fascinante que tenhamos conseguido "derivar" o movimento ordinário (porque o conjunto de relógios se move suavemente no tempo) a partir de um conjunto estático de relógios.

Pacotes de ondas

Vamos retomar uma questão importante que deixamos de abordar por completo anteriormente neste capítulo. Afirmamos que todo o conjunto inicial se move em direção ao ponto X, mas que ele mantém sua configuração original apenas aproximadamente. O que quisemos dizer com essa declaração bastante imprecisa? A resposta enseja uma ligação com o princípio da incerteza de Heisenberg e traz um pouco mais de entendimento sobre o tema.

Estamos descrevendo o que acontece com um conjunto de relógios, que representa uma partícula que pode ser encontrada em algum lugar dentro de uma pequena região do espaço. Essa é a área ocupada por nossos cinco relógios da figura 5.1. Um conjunto como esse é denominado pacote de ondas. Entretanto, também já vimos que confinar uma partícula em alguma região do espaço produz algumas consequências. Não podemos evitar que uma partícula confinada sofra um efeito Heisenberg (isto é, seu momento linear é incerto, porque ela está confinada), o que, conforme o tempo passa, levará a partícula a "escapar" daquela região na qual estava inicialmente localizada. Esse efeito esteve presente no caso em que os relógios apontavam a mesma hora e também é encontrado no caso do conjunto em movimento. Este tenderá a propagar o pacote de ondas à medida que viaja, assim como a partícula estacionária se propaga no decorrer do tempo.

Se esperarmos tempo suficiente, o pacote de ondas correspondente ao conjunto de relógios em movimento se desintegrará totalmente e perderemos a capacidade de prever onde a partícula está de fato. Isso, é claro, afetará qualquer tentativa de medir a velocidade de nossa partícula. Vejamos como isso ocorre.

Uma boa maneira de determinar a velocidade da partícula é fazer duas mensurações de sua posição em dois momentos diferentes. Podemos, então, deduzir sua velocidade dividindo a distância que a partícula percorreu pelo tempo entre as duas medições. Posto dessa forma, entretanto, isso parece uma coisa arriscada a se fazer, porque, se identificarmos a posição da partícula muito precisamente, poderemos comprimir seu pacote de ondas, o que modificará seu movimento subsequente. Se não quisermos dar à partícula um efeito Heisenberg significativo (isto é, um momento linear significativo, uma vez que Δx é muito pequeno), teremos de garantir que a mensuração de nossa posição seja suficientemente vaga. "Vaga" é, certamente, um termo vago, então, vamos tornar a coisa mais clara. Se usarmos um dispositivo de detecção de partículas capaz de encontrar partículas com uma precisão de 1 micrômetro, e nosso pacote de ondas tiver extensão de 1 nanômetro, o detector não terá muito impacto sobre a partícula. Ao lê-lo, um pesquisador poderá ficar bem satisfeito com a resolução de 1 mícron, porém, da perspectiva do elétron, tudo o que o dispositivo faz é relatar ao pesquisador que a partícula está em uma caixa grande, mil vezes maior que o pacote de ondas real. Nesse caso, o efeito Heisenberg induzido pelo processo de mensuração será muito pequeno comparado àquele induzido pelo tamanho finito do próprio pacote de ondas. É isso que queremos dizer com "suficientemente vaga".

Ilustramos essa situação na figura 5.3. Chamamos de d a extensão inicial do pacote de ondas e de Δ a resolução de nosso detector. Também desenhamos o pacote de ondas em um momento posterior: ele é um pouco mais largo e tem extensão d', que é maior que d. A crista do pacote de ondas percorreu uma distância L, durante um intervalo de tempo t, a uma velocidade v. Desculpe-nos se esse floreio de formalidade lhe trouxe lembranças dos velhos dias de escola, quando você, sentado em uma carteira de madeira desgastada, ouvia a voz do professor de ciências diminuindo aos poucos sob a luz tênue do entardecer, enquanto caía em um cochilo hesitante. Estamos resgatando o tempo do giz e do quadro-negro por um bom motivo e esperamos que a conclusão deste capítulo o arremeta de volta à consciência de modo mais efetivo do que os apagadores e pedaços de giz voadores daquele tempo.

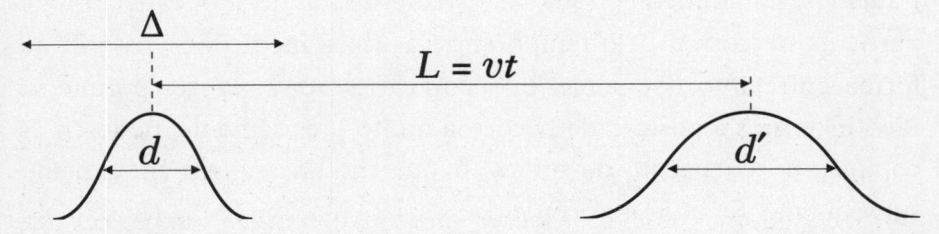

Figura 5.3 – Um pacote de ondas em dois diferentes momentos. O pacote se move para a direita e se propaga com o tempo. Ele se desloca porque os relógios a eles associados estão girados com relação uns aos outros (De Broglie) e se propagam devido ao princípio da incerteza. A forma do pacote não é muito importante; contudo, para colocar com total clareza, devemos dizer que, onde o pacote é mais extenso, igualmente o são os relógios; e no ponto em ele é menor, assim também são os relógios.

De volta à aula de ciências imaginária, agora com renovado vigor, estamos tentando medir a velocidade v do pacote de ondas por meio de duas mensurações de sua posição em dois momentos diferentes. Isso nos dará a distância L que o pacote de ondas percorreu em um tempo t. No entanto, nosso detector tem uma resolução Δ, e não conseguiremos definir L com precisão. Em símbolos, podemos expressar que a velocidade medida é

$$v = \frac{L \pm \Delta}{t}$$

e o sinal combinado de "mais ou menos" está aí apenas para nos lembrar de que, se fizermos duas mensurações de posição, não teremos exatamente L, mas "L mais um pouco" ou "L menos um pouco". Esse "pouco" aparece devido ao fato de termos concordado em não proceder a uma mensuração muito precisa da posição da partícula. É essencial ter em mente que L não é algo que possamos realmente mensurar: sempre medimos um valor em algum lugar na região $L\pm\Delta$. Lembre-se também de que é necessário que Δ seja bem maior que a extensão do pacote de ondas, ou comprimiremos a partícula, e ela se desintegrará.

Vamos reescrever a equação acima, de modo que possamos ver melhor o que ocorre:

$$v = \frac{L}{t} \pm \frac{\Delta}{t}$$

Parece que, se considerarmos t muito grande, obteremos uma medida da velocidade $v = L/t$ com uma propagação muito pequena, porque podemos decidir esperar um longo tempo, tornando t tão grande quanto quisermos e, consequentemente, Δ/t tão pequeno quanto quisermos, embora ainda mantendo Δ confortavelmente grande. Parece que temos uma boa maneira de fazer uma medição arbitrariamente precisa da velocidade da partícula, sem perturbá-la totalmente: basta esperar um longo tempo entre a primeira e a segunda mensuração. Isso faz todo o sentido, intuitivamente. Imagine que você esteja medindo a velocidade de um carro em uma rodovia. Se determinar a distância que ele percorreu em um minuto, provavelmente terá uma medida muito mais precisa da velocidade do que se medisse a distância percorrida em um segundo. Conseguimos nos esquivar de Heisenberg?

É claro que não! Esquecemo-nos de levar em conta uma coisa: a partícula é descrita por um pacote de ondas que se propaga com o tempo. Tendo decorrido tempo suficiente, a propagação dissipará completamente o pacote de ondas, e isso quer dizer que a partícula poderá estar em qualquer lugar, o que aumentará o intervalo de valores que obtemos com a mensuração de L e acabará com nossa capacidade de medir a velocidade com precisão arbitrária.

Para uma partícula descrita como um pacote de ondas, basicamente ainda estamos presos ao princípio da incerteza. Como a partícula está inicialmente confinada em uma região de extensão d, Heisenberg nos informa que o momento linear da partícula é, portanto, tornado impreciso por um valor igual a h/d.

> Joseph Fourier foi um homem pitoresco. Entre seus muitos feitos notáveis, foi o governador de Napoleão para o Baixo Egito e o descobridor do efeito estufa.

Assim, existe somente uma maneira que podemos utilizar para montar uma configuração de relógios para representar uma partícula que viaje com um momento linear preciso. Devemos fazer com que d, a extensão do pacote de ondas, seja muito grande. E, quanto maior o tornarmos, menor a incerteza de seu momento linear. A lição é clara: uma partícula de momento linear muito preciso é determinada por um grande conjunto de relógios[13]. Para que haja tal precisão, uma partícula de momento linear absolutamente definido será descrita por um conjunto de relógios infinitamente grande, o que significa um pacote de ondas infinitamente longo.

Acabamos de afirmar que um pacote de ondas de tamanho finito não corresponde a uma partícula com momento linear preciso. Isso significa que, se medíssemos o momento linear de muitas e muitas partículas, todas descritas exatamente pelo mesmo pacote de ondas inicial, não teríamos uma resposta igual todas as vezes. Em vez disso, chegaríamos a uma multiplicidade de respostas, que, não interessa o quão brilhantes sejamos em física experimental, não deve ser menor que h/d.

Podemos dizer, portanto, que um pacote de ondas descreve uma partícula que esteja viajando dentro de uma faixa de momentos lineares. Entretanto, a equação de De Broglie sugere que é possível simplesmente

---

[13] É claro, se d é muito grande, você pode se perguntar como conseguiremos medir o momento linear. Essa preocupação é descartada pela garantia de que, independentemente do tamanho de d, L é muito maior que ele.

trocar a palavra "comprimentos de onda" por "momentos lineares" na sentença anterior, porque um momento linear está associado a uma onda de comprimento de onda definido. Por outro lado, isso significa que um pacote de ondas precisa ser constituído de variados comprimentos de onda. Da mesma forma, se uma partícula é descrita com uma onda de comprimento definido, esta deve ser, necessariamente, infinitamente longa. Parece que estamos sendo levados a concluir que um pequeno pacote de ondas é composto de muitas ondas infinitamente longas de vários comprimentos de onda. De fato, estamos sendo conduzidos a esse caminho e o que estamos descrevendo é muito familiar aos matemáticos, físicos e engenheiros. Esse é um tema da matemática conhecido como série de Fourier, em homenagem ao físico e matemático francês Joseph Fourier.

Ele foi um homem pitoresco. Entre seus muitos feitos notáveis, foi o governador de Napoleão para o Baixo Egito e o descobridor do efeito estufa. Aparentemente, gostava de se envolver em cobertores, o que levou à sua morte precoce, quando, em um dia de 1830, tropeçou nas escadas envolto em um cobertor. Seu principal tratado sobre a série de Fourier abordava o tema da transferência de calor entre os sólidos e foi publicado em 1807, embora a ideia básica possa ter sido lançada muito antes.

Fourier demonstrou que qualquer onda, de extensão e formato arbitrariamente complexos, pode ser sintetizada por meio da soma de ondas senoidais de diferentes comprimentos. A questão é mais fácil de ser entendida utilizando ilustrações. Na figura 5.4, a curva pontilhada é formada pela soma das duas primeiras ondas senoidais dos gráficos inferiores. É quase possível fazer a soma de cabeça – as duas ondas estão em máxima oscilação para o centro e, portanto, somam-se nesse ponto, enquanto tendem a se anular nas extremidades. A curva tracejada representa o resultado da soma de todas as quatro ondas dos gráficos inferiores – agora, a oscilação para o centro está mais pronunciada. Finalmente, a curva em linha sólida mostra o que ocorre quando somamos as primeiras dez ondas, isto é, as quatro anteriores mais seis de comprimentos progressivamente decrescentes. Quanto mais

O UNIVERSO QUÂNTICO

ondas nós somamos, mais detalhes obtemos na onda final. O pacote de ondas no gráfico superior poderia descrever uma partícula localizada muito semelhante ao pacote de ondas da figura 5.3. Dessa maneira, é realmente possível sintetizar uma onda de qualquer formato – basta somar simples ondas senoidais.

A equação de De Broglie nos informa que cada onda dos gráficos

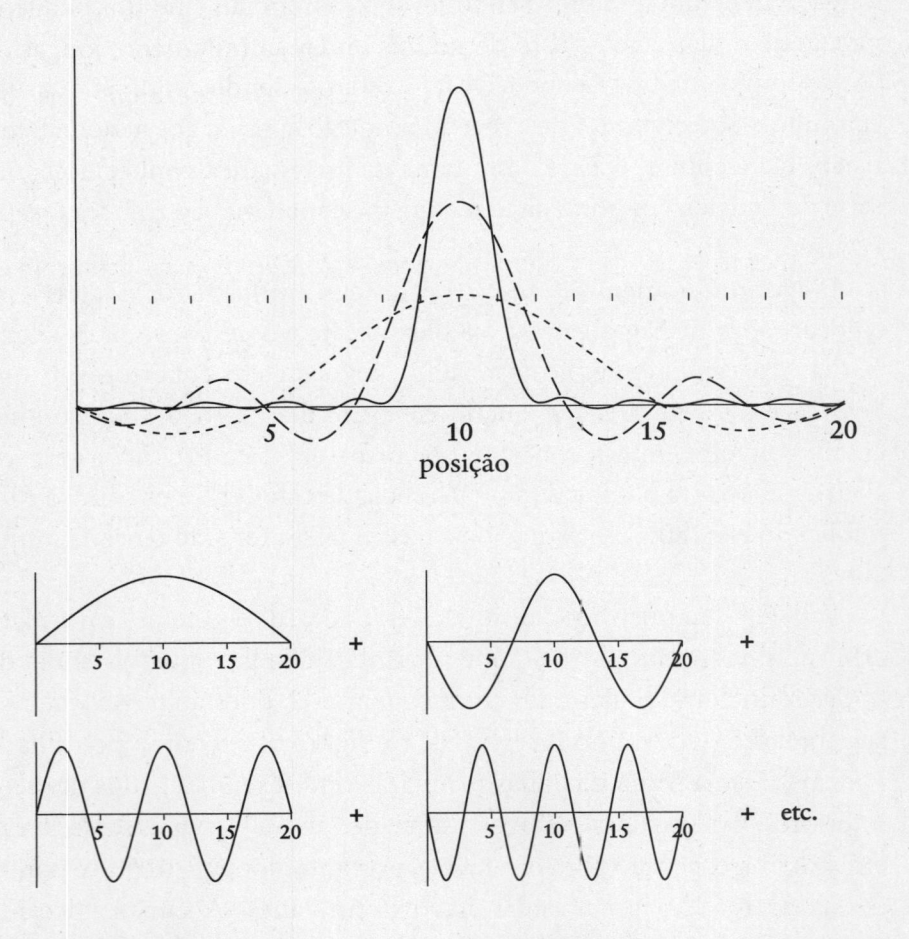

Figura 5.4 – Gráfico superior: soma de várias ondas senoidais para sintetizar um pacote de ondas de crista acentuada. A curva pontilhada contém menos ondas do que a curva tracejada, que, por sua vez, contém menos ondas do que a curva em linha sólida.
Gráficos inferiores: as primeiras quatro ondas usadas para montar os pacotes de onda no gráfico superior.

inferiores da figura 5.4 corresponde a uma partícula com momento linear definido e que o momento aumenta conforme o comprimento de onda diminui. Começamos a entender por que uma partícula descrita por meio de um conjunto localizado de relógios deve ser necessariamente constituída de uma faixa de momentos lineares.

Para sermos mais explícitos, vamos supor que uma partícula seja descrita pelo conjunto de relógios representado pela curva de linha sólida no gráfico superior da figura 5.4[14]. Aprendemos antes que essa partícula também pode ser descrita por uma série de conjuntos de relógios muito mais extensos: a primeira onda dos gráficos inferiores mais a segunda onda, mais a terceira, e assim por diante. Seguindo essa linha de raciocínio, há vários relógios em cada ponto (um para cada conjunto extenso), os quais devemos combinar para produzir o conjunto único de relógios apresentado no gráfico superior da figura 5.4. O modo como pensar sobre a partícula é escolha sua. Você pode concebê-la com um relógio em cada ponto, assim, o tamanho do relógio lhe permitirá saber imediatamente onde é mais provável encontrar a partícula, ou seja, na proximidade da crista no gráfico superior da figura 5.4. Alternativamente, é possível pensá-la como sendo descrita por vários relógios em cada ponto, um para cada valor concebível do momento linear da partícula. Dessa forma, estamos lembrando a nós mesmos que a partícula localizada em uma pequena região não tem um momento linear definido. A impossibilidade de montar um pacote de ondas compacto a partir de um único comprimento de ondas é uma característica evidente da matemática de Fourier.

Essa maneira de pensar nos permite ter uma nova perspectiva do princípio da incerteza de Heisenberg. Ele nos diz que não podemos descrever uma partícula a partir de um conjunto localizado de relógios usando relógios que correspondam a ondas de um único comprimento. Ao contrário, para que os relógios se anulem fora da região do conjunto, devemos necessariamente combinar diferentes comprimentos de onda

---

[14] Lembre-se de que os desenhos das ondas são, na verdade, uma maneira prática de ilustrar quais são as projeções dos ponteiros dos relógios na posição de 12h.

e, portanto, diferentes momentos lineares. Assim, o preço que pagamos por localizar a partícula em alguma região no espaço é admitir que não conhecemos seu momento linear. Além disso, quanto mais restringirmos a partícula, mais ondas precisaremos combinar e menos saberemos sobre seu momento linear. Essa é exatamente a essência do princípio da incerteza e é muito satisfatório ter encontrado um diferente caminho para chegar a essa mesma conclusão[15].

Para encerrar este capítulo, vamos passar mais algum tempo com Fourier. Existe uma forma muito convincente de se retratar a teoria quântica que está intimamente ligada às ideias que estávamos discutindo. O ponto essencial é que qualquer partícula quântica, seja qual for seu estado, é descrita por uma função de onda. Como apresentamos até agora, a função de onda é simplesmente a fileira de pequenos relógios, um para cada ponto no espaço; e o tamanho do relógio determina a probabilidade de que a partícula seja encontrada naquele ponto. Esse modo de representar uma partícula é chamado de "função de onda no espaço de posições", porque ele lida diretamente com as possíveis posições que a partícula pode ocupar. Há, entretanto, várias maneiras de representar a função de onda matematicamente, e a que utiliza os pequenos relógios na versão espacial é somente uma delas. Mencionamos isso quando dissemos que é possível pensar na partícula também como sendo representada pela soma de ondas senoidais. Se você refletir sobre esse ponto por um momento, verá que especificar a lista completa de ondas senoidais fornece, de fato, uma descrição completa da partícula (porque, ao combinar essas ondas, podemos obter os relógios associados à função de onda no espaço de posições). Em outras palavras, se especificarmos exatamente que ondas senoidais são necessárias para construir um pacote de ondas e exatamente quanto de cada onda senoidal precisamos combinar para ter o formato exato, chegaremos a uma diferente descrição do pacote de ondas, porém totalmente equivalente. A melhor coisa é que qualquer onda senoidal

---

[15] Esse caminho para chegar ao princípio da incerteza dependeu, contudo, da equação de De Broglie, para relacionar o comprimento de onda ao momento linear de uma onda/relógio.

pode ser descrita, ela própria, por um só relógio imaginário: o tamanho do relógio indica a altura máxima da onda, e a fase da onda em algum ponto pode ser representada pela hora que o ponteiro está apontando. Isso significa que podemos escolher representar uma partícula não por meio dos relógios no espaço, mas por uma lista alternativa de relógios, um para cada valor possível do momento linear da partícula. A descrição é tão econômica quanto os "relógios no espaço" e, em vez de exprimir onde a partícula provavelmente pode ser encontrada, estamos expressando os valores do momento linear que a partícula provavelmente pode ter. Essa fileira alternativa de relógios é conhecida como a função de onda no espaço de momentos lineares e contém exatamente a mesma informação que a função de onda no espaço de posições[16].

> TODOS OS DIAS VOCÊ DEVE USAR TECNOLOGIA BASEADA NAS IDEIAS DE FOURIER, PORQUE A DECOMPOSIÇÃO DE UMA ONDA EM SUAS ONDAS SENOIDAIS CONSTITUINTES É A BASE DA TECNOLOGIA DE COMPRESSÃO DE ÁUDIO E VÍDEO.

Isso tudo pode parecer muito abstrato, porém todos os dias você deve usar tecnologia baseada nas ideias de Fourier, porque a decomposição de uma onda em suas ondas senoidais constituintes é a base da tecnologia de compressão de áudio e vídeo. Pense nas ondas sonoras que compõem sua música favorita. Essa onda complicada pode, como acabamos de aprender, ser "quebrada" em uma série de valores que dão ao som suas contribuições relativas a cada uma das inúmeras ondas senoidais puras. Decorre daí que, embora possa ser necessário um grande número de ondas senoidais individuais para reproduzir exatamente a onda sonora original, é possível eliminar várias delas sem comprometer efetivamente a qualidade do áudio percebido. Especificamente, são eliminadas aquelas ondas senoidais

---

[16] No jargão, as funções de onda no espaço de momentos lineares que correspondem a partículas com momentos lineares definidos são conhecidas como *eigenstates* (estados próprios) do momento linear – em alemão *eigen* significa "característico, próprio".

que contribuem para as ondas sonoras que os humanos não podem ouvir. Isso reduz absurdamente a quantidade de informação necessária para armazenar um arquivo de áudio – é por isso que seu MP3 player não precisa ser muito grande.

Você também poderia perguntar que uso seria possível fazer dessa função de onda diferente e cada vez mais abstrata. Bom, pense em uma partícula representada, no espaço de posições, por um só relógio, que descreve uma partícula localizada em certo lugar no universo: o único ponto onde ele está. Agora, imagine uma partícula representada por apenas um relógio, mas, desta vez, no espaço de momentos lineares. O relógio representa uma partícula com um único e definido momento linear. Descrever tal partícula utilizando a função de onda no espaço de posições exigiria, em contraste, um número infinito de relógios do mesmo tamanho, porque, de acordo com o princípio da incerteza, uma partícula com momento linear definido pode ser encontrada em qualquer lugar. Consequentemente, às vezes, é mais simples fazer cálculos diretamente em termos de função de onda no espaço de momentos lineares.

Neste capítulo, aprendemos que a descrição de uma partícula em termos de relógios é capaz de capturar o que ordinariamente chamamos de "movimento". Aprendemos que nossa percepção de que os objetos se movem tranquilamente de um ponto a outro é, da perspectiva da teoria quântica, uma ilusão. É quase verdadeiro supor que as partículas se deslocam de A a B por todos os caminhos possíveis. Somente quando combinamos todas as possibilidades, é que o movimento, tal como o percebemos, aparece. Também vimos como a descrição que emprega os relógios contém a física das ondas, embora só tenhamos lidado com partículas como pontos. Agora é hora de realmente explorarmos a semelhança disso com a física das ondas, ao mesmo tempo que enfrentamos a importante questão: como a teoria quântica explica a estrutura dos átomos?

CAPÍTULO 6

A música dos átomos

O interior de um átomo é um lugar estranho. Se você pudesse ficar sobre um próton e olhar para o espaço dentro do átomo, veria apenas o vazio. Os elétrons ainda seriam imperceptivelmente pequenos, mesmo se eles se aproximassem o suficiente para que você conseguisse tocá-los, o que seria muito difícil de acontecer. O próton tem cerca de 10^{-15} m de diâmetro, ou seja, 0,000000000000001 metro, e é um colosso quântico em comparação aos elétrons. Se você estivesse sobre seu próton, nos penhascos brancos de Dover, no litoral da Inglaterra, a fronteira indistinta do átomo estaria entre as fazendas do norte da França. Os átomos são vastos e vazios, o que significa que você, como um todo, também é vasto e vazio. O hidrogênio é o átomo mais simples, composto de um só próton e um só elétron. Por sua vez, o elétron, invisivelmente pequeno, pareceria ter uma área infinita para perambular, mas isso não é verdade, pois ele está preso ao próton, capturado por sua mútua atração eletromagnética, e é o tamanho e a forma dessa generosa prisão que dão origem ao característico arco-íris de luz, meticulosamente documentado no *Handbuch der Spectroscopie*, por nosso velho amigo e convidado de festas, professor Kayser.

Temos agora condições de aplicar o conhecimento que acumulamos até aqui à questão que tanto intrigou Rutherford, Bohr e outros estudiosos nas décadas iniciais do século 20: o que exatamente ocorre dentro de um átomo? O problema, você deve se lembrar, era que Rutherford havia descoberto que o átomo é, de certa forma, como um sistema solar em miniatura, com um núcleo-Sol denso no centro e elétrons girando como planetas em órbitas distantes. O físico sabia que esse modelo não poderia estar certo, porque os elétrons em órbita em torno de um núcleo deveriam emitir luz continuamente. O resultado seria catastrófico para o átomo, uma vez que, se o elétron emitisse luz continuamente, ele deveria perder energia e espiralar em direção ao próton, em rota de inevitável colisão. E isso, é claro, não acontece. Os átomos tendem a ser estáveis. Então, qual é o erro dessa imagem?

Este capítulo marca um importante momento do livro, porque é a primeira vez que nossa teoria deverá ser usada para explicar fenômenos do mundo real. Todo o nosso esforço até aqui foi concentrado em tornar compreensível o formalismo essencial, de modo que tivéssemos um caminho para pensar sobre uma partícula quântica. O princípio da incerteza de Heisenberg e a equação de De Broglie representam o ápice de nossas façanhas, todavia fomos moderados na maior parte das vezes, concebendo um universo com uma só partícula. Agora é a hora de mostrarmos como a teoria quântica impacta o mundo cotidiano no qual vivemos. A estrutura dos átomos é uma coisa tangível e muito real. Você é feito de átomos: a estrutura deles é a sua estrutura; a estabilidade deles é a sua estabilidade. Não seria exagerado afirmar que o entendimento da estrutura dos átomos é uma das condições necessárias para chegar ao entendimento de nosso universo em sua totalidade.

Dentro de um átomo de hidrogênio, o elétron está aprisionado em uma região em torno do próton. Vamos imaginar que o elétron esteja preso em algum tipo de caixa, o que não está muito longe de ser verdade. Especificamente, vamos investigar até onde a física de um elétron preso em uma pequena caixa contém as características notáveis de um átomo real.

Continuemos explorando o que aprendemos no capítulo anterior sobre as propriedades ondulatórias das partículas quânticas, uma vez que, ao descrever átomos, a imagem da onda realmente simplifica as coisas e podemos avançar bastante sem precisar nos preocupar com reduzir, girar e combinar relógios. Tenha sempre em mente, contudo, que as ondas são uma representação conveniente para o que está acontecendo "nos bastidores" do átomo.

Como o sistema que pensamos para as partículas quânticas é muito semelhante àquele usado na descrição de ondas de água, de ondas sonoras ou das ondas da corda de um violão, vamos refletir primeiro sobre como essas conhecidas ondas materiais se comportam quando estão, de algum modo, confinadas.

Figura 6.1 – Seis instantâneos sucessivos de uma onda d'água em uma piscina (a sequência se inicia da esquerda para a direita).

Em termos gerais, as ondas são coisas complicadas. Imagine-se pulando em uma piscina. A água nela contida vai se espalhar para todos os lados, e seria inútil tentar descrever de maneira simples o que ocorreu. Sob essa complexidade, entretanto, há uma simplicidade oculta. A questão central é que a água na piscina está confinada, o que quer dizer que todas as ondas estão presas dentro desse recipiente. Isso faz com que surja um fenômeno conhecido como "ondas estacionárias". Essas ondas estão ocultas na turbulência que provocamos na água ao pular na piscina, mas há um jeito de fazer a água se mover de um modo que ela oscile nos padrões regulares e repetitivos das ondas estacionárias. A figura 6.1 mostra como a superfície da água se comporta com o efeito de tal oscilação. As cristas e os vales sobem e descem, porém o mais importante é que eles sobem e descem exatamente no mesmo lugar. Há também outras ondas estacionárias, incluindo aquela em que a água no meio da piscina sobe e desce de forma rítmica. Geralmente, não vemos essas ondas especiais porque elas são difíceis de serem produzidas. O importante, no entanto, é que qualquer perturbação na água – mesmo aquela causada por nosso deselegante mergulho e o subsequente espalhamento de água para todos os lados – pode ser expressa como alguma combinação de diferentes ondas estacionárias. Já vimos esse tipo de comportamento antes: trata-se de uma generalização direta das ideias de Fourier, que conhecemos no capítulo anterior. Naquela ocasião, vimos que qualquer pacote de ondas pode ser constituído por uma combinação de ondas, cada qual com seu comprimento específico. Essas ondas especiais, que representam estados da partícula com momento linear definido, são ondas senoidais. No caso das ondas d'água confinadas, a ideia se aplica em termos gerais, de modo que qualquer perturbação sempre pode ser descrita por meio de alguma combinação de ondas estacionárias. Veremos mais adiante neste capítulo que as ondas estacionárias desfrutam de uma importante interpretação na teoria quântica e, de fato, são a chave para o entendimento da estrutura dos átomos. Assim, vamos explorá-las com um pouco mais de atenção.

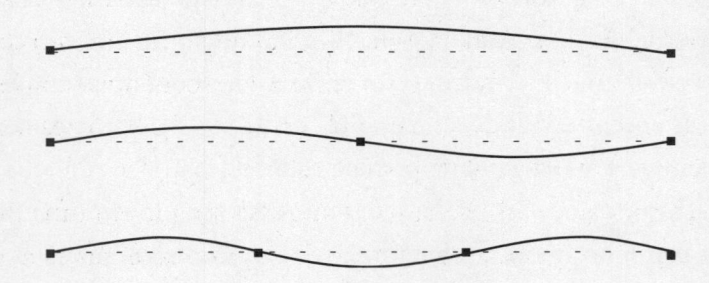

Figura 6.2 – As três ondas de maior comprimento que cabem em uma corda de violão. O comprimento de onda mais longo (onda superior) corresponde ao harmônico mais baixo (fundamental) e os outros correspondem aos harmônicos mais altos (*overtones*).

A figura 6.2 mostra outro exemplo de ondas estacionárias na natureza: três possíveis ondas estacionárias em uma corda de violão. Ao tocar uma corda de violão, a nota que ouvimos é geralmente dominada pela onda estacionária de maior comprimento – a primeira das três ondas exibidas na figura. Isso é conhecido tanto em física como em música como o "harmônico mais baixo" ou "fundamental". Outros comprimentos de onda também estão presentes e são conhecidos como *overtones* ou harmônicos mais altos. As demais ondas na figura são os *overtones* de comprimento de onda mais longo. O violão é um ótimo exemplo, porque é simples entender por que uma corda só pode vibrar nesses comprimentos de onda específicos. É que a corda está presa em ambas as extremidades – de um lado, no cavalete; e, de outro, pela pressão de seus dedos no braço do violão. Isso significa que a corda não pode se mover nesses dois pontos, o que determina os comprimentos de onda permitidos. Se você começar a tocar violão, entenderá essa física intuitivamente: ao mover seus dedos pela escala no braço do violão, você diminui o comprimento da corda e, portanto, faz com que ela vibre em comprimentos de onda menores, correspondentes às notas mais altas.

O harmônico mais baixo é a onda que possui somente dois pontos estacionários ou "nós". Ela se move por toda a extensão, exceto nesses dois pontos fixos. Como é possível perceber na figura, essa nota tem um comprimento de onda que é o dobro do comprimento da corda. O menor comprimento de onda seguinte é igual ao comprimento da corda, porque podemos fixar outro nó no centro. Na sequência, conseguimos obter uma onda com comprimento de onda igual a ⅔ vezes o comprimento da corda, e assim por diante.

Em geral, assim como no caso da água confinada em uma piscina, a corda vibrará em alguma combinação de diferentes ondas estacionárias possíveis, dependendo de como for tocada. A forma real da corda pode ser sempre obtida pela combinação das ondas estacionárias correspondentes a cada harmônico presente. Este e seus tamanhos relativos dão ao som seu tom característico. Distintos violões terão distribuições de harmônicos diversas e, portanto, emitirão sons diferentes, todavia um C (dó) médio (um harmônico puro) em um violão é sempre o mesmo C médio em outro. Para o violão, a forma das ondas estacionárias

> "A CAPACIDADE DE "NÃO FAZER MUITAS PERGUNTAS" É NECESSÁRIA NA FÍSICA PORQUE DEVEMOS DEFINIR UM LIMITE EM ALGUM LUGAR."

é muito simples: elas são ondas senoidais puras, cujos comprimentos são fixados pelo comprimento da corda. No caso da piscina, as ondas estacionárias são mais complicadas, como mostra a figura 6.1, mas a ideia é exatamente a mesma.

Você deve estar se perguntando por que essas ondas especiais se chamam ondas estacionárias. É porque elas não mudam sua forma. Se tirarmos duas fotos de uma corda de violão vibrando em uma onda estacionária, ambas serão diferentes apenas no tamanho geral da onda. As oscilações acontecerão sempre no mesmo lugar, e os nós estarão sempre no mesmo ponto, porque eles estarão confinados pelas extremidades da corda ou, no caso da piscina, pelas bordas. Matematicamente, poderíamos dizer que as ondas nas duas fotos se diferem somente por um fator multiplicativo geral, que varia periodicamente com o tempo e expressa a vibração rítmica da corda. O mesmo vale para a piscina da figura 6.1, em que cada instantâneo se relaciona com os outros por um fator multiplicativo geral. Por exemplo, o último instantâneo pode ser obtido pela multiplicação da amplitude da onda da primeira foto, em qualquer ponto, por menos um (-1).

Em resumo, ondas que estejam, de algum modo, confinadas sempre podem ser descritas como ondas estacionárias (ondas que não modificam sua forma) e, conforme afirmamos, há diversas razões muito boas para que tenhamos devotado tanto tempo a entendê-las. No topo dessa lista, está o fato de que as ondas estacionárias são *quantizadas*. Isso é muito claro para as ondas estacionárias de uma corda de violão: a fundamental tem comprimento de onda que é o dobro do comprimento da corda, e o próximo maior comprimento de onda possível é igual ao da corda. Não há onda estacionária com comprimento entre esses dois e, assim, podemos dizer que os comprimentos de onda possíveis em uma corda de violão são quantizados.

Por conseguinte, as ondas estacionárias deixam evidente o fato de que algo se torna quantizado quando confinamos as ondas. No caso da corda de violão, trata-se do comprimento de onda. Quando falamos de um elétron dentro de uma caixa, as ondas quânticas do elétron também estarão confinadas e, por analogia, devemos esperar que somente certas ondas estacionárias estejam presentes ali dentro; logo, algo será quantizado. Outras ondas simplesmente não podem existir, assim como uma corda de violão não emite todas as notas de uma oitava ao mesmo tempo, independentemente de como ela seja tocada. E, da mesma maneira que o som do violão, o estado geral do elétron será descrito por uma combinação de ondas estacionárias. Essas ondas estacionárias quânticas começam a parecer bastante interessantes e, assim motivados, vamos iniciar adequadamente nossa análise.

Para avançar, devemos ser específicos sobre a forma da caixa na qual colocaremos nosso elétron. Simplificando, vamos supor que o elétron esteja livre para saltar dentro de uma região de tamanho L, mas que seja totalmente proibido que ele escape para fora dessa região. Não precisaríamos relatar como pretendemos proibir o elétron de escapar – porém, se este pretende ser um modelo simplificado de um átomo, temos de imaginar que a força exercida pelo núcleo carregado positivamente é a responsável por seu confinamento. No jargão científico, isso é conhecido como "poço de potencial". Desenhamos a situação na figura 6.3, o que deve tornar óbvia a razão do nome.

A ideia de confinar uma partícula em um potencial é tão importante que a usaremos novamente. Portanto, é bom termos certeza de que entendemos exatamente o que ela significa. Como efetivamente confinamos partículas? Trata-se de uma pergunta difícil. Para respondê-la completamente, precisaremos aprender como as partículas interagem com outras, o que faremos no capítulo 10. No entanto, é possível avançar aqui, desde que não façamos muitos questionamentos.

A capacidade de "não fazer muitas perguntas" é necessária na física porque devemos definir um limite em algum lugar, para que consigamos responder às indagações, pois nenhum sistema de objetos está perfeitamente isolado. Parece razoável que, se quisermos entender como um forno de micro-ondas funciona, não nos preocupemos com

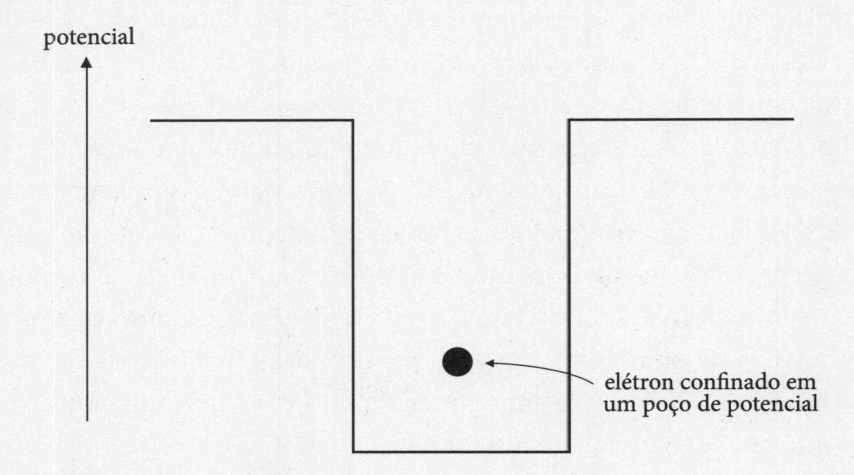

Figura 6.3 – Um elétron confinado em um poço de potencial

o trânsito da rua. Este terá uma minúscula influência na operação do forno. Ele induzirá vibrações no ar e na terra, que podem fazer o forno balançar um pouco. Também pode haver campos magnéticos perdidos que influenciem os componentes eletrônicos do eletrodoméstico, por mais que eles estejam protegidos. É possível cometer erros por ignorar coisas, uma vez que poderia haver algum detalhe crucial ao qual não nos tenhamos atentado. Se esse for o caso, simplesmente chegaremos a uma resposta errada e teremos de reconsiderar nossas premissas. Isso é muito importante e diz respeito ao cerne do sucesso na ciência. Ao fim, todas as suposições são validadas ou negadas pelo experimento. A natureza é o árbitro, não a intuição humana. Nossa estratégia aqui é ignorar os detalhes do mecanismo que confina o elétron e criar um modelo com algo chamado poço de potencial. A palavra "potencial" significa simplesmente um efeito sobre a partícula devido a alguma ação física ou outro motivo que não me incomodarei de explicar em detalhes. Mais adiante, vamos nos preocupar em descrever em detalhes como as partículas interagem entre si, contudo, por ora, falaremos na linguagem dos potenciais. Se isso parecer desdenhoso, permita-nos dar um exemplo para ilustrar como os potenciais são usados na física.

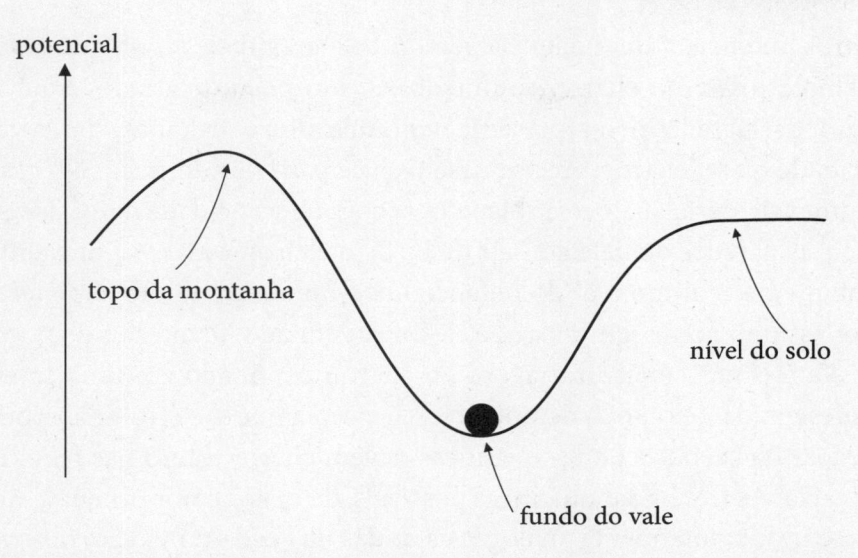

Figura 6.4 – Uma bola em repouso em um vale. A altura do solo acima do nível do mar é diretamente proporcional ao potencial que a partícula experimenta ao rolar.

A figura 6.4 ilustra uma bola confinada em um vale. Se a chutarmos, ela rolará para cima pelo vale, mas somente até certo ponto, pois, em seguida, rolará para baixo, de volta. Esse é um excelente exemplo de uma partícula confinada por um potencial. Nessa situação, o campo gravitacional da Terra gera o potencial, e uma montanha íngreme é um potencial extremo. Poderíamos calcular os detalhes de como uma bola rola em um vale sem conhecer os detalhes precisos de como o vale interage com ela – para isso, teríamos de conhecer a teoria da eletrodinâmica quântica. Se as interações entre os átomos da bola e os átomos do vale afetassem significativamente o movimento dela, os cálculos estariam errados. De fato, as interações entre átomos são importantes porque fazem surgir o atrito, no entanto também podemos calcular isso sem usar os diagramas de Feynman. Mas já estamos divagando.

Esse caso é bastante tangível porque conseguimos ver literalmente a forma do potencial[17]. Entretanto, a ideia é mais ampla e se aplica a

---

[17] O fato de que o potencial gravitacional segue exatamente a forma do terreno se explica porque, nas proximidades da superfície terrestre, o potencial gravitacional é proporcional à altura acima do solo.

outros potenciais além daquele gerado pela gravidade e por vales. Um exemplo disso é o elétron confinado em um poço quadrado. Aqui, a altura das paredes não representa nenhuma altura real, mas, sim, a velocidade que o elétron precisa desenvolver para sair do poço. No caso de um vale, seria análogo a rolar a bola com tal velocidade que a fizesse subir as paredes do vale até sair de lá. Se o elétron estiver se movendo lentamente, a altura real do potencial não importará muito, e poderemos assumir com segurança que ele está confinado no interior do poço.

Vamos nos concentrar agora no elétron confinado em uma caixa, representada pelo poço de potencial. Uma vez que o elétron não pode escapar da caixa, as ondas quânticas devem chegar a zero nas paredes da caixa. As três ondas quânticas possíveis, de maior comprimento, são, desse modo, totalmente análogas às ondas da corda do violão, ilustradas na figura 6.2: o maior comprimento de onda possível é duas vezes o tamanho da caixa, $2L$; o segundo maior comprimento de onda é igual ao tamanho da caixa, L; e o comprimento de onda seguinte é $2L/3$. Em geral, podemos "encaixotar" ondas-elétron com comprimento de onda $2L/n$, onde n = 1, 2, 3, 4 etc.

Especificamente para a caixa quadrada, portanto, as ondas-elétron são do mesmo formato que as ondas da corda do violão: são ondas senoidais com um conjunto muito particular de comprimentos de onda possíveis. Agora, podemos ir em frente e convocar do capítulo anterior a equação de De Broglie, a fim de relacionar o comprimento dessas ondas senoidais com o momento linear do elétron, por meio de $p = h/\lambda$. Nesse caso, as ondas estacionárias descrevem um elétron que só pode ter certos momentos lineares, dados pela fórmula $p = nh/(2L)$. Tudo o que fizemos aqui foi inserir os comprimentos de onda possíveis na equação de De Broglie.

E tanto é assim que demonstramos que o momento linear de nosso elétron é quantizado em um poço de potencial quadrado. Isso é notável! No entanto, não precisamos nos preocupar com isso. O potencial na figura 6.3 é um caso especial; para outros potenciais, geralmente as ondas estacionárias não são ondas senoidais. A figura 6.5 mostra a foto de ondas estacionárias sobre um tambor. Sobre a pele desse instrumento musical, espalhamos areia, que se agrupa nos nós da onda estacionária. Como o limite da pele do tambor em vibração é circular, e não quadrado, as ondas estacionárias já não são senoidais. Isso significa que, quando falamos do caso mais realista de um elétron preso por um próton, suas ondas estacionárias provavelmente não serão ondas senoidais. Ou seja, o vínculo entre comprimento de onda e momento linear se perdeu. Como, então, podemos interpretar essas ondas estacionárias? O que é que está sendo quantizado em partículas confinadas, se não for seu momento linear?

Conseguimos obter a resposta observando que, dentro do poço de potencial, se o momento linear do elétron é quantizado, então também o será sua energia. Trata-se de uma simples observação que parece não conter nenhuma informação nova importante, uma vez que energia e momento linear se relacionam entre si. Especificamente, a energia $E = p^2/2m$, onde p é o momento linear do elétron confinado e m, a sua massa[18]. Essa observação não é tão sem sentido quanto pode parecer, porque, para potenciais que não são tão simples como um poço quadrado, cada onda estacionária sempre corresponderá a uma partícula de energia definida.

A importante diferença entre energia e momento linear emerge porque $E = p^2/2m$ só é verdadeiro quando o potencial é plano na região em que a partícula pode existir, o que permite que esta se mova livremente, como uma bola de gude em uma mesa ou, sendo mais específico, como um elétron em um poço quadrado. Em geral, a energia da partícula não será igual a $E = p^2/2m$; em vez disso, ela será a soma da energia decorrente de seu movimento e de sua energia potencial. Isso quebra o vínculo simples entre a energia da partícula e seu momento linear.

Podemos ilustrar esse tópico pensando novamente na bola em um vale, como mostrado na figura 6.4. Se começamos com a bola em feliz repouso no solo do vale, nada acontece. Para fazê-la rolar para cima do vale, teríamos de lhe dar um chute, o que é equivalente a dizer que

---

[18] Essa fórmula é obtida sabendo-se que a energia é igual a ½ mv2 e p = mv. As equações foram modificadas pela teoria da relatividade especial, mas o efeito é pequeno para um elétron dentro de um átomo de hidrogênio.

Figura 6.5 – Um tambor em vibração, coberto com areia. A areia se agrupa nos nós das ondas estacionárias.

precisaríamos adicionar alguma energia a ela. No instante logo após chutarmos a bola, toda essa energia estará na forma de energia cinética. Ao subir um dos lados do vale, a bola ficará mais lenta, até que, a alguma altura do solo do vale, ela parará e rolará para baixo e depois para cima, para o outro lado. No momento em que a bola para a alguma altura em um dos lados do vale, ela já não tem energia cinética; contudo, essa energia não desapareceu magicamente. Diferentemente disso, toda a energia cinética se transformou em energia potencial, igual a *mgh*, em que g é a aceleração devido à gravidade na superfície da Terra, e h é a altura da bola com relação ao solo do vale. Quando a bola rola para baixo de volta para o vale, essa energia potencial armazenada é gradualmente reconvertida em energia cinética, conforme a velocidade da bola aumenta. Assim, quando a bola rola de um lado para outro do vale, a energia total se mantém constante, porém alterna periodicamente entre cinética e potencial. É claro, o momento linear da bola está mudando continuamente, mas sua energia se mantém constante (estamos desprezando o atrito que reduz o movimento da bola; se o considerássemos, a energia total continuaria a ser constante, contudo incluiria a energia dissipada pelo atrito).

Vamos explorar agora, de outra maneira, o vínculo entre ondas estacionárias e partículas de energia definida, sem apelar para o caso especial do poço quadrado. Faremos isso usando os reloginhos quânticos.

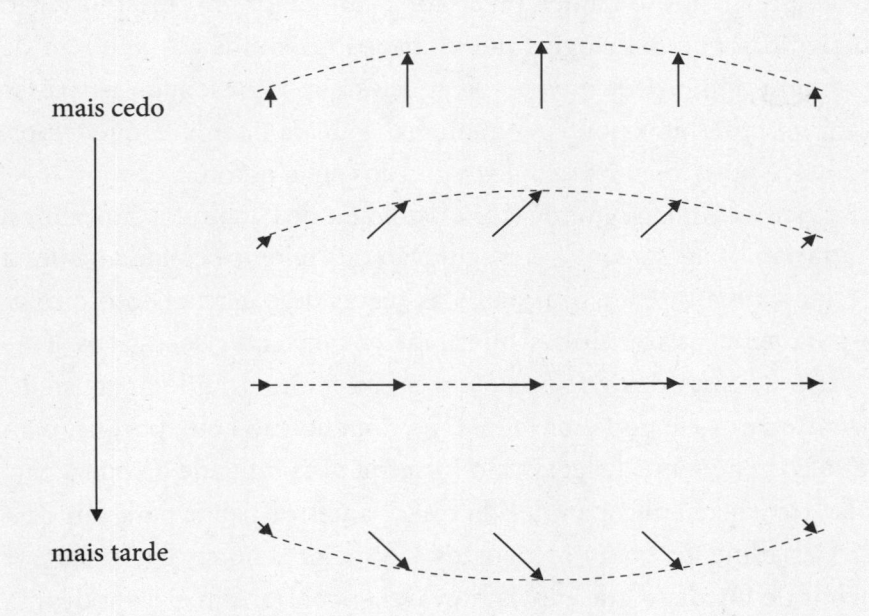

mais cedo

↓

mais tarde

Figura 6.6 – Quatro instantâneos de uma onda estacionária em instantes sucessivos. As setas representam os ponteiros dos relógios, e a linha pontilhada é a projeção sobre a posição das "12h". Os relógios giram todos em uníssono.

Primeiro, observe que, se um elétron é descrito por uma onda estacionária em algum instante no tempo, a mesma onda estacionária também o descreverá em algum instante posterior. Com o termo "mesma", queremos dizer que a forma da onda não muda, como no caso da onda d'água estacionária da figura 6.1. Não desejamos afirmar, é claro, que não ocorram mudanças na onda; a altura da água se altera, mas as posições das cristas e dos nós não se modificam. Isso nos permite imaginar como seria a descrição de um relógio quântico de uma onda estacionária, e ela está ilustrada na figura 6.6, para o caso da onda estacionária fundamental. O tamanho dos relógios ao longo da onda reflete a posição das cristas e dos nós, e os ponteiros se movimentam juntos na mesma proporção.

Esperamos que você tenha entendido por que desenhamos esse padrão particular de relógios. Os nós sempre devem ser nós; as cristas, sempre cristas; e ambos precisam estar sempre no mesmo lugar. Isso significa que os relógios posicionados próximos aos nós têm de ser sempre muito pequenos e que aqueles que representam as cristas devem ter sempre os ponteiros maiores. A única liberdade que temos, portanto, é posicionar os relógios e girá-los em sincronia.

Se estivéssemos seguindo a metodologia dos capítulos anteriores, começaríamos agora com a configuração dos relógios exibida na linha superior da figura 6.6 e usaríamos as regras de encurtamento e rotação para gerar as três linhas inferiores em instantes sucessivos. Esse exercício do salto dos relógios é um passo muito grande para este livro, entretanto, ele pode ser feito. E há um encanto aqui, porque, para fazê-lo corretamente, é necessário incluir a possibilidade de que a partícula "ricocheteie nas paredes da caixa" antes de saltar para seu destino. Casualmente, como os relógios são maiores no centro, podemos concluir de imediato que é mais provável encontrar um elétron descrito por esse conjunto de relógios no meio da caixa do que próximo aos lados dela.

Então, descobrimos que o elétron confinado é descrito por um conjunto de relógios que giram todos à mesma taxa. Os físicos geralmente não falam dessa maneira e, certamente, nem os músicos! Ambos afirmam que as ondas estacionárias são ondas de frequência definida. Ondas de alta frequência correspondem aos relógios que giram mais rápido do que os relógios das ondas de baixa frequência. Conseguimos ver isso, porque, se um relógio gira mais rápido, diminui o tempo que uma crista leva para se tornar um vale e se erguer novamente (ação representada por uma rotação completa do ponteiro do relógio). Em termos de ondas d'água, as estacionárias de alta frequência oscilam mais rapidamente do que as de baixa frequência. Na música, diz-se que o C (dó) médio tem frequência de 262 Hz, o que quer dizer que, em um violão, a corda vibra para cima e para baixo 262 vezes a cada segundo. A nota A (lá) acima do C médio tem uma frequência de 440 Hz; logo, ela vibra mais rapidamente (essa é a afinação-padrão para a maioria das orquestras e instrumentos musicais em todo o mundo). Entretanto, como observamos, somente em ondas senoidais puras essas ondas de frequência definida também têm comprimento de onda definido. De modo geral, *frequência* é a grandeza fundamental que descreve as ondas estacionárias.

E a pergunta que vale um milhão de dólares é a seguinte: "o que significa falar de um elétron de certa frequência?" Relembramos que esses estados do elétron são interessantes, porque eles são quantizados, e também porque um elétron em tal estado permanece assim por todo o tempo (a menos que algo entre na região do potencial e lhe dê um golpe).

Essa última afirmação é uma boa pista para definirmos o significado de "frequência". Neste capítulo, já estudamos a lei de conservação de energia, que é uma das poucas não negociáveis da física. A conservação de energia dita que, se um elétron dentro de um átomo de hidrogênio (ou de um poço quadrado) possui certa energia, esta *não pode* mudar até que "algo aconteça". Em outras palavras, um elétron não pode alterar espontaneamente sua energia sem um motivo. Isso pode parecer um tanto desinteressante, mas compare essa lei com o caso do elétron do qual conhecemos a localização em algum ponto. Como bem sabemos, o elétron saltará pelo universo em um instante, gerando uma infinidade de relógios. No entanto, o padrão do relógio de onda estacionária é diferente. Ela mantém sua forma, com todos os relógios girando para sempre, a menos que algo os perturbe. A natureza imutável das ondas estacionárias faz delas, portanto, claras candidatas a descrever um elétron de energia definida.

Tendo feito essa associação da frequência de uma onda estacionária com a energia de uma partícula, podemos explorar nosso conhecimento sobre cordas de violão para inferir que frequências mais altas devem corresponder a energias maiores. Isso ocorre porque uma alta frequência implica um curto comprimento de onda (uma vez que as cordas curtas vibram mais rapidamente) e, do que sabemos sobre o caso especial do poço de potencial, conseguimos antecipar que um comprimento de onda mais curto corresponde a uma partícula de maior energia, conforme afirma De Broglie. Portanto, a importante conclusão – e tudo de que precisaremos nos lembrar – é que *ondas estacionárias descrevem partículas de energias definidas e que, quanto maior a energia, mais rapidamente os relógios giram*.

Em resumo, deduzimos que, quando um elétron está confinado por um potencial, sua energia é quantizada. No jargão da física, dizemos que um elétron confinado só pode existir em certos "níveis de energia". O nível mais baixo de energia que um elétron pode ter corresponde a ser descrito pela própria onda estacionária "fundamental"[19] e é chamado de "estado fundamental". Os níveis de energia correspondentes a ondas estacionárias com frequências mais altas são denominados "estados excitados".

Vamos imaginar um elétron de determinada energia confinado em um poço de potencial quadrado. Dizemos que ele está "em repouso a um nível específico de energia" e que sua onda quântica está associada a um único valor de *n* (veja a página 112). A expressão "em repouso a um nível específico de energia" reflete o fato de que o elétron, na ausência de influência externa, não faz nada. Mais genericamente, o elétron poderia ser descrito por muitas ondas estacionárias de uma vez, assim como o som de um violão é feito de vários harmônicos de uma vez. Isso indica que o elétron não tem, em geral, uma só energia.

Necessariamente, a mensuração da energia do elétron deve sempre revelar um valor igual àquele associado a umas das ondas estacionárias contribuintes. Para calcular a probabilidade de encontrar o elétron com uma determinada energia, temos de pegar os relógios associados à contribuição específica ao total da função de onda da respectiva onda

---

[19] Ou seja, $n = 1$, no caso de um poço de potencial quadrado.

estacionária, elevá-los ao quadrado e combiná-los. O número resultante nos mostra a probabilidade de que o elétron esteja nesse estado específico de energia. A soma de todas essas probabilidades (uma para cada onda estacionária contribuinte) tem de ser 1, o que reflete o fato de que sempre descobriremos que a partícula tem uma energia que corresponde a uma onda estacionária específica.

Sejamos claros: um elétron pode ter várias energias diferentes ao mesmo tempo. Essa declaração é tão estranha quanto afirmar que o elétron tem inúmeras posições. É claro, a esta altura do livro, isso não deve ser tão chocante, mas surpreende nossa sensibilidade cotidiana.

Observe que há uma diferença importante entre uma partícula quântica confinada e as ondas estacionárias em uma piscina ou em uma corda de violão. No caso das ondas em uma corda de violão, a ideia de que elas são quantizadas não é totalmente estranha, porque a onda real que descreve a corda em vibração é composta simultaneamente de várias ondas estacionárias diferentes e todas estas contribuem fisicamente para a energia total da onda. Como podem ser combinadas de diversas maneiras, a energia real da corda em vibração pode assumir qualquer valor. Para um elétron confinado dentro de um átomo, contudo, a contribuição relativa de cada onda estacionária descreve a probabilidade de que o elétron seja encontrado com tal energia específica. A diferença crucial surge, porque as ondas de água são ondas de moléculas de água, enquanto as ondas-elétron não são, quase certamente, ondas de elétrons.

Essas afirmações nos mostram que a energia de um elétron dentro de um átomo é quantizada. Isso significa que o elétron simplesmente não tem como possuir nenhuma energia intermediária entre certos valores possíveis. Seria como dizer que um carro pode viajar ou a 20 km/h ou a 70 km/h e que nenhuma outra velocidade intermediária seria permitida. De imediato, essa conclusão fantástica e bizarra nos oferece uma explicação para a razão de os átomos não irradiarem luz continuamente conforme se espiralam em direção ao núcleo: não há como o elétron ir perdendo energia aos poucos. Ao contrário, a única forma de ele emitir energia é perdê-la toda de uma só vez.

400nm
(violeta)

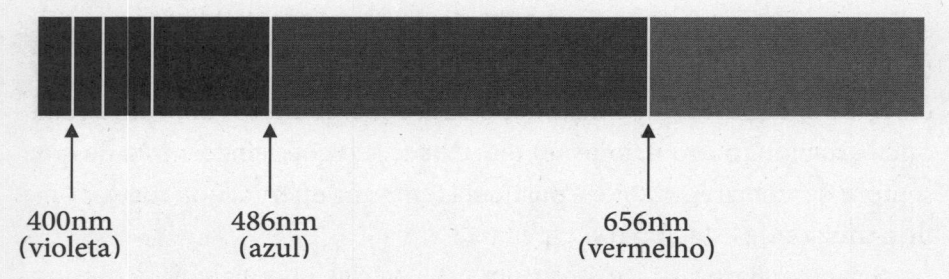

486nm
(azul)

656nm
(vermelho)

Figura 6.7 – A série de Balmer para o hidrogênio: emissão da luz do gás de hidrogênio exibida num espectroscópio.

Também podemos relacionar o que acabamos de aprender com as propriedades observadas dos átomos e, em particular, explicar as cores da luz que eles emitem. A figura 6.7 mostra a luz visível emitida pelo mais simples dos átomos, o átomo de hidrogênio. A luz é composta de cinco cores distintas: uma linha vermelha brilhante, correspondente à luz de comprimento de onda de 656 nanômetros; uma linha azul-clara, de comprimento de onda de 486 nanômetros; e três linhas violeta, que se dissipam na extremidade ultravioleta do espectro. Esse conjunto de linhas coloridas é conhecido como a série de Balmer, em homenagem ao físico e matemático suíço Johann Balmer, que elaborou a fórmula para descrevê-la, em 1885. Ele não entendia por que sua fórmula funcionava, uma vez que a teoria quântica ainda não havia sido descoberta – apenas expressou a regularidade por trás do padrão em uma fórmula matemática simples. Mas podemos ir além e discutir o que isso tem a ver com as ondas quânticas possíveis em um átomo de hidrogênio.

Sabemos que a luz pode ser pensada como um fluxo de fótons, cada qual com energia $E = hc/\lambda$, em que λ é o comprimento de onda da luz[20]. A observação de que os átomos emitem apenas certas cores de luz significa, portanto, que eles somente emitem fótons de energias muito específicas. Também aprendemos que um elétron "confinado em um átomo" só pode possuir determinadas energias muito específicas. É

---

[20] Se sabemos que $E = cp$ para partículas sem massa, o que é uma consequência da teoria da relatividade especial de Einstein, então $E = hc/\lambda$ decorre imediatamente, através da equação de De Broglie.

fácil explicar agora o perdurante mistério da luz colorida emitida pelos átomos: as distintas cores correspondem à emissão de fótons quando os elétrons "decaem" de um nível de energia possível para outro. Essa ideia sugere que as energias do fóton observado devem sempre corresponder a diferenças entre um par de energias de elétron possíveis. Essa maneira de descrever a física ilustra bem o valor de expressar o estado do elétron em termos de suas energias possíveis. Se, de outro modo, tivéssemos optado por falar em valores possíveis do momento linear do elétron, a natureza quântica não seria tão evidente e não concluiríamos tão facilmente que o átomo só pode emitir e absorver radiação em comprimentos de onda específicos.

O modelo de "partícula em uma caixa" para um átomo não é suficientemente preciso para nos permitir calcular as energias do elétron em um átomo real, e tal precisão é necessária para verificar essa ideia. No entanto, cálculos precisos podem ser feitos se modelarmos com exatidão o potencial nas proximidades do próton que confina o elétron. É possível dizer que esses cálculos confirmam, sem sombra de dúvida, que essa é realmente a origem daquelas enigmáticas linhas espectrais.

Você deve ter notado que não explicamos por que o elétron perde energia ao emitir um fóton. Para os fins deste capítulo, não precisamos dessa explicação. Entretanto, algo tem de induzir o elétron a abandonar a inviolabilidade de sua onda estacionária. Esse "algo" é o assunto do capítulo 10. Por ora, estamos apenas dizendo que, "para explicar os padrões observados da luz emitida pelos átomos, é necessário supor que a luz é emitida quando um elétron decai de certo nível de energia para um nível inferior". Os níveis de energia possíveis são determinados pela forma da caixa de confinamento, e esta varia de átomo para átomo, uma vez que os distintos átomos apresentam um ambiente diferente, dentro do qual seus elétrons estão confinados.

Até agora, escrevemos bastante para explicar as coisas por meio da imagem muito simples de um átomo, porém realmente não é suficiente imaginar que os elétrons se movem livremente dentro de alguma caixa de confinamento. Eles estão se deslocando nas proximidades de um conjunto de prótons e outros elétrons. E, para entender os átomos de fato, devemos agora pensar em como descrever esse ambiente de maneira precisa.

A caixa atômica

Com a noção de potencial, podemos ser mais precisos em nossa descrição dos átomos. Vamos começar com o mais simples deles, um átomo de hidrogênio, feito de apenas duas partículas: um elétron e um próton. Este é cerca de 2 mil vezes mais pesado que aquele. Então, podemos assumir que ele não tem muita função e somente está lá, criando um potencial dentro do qual o elétron está confinado.

O próton tem uma carga elétrica positiva, e o elétron possui uma carga negativa idêntica e oposta. Um pequeno comentário: a razão pela qual as cargas elétricas dessas partículas são exatamente iguais e contrárias é um dos grandes mistérios da física. Provavelmente, há uma boa razão para esse fato, associada a alguma teoria subjacente sobre as partículas subatômicas que ainda não foi descoberta. Até o momento em que escrevíamos este livro, ninguém sabia qual era.

O que sabemos é que, como cargas opostas se atraem, o próton irá "puxar" o elétron em sua direção e, considerando-se a física pré-quântica, ele poderia fazer isso a pequenas distâncias, arbitrariamente. Quão pequenas seriam essas distâncias dependeria da natureza do próton: seria uma bola sólida ou uma nuvem de alguma coisa? Essa pergunta é irrelevante, porque, como vimos, há um nível mínimo de energia em que o elétron pode estar, determinado (por assim dizer) pela onda quântica de maior comprimento que seja possível dentro do potencial gerado pelo próton. Ilustramos esse potencial na figura 6.8. O "buraco" profundo funciona como o poço de potencial quadrado que estudamos anteriormente, exceto pelo formato, que não é assim tão simples. Ele é chamado de "potencial de Coulomb", por ter sido definido pela lei que descreve a interação entre duas cargas elétricas, concebida por Charles-Augustin de Coulomb, em 1783.

O desafio é o mesmo, no entanto devemos descobrir que ondas quânticas são possíveis dentro do potencial, pois estas determinarão os níveis de energia possíveis para o átomo de hidrogênio.

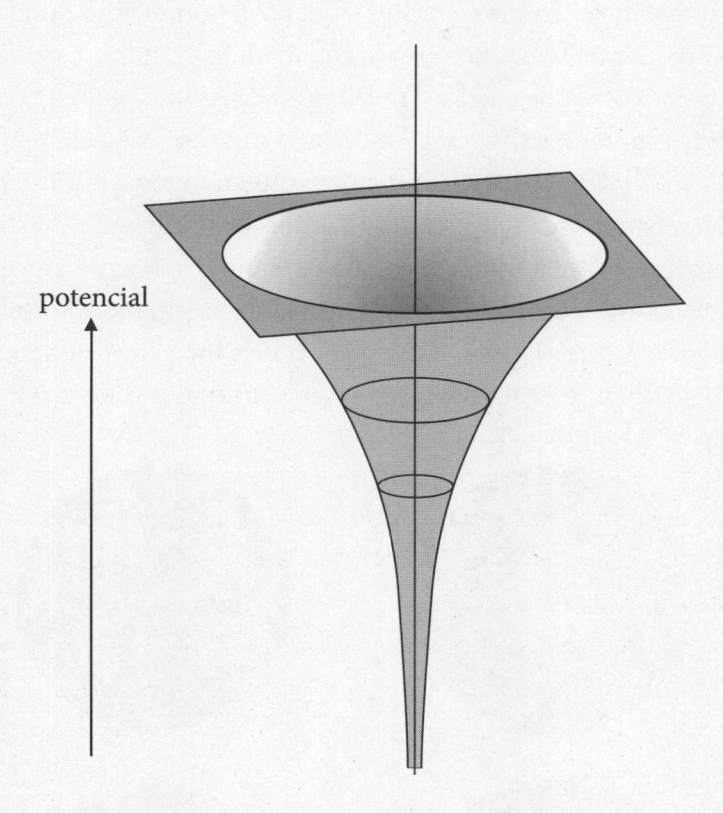

Figura 6.8 – O poço de potencial de Coulomb em torno de um próton. O próton está localizado no fundo do poço.

Grosseiramente, poderíamos dizer que a maneira de fazer isso é "resolver a equação de onda de Schrödinger para o poço de potencial de Coulomb", que é uma forma de aplicar as regras de saltos dos relógios. Os detalhes são técnicos, mesmo para algo tão simples quanto um átomo de hidrogênio, mas felizmente não aprendemos tanto. Por isso, vamos direto para a resposta: a figura 6.9 mostra algumas das ondas estacionárias para o elétron de um átomo de hidrogênio. O que vemos é um mapa de probabilidades de encontrar o elétron em algum lugar. As

O UNIVERSO QUÂNTICO

regiões brilhantes são aquelas em que é mais provável que o elétron esteja. O átomo de hidrogênio real é, claro, tridimensional, e as imagens da citada figura correspondem a cortes em fatia desde o centro do átomo. A imagem no canto superior esquerdo é a função de onda do estado fundamental, e ela nos revela que o elétron, nesse caso, deve ser encontrado a cerca de 1×10^{-10} m do próton. As energias das ondas estacionárias aumentam da imagem do lado superior esquerdo para a que está no canto inferior direito. A escala também muda a um fator de oito da imagem superior esquerda para a inferior direita – de fato, a região brilhante que cobre a maior parte da primeira imagem é aproximadamente do mesmo tamanho que os dois pontos brilhantes no centro das duas figuras à direita. Isso indica que o elétron provavelmente estará mais longe do próton quando estiver em seus maiores níveis de energia

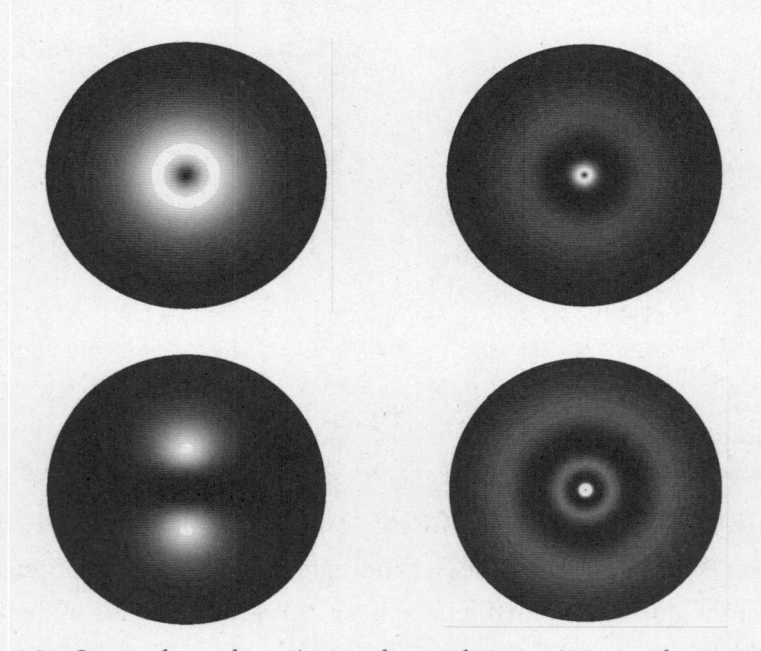

Figura 6.9 – Quatro das ondas quânticas de mais baixa energia que descrevem o elétron de um átomo de hidrogênio. As regiões brilhantes são aquelas em que é mais provável encontrar o elétron. O próton está no centro. A imagem superior direita e a inferior esquerda estão ampliadas a um fator de 4 com relação à primeira; e a imagem inferior direita, a um fator de 8 também considerando como base a primeira. Esta tem um diâmetro de cerca de 3×10^{-10} m.

(e, por isso, seu vínculo com o próton será mais fraco). Está evidente que essas ondas não são ondas senoidais, o que significa que não correspondem a estados de momento linear definido. Porém, como estamos enfatizando insistentemente, elas estão relacionadas com estados de energia definida.

A forma singular das ondas estacionárias se deve ao formato do poço e algumas características precisam ser observadas mais detalhadamente. A mais óbvia característica do poço em torno de um próton é que ele é esfericamente simétrico. Isso quer dizer que sua aparência é a mesma de qualquer ângulo que o visualizemos. Para ilustrar isso, pense em uma bola de basquete sem as marcações: ela é uma esfera perfeita e parece exatamente a mesma conforme você a gira. E se pensássemos em um elétron dentro do átomo de hidrogênio como se ele estivesse confinado em uma pequena bola de basquete? Certamente, isso seria mais plausível que afirmar que o elétron está confinado em um poço quadrado e, notavelmente, há alguma semelhança entre as formas do poço e da bola.

A figura 6.10 mostra, à esquerda, duas das ondas sonoras estacionárias de menor energia que podem ser produzidas dentro de uma bola de basquete. Aqui também cortamos a bola em fatias, e a pressão do ar dentro dela varia da cor preta à branca conforme aumenta a pressão. À direita, há duas ondas-elétron estacionárias possíveis em um átomo de hidrogênio. As imagens não são idênticas, mas guardam similaridade. Logo, não é tão absurdo imaginar que o elétron dentro de um átomo de hidrogênio esteja confinado em algo parecido com uma pequena bola de basquete. Essa imagem realmente serve para ilustrar o comportamento das partículas quânticas como ondas e ajuda a desvendar o mistério das coisas: entender o elétron em um hidrogênio não é mais complicado que compreender como o ar vibra dentro de uma bola de basquete.

Antes de deixarmos o átomo de hidrogênio, gostaríamos de falar um pouco mais sobre o potencial criado pelo próton e de como o elétron pode saltar de um nível maior de energia para um nível menor com a

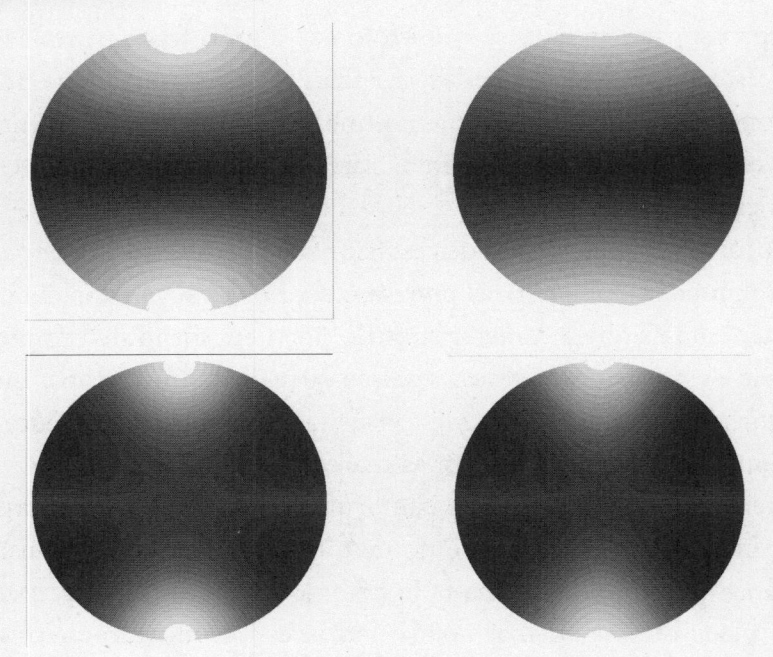

Figura 6.10 – Duas das ondas sonoras estacionárias mais simples dentro de uma bola de basquete (à esquerda) comparadas às correspondentes ondas-elétron em um átomo de hidrogênio (à direita). Elas são muito semelhantes. A imagem superior referente ao hidrogênio é uma ampliação da região central da imagem esquerda inferior da figura 6.9.

emissão de um fóton. De modo legítimo, evitamos qualquer discussão sobre como o próton e o elétron se comunicam entre si, apresentando a ideia de potencial. Essa simplificação permitiu que entendêssemos a quantização da energia em partículas confinadas. Contudo, se quisermos uma compreensão séria do que acontece, devemos tentar explicar o mecanismo subjacente nas partículas confinadas. No caso de uma partícula se movendo em uma caixa real, devemos imaginar alguma parede impenetrável, que presumidamente é feita de átomos; a partícula é impedida de passar através da parede ao interagir com os átomos nela contidos. O entendimento correto de "impenetrabilidade" decorre da compreensão de como as partículas interagem umas com as outras. Do mesmo modo, dissemos que o próton em um átomo de hidrogênio "produz um potencial", no qual o elétron se move e afirmamos que o potencial confina o elétron de maneira análoga à de uma partícula presa em uma caixa. Isso também nos desvia do problema mais profundo, porque claramente o elétron interage com o próton, e é essa interação que determina como o elétron é confinado.

No capítulo 10, veremos a necessidade de complementar as regras quânticas que estudamos até agora com algumas novas regras que dizem respeito à interação entre as partículas. Até aqui, temos regras muito simples: partículas que saltam, levando relógios imaginários que giram em sentido anti-horário a valores específicos conforme o tamanho de seu salto. Todos os saltos são permitidos, portanto uma partícula pode ir de A para B por meio de uma infinidade de caminhos diferentes. Cada um destes gera seu próprio relógio quântico até B e precisamos combinar os relógios para determinar um único relógio resultante, que, então, nos indica a probabilidade de efetivamente encontrar a partícula em B. Incluir as interações nesse jogo se revela algo surpreendentemente simples. Complementaremos as regras de salto com uma nova regra, afirmando que uma partícula pode emitir ou absorver outra partícula. Se havia uma partícula antes da interação, poderão existir duas partículas no momento posterior; se eram duas partículas antes da interação, poderá haver uma partícula no momento seguinte. É claro, se vamos usar a matemática, precisaremos ser mais precisos sobre que partículas podem se fundir ou se dividir e teremos de dizer o que acontece com o relógio de cada partícula quando há a interação. Esse é o tópico do capítulo 10, todavia as implicações para os átomos devem estar claras. Se há uma regra dizendo que um elétron pode interagir por meio da emissão de um fóton, temos a possibilidade de que o elétron em um átomo de hidrogênio pode emitir um fóton, perder energia e decair para um nível de energia menor.

A existência das linhas espectrais indica que é isso que acontece. Em geral, esse processo é altamente influenciado de uma maneira. Especificamente, o elétron pode emitir um fóton e perder energia a qualquer tempo, mas a única forma de ele ganhar energia e saltar para um nível de energia maior é se houver um próton (ou outra fonte de energia) para colidir com ele. Em um gás de hidrogênio, tais fótons são poucos e distantes entre si, e é muito mais provável um átomo em estado excitado emitir um fóton do que absorvê-lo. O efeito final é que os átomos de hidrogênio tendem a perder a excitação, o que quer dizer que a emissão se sobrepõe à absorção e, no devido tempo, o átomo fará seu caminho até o estado fundamental $n = 1$. Não é sempre assim, porque é possível fazer com que os átomos sejam continuamente excitados, fornecendo-lhes energia de modo controlado. Essa é a base de uma tecnologia que se tornou onipresente: o *laser*. A ideia básica do *laser* é "bombear" energia nos átomos, excitá-los e agrupar os fótons que são produzidos quando os elétrons decaem em energia. Esses fótons são muito úteis na leitura de dados com alta precisão em superfícies de CD ou DVD: a mecânica quântica afeta nossas vidas de inúmeras maneiras.

Neste capítulo, explicamos a origem das linhas espectrais por meio da ideia simples de níveis de energia quantizada. Parece que conseguimos apresentar um jeito eficaz de pensar sobre os átomos. No entanto, algo não está totalmente completo. Falta uma última peça do quebra-cabeça, sem a qual não teremos chance de explicar a estrutura dos átomos mais pesados que o hidrogênio. De maneira mais prosaica, também não seremos capazes de explicar por que não atravessamos o chão. Isso é problemático para nossa teoria da natureza. O *insight* que estamos procurando vem do trabalho do físico austríaco Wolfgang Pauli.

CAPÍTULO 7

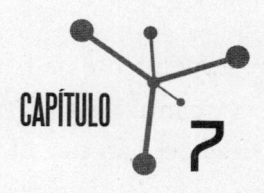

O universo em uma cabeça de alfinete (e por que não atravessamos o chão)

O fato de não atravessarmos o solo é algo misterioso. Dizer que o chão é "sólido" não ajuda muito a explicar o fato, pelo menos não depois de Rutherford ter descoberto que os átomos são quase que constituídos inteiramente de espaço vazio. A situação é ainda mais enigmática porque, até onde podemos afirmar, as partículas fundamentais da natureza não têm nenhum tamanho.

Lidar com partículas sem "nenhum tamanho" parece ser algo problemático e talvez impossível. Mas nada do que dissemos nos capítulos anteriores pressupôs ou exigiu que as partículas tivessem extensão física. A noção de objetos verdadeiramente semelhantes a pontos não precisa necessariamente estar errada, mesmo que

> "TODO O UNIVERSO VISÍVEL ESTAVA UMA VEZ COMPRIMIDO EM UM VOLUME DO TAMANHO DE UMA LARANJA OU MESMO DA CABEÇA DE UM ALFINETE.

assim o pareça diante do senso comum – isso se o leitor ainda quiser se referir a tal juízo neste estágio de um livro sobre teoria quântica. É totalmente possível que um experimento futuro, quem sabe até o próprio Grande Colisor de Hádrons, revele que os elétrons e os *quarks* não são pontos infinitesimais; contudo, por enquanto, não somos obrigados a fazer essa leitura pela experiência, e não há lugar para "tamanho" nas equações fundamentais da física das partículas. Isso não quer dizer que as partículas-ponto não tenham seus problemas – a ideia de uma carga finita comprimida em um volume infinitamente pequeno é bem complicada – porém, até o momento, as armadilhas teóricas têm sido contornadas. Quiçá o problema pendente na física fundamental, o desenvolvimento de uma teoria quântica da gravidade, sugira uma extensão finita, entretanto a evidência não está aí para forçar os físicos a abandonar o conceito de partículas elementares. Para ser enfático: partículas como pontos realmente não têm nenhum tamanho e perguntas como "o que acontece se eu cortar um elétron ao meio?" não fazem sentido algum – não há sentido na ideia de "metade de um elétron".

Uma coisa interessante em trabalhar com fragmentos elementares da matéria que não têm nenhum tamanho em si é que não nos incomoda o pensamento de que todo o universo visível estava uma vez comprimido em um volume do tamanho de uma laranja ou mesmo da cabeça de um alfinete. Pode ser inacreditável – é difícil imaginar uma montanha comprimida até o tamanho de uma ervilha, que dirá uma estrela, uma galáxia ou as 350 bilhões de gigantescas galáxias do universo observável! –, mas não há, em absoluto, nenhuma razão que nos diga que isso não seja possível. De fato, as teorias atuais sobre a origem da estrutura do universo lidam diretamente com as propriedades de quando ele estava nesse estado astronômico denso. Tais teorias, ainda que excêntricas, possuem boa quantidade de evidências observáveis a seu favor. No capítulo final, veremos objetos com densidades, se não na escala do "universo na cabeça de um alfinete", pelo menos e certamente de uma "montanha em uma ervilha": as anãs brancas, que são objetos com a massa de uma estrela comprimidos ao tamanho da Terra; e as estrelas de nêutrons, que possuem massa semelhante condensada em esferas perfeitas, do tamanho de uma cidade. Esses objetos não são ficção científica, pois os astrônomos os observaram e fizeram medições de alta precisão, e a teoria quântica nos permite calcular suas propriedades e compará-las com os dados observáveis. Como um primeiro passo para o entendimento das anãs brancas e das estrelas de nêutrons, precisaremos resolver a questão mais prosaica com a qual iniciamos este capítulo: se o chão é, em sua grande parte, espaço vazio, por que não o atravessamos?

Essa pergunta tem uma longa e notável história e sua resposta, surpreendentemente, não havia sido estabelecida até pouco tempo atrás, em 1967, em um artigo de Freeman Dyson e Andrew Lenard. Estes dois físicos encararam o problema porque um colega ofereceu uma garrafa de champanhe da melhor safra para quem provasse que a matéria simplesmente não se colapsaria em si mesma. Dyson se referiu à demonstração como extraordinariamente complicada, difícil e opaca, todavia o que eles mostraram foi que a matéria só pode ser estável se os elétrons obedecerem a algo chamado "princípio de exclusão de Pauli", um dos mais fascinantes aspectos de nosso universo quântico.

Devemos começar com alguma numerologia. Vimos no capítulo anterior que a estrutura do mais simples dos átomos, o hidrogênio, pode ser entendida pela busca de ondas quânticas possíveis dentro do poço de potencial do próton. Isso nos permitiu entender, pelo menos qualitativamente, o espectro característico da luz emitida pelos átomos de hidrogênio. Se tivéssemos tempo, poderíamos ter calculado os níveis de energia nesses átomos. Qualquer estudante universitário de física faz essa operação matemática em algum momento de seus estudos, e o cálculo é perfeito e concorda com os dados experimentais. No que diz respeito ao capítulo 6, a simplificação da "partícula dentro de uma caixa" foi boa, pois ela continha todos os pontos essenciais que queríamos destacar. Entretanto, precisaremos de um detalhe do cálculo completo, que vem à tona porque o átomo real de hidrogênio se estende em três dimensões. Para nosso exemplo da partícula em uma caixa, consideramos apenas uma dimensão e obtivemos uma série de níveis de energia indicados por uma única grandeza que chamamos de n. O nível de energia mais baixo era definido por $n = 1$; o seguinte, por $n = 2$; e assim por diante. Quando o cálculo é ampliado para o caso tridimensional, ocorre que, talvez sem surpresa, três grandezas são necessárias para caracterizar todos os níveis de energia possíveis. Tradicionalmente, elas são indicadas por n, l e m e são conhecidas como números quânticos (neste capítulo, m não deve ser confundido com a massa da partícula). O número quântico n é a contraparte do número n de uma partícula em uma caixa. Ele recebe valores inteiros ($n = 1, 2, 3$ etc.) e as energias da partícula tendem a crescer conforme n aumenta. Os valores possíveis de l e m estão relacionados com n; e l deve ser menor que n e pode ser zero. Por exemplo, se $n = 3$, então l pode ser 0, 1 ou 2. m pode receber qualquer valor de menos l a mais l, em números inteiros. Assim, se $l = 2$, então m pode ser igual a -2, -1, 0, 1 ou 2. Não explicaremos de onde vêm esses números, porque isso nada acrescentaria a nosso entendimento. É suficiente falar que as quatro ondas da figura 6.9 têm $(n,l) = (1,0), (2,0), (2,1)$ e $(3,0)$, respectivamente (todas têm $m = 0$).[21]

Como afirmamos, o número quântico n é o principal dos valores das energias possíveis dos elétrons. Há ainda uma pequena dependência dessas energias quanto ao valor de l, contudo ela só aparece em medições muito precisas da luz emitida. Bohr não a considerou quando calculou pela primeira vez as energias das linhas espectrais do hidrogênio, e sua fórmula foi concebida inteiramente em termos de n. Não há absolutamente nenhuma dependência da energia do elétron com relação a m, a menos que coloquemos o átomo de hidrogênio dentro de um campo magnético (de fato, m é conhecido como o "número quântico magnético"); no entanto, isso não quer dizer que ele não seja importante. Para saber a razão disso, vamos continuar com nossa numerologia.

Se $n = 1$, quantos níveis de energia diferentes nós temos?

Aplicando as regras citadas acima, se $n = 1$, l e m só podem ser 0; assim, só temos um nível de energia.

Agora, vamos fazer a mesma coisa para $n = 2$: l pode ter dois valores, 0 e 1. Se $l = 1$, então m pode ser igual a -1, 0 ou 1, o que nos dá mais 3 níveis de energia, perfazendo 4 no total.

Para $n = 3$, l pode ser 0, 1 ou 2. Para $l = 2$, m pode ser igual a -2, -1, 0, 1 ou 2, perfazendo 5 níveis. Assim, no total, temos $1+3+5 = 9$ níveis para $n = 3$.

E assim por diante.

Memorize esses números para os três primeiros valores de n: 1, 4 e 9. Agora, dê uma olhada na figura 7.1, que mostra as primeiras quatro

---

[21] Tecnicamente, como mencionamos no capítulo anterior, como o poço de potencial em torno do próton é esfericamente simétrico, em vez de ser uma caixa quadrada, a solução para a equação de Schrödinger deve ser proporcional a um harmônico esférico. A dependência angular associada faz com que surjam os números quânticos l e m. A dependência radial da solução dá origem ao número quântico principal, n.

O universo em uma cabeça de alfinete
(e por que não atravessamos o chão)

linhas da tabela periódica dos elementos químicos, e conte quantos elementos há em cada linha. Divida o número por 2 e você terá 1, 4, 4 e 9. A relevância de tudo isso será demonstrada em breve.

Grupo	1	2	3	4	5	6	7	8	9	10	11	12	13	14	15	16	17	18
1	1 H																	2 He
2	3 Li	4 Be											5 B	6 C	7 N	8 O	9 F	10 Ne
3	11 Na	12 Mg											13 Al	14 Si	15 P	16 S	17 Cl	18 Ar
4	19 K	20 Ca	21 Sc	22 Ti	23 V	24 Cr	25 Mn	26 Fe	27 Co	28 Ni	29 Cu	30 Zn	31 Ga	32 Ge	33 As	34 Se	35 Br	36 Kr

Figura 7.1 – As primeiras quatro linhas da tabela periódica.

O crédito pela organização dos elementos químicos desse modo é geralmente atribuído ao russo Dmitri Mendeleev, que a apresentou à Sociedade Russa de Química em 6 de março de 1869, alguns bons anos antes de qualquer pessoa pensar em como calcular os níveis de energia possíveis em um átomo de hidrogênio. Ele organizou os elementos de acordo com seus pesos atômicos, o que, em linguagem moderna, corresponde ao número de prótons e nêutrons dentro do núcleo atômico, embora, é claro, o químico não soubesse disso na época. A ordenação dos elementos corresponde, de fato, ao número de prótons dentro do núcleo (o número de nêutrons é irrelevante), porém para os elementos mais leves isso não faz diferença, e isso explica por que Mendeleev acertou. O russo decidiu organizar os elementos em linhas e colunas, porque observou que certos elementos possuíam propriedades químicas muito semelhantes, embora tivessem pesos atômicos diferentes. As colunas, na extrema direita da tabela, agrupam tais elementos: hélio, neônio, argônio e criptônio; são todos gases não reativos. Mendeleev não só adotou o padrão correto, mas também previu a existência de novos elementos para preencher os espaços em sua tabela: os elementos 31 e 32 (gálio e germânio), que foram descobertos em 1875 e 1886, respectivamente. Essas revelações confirmaram que o cientista russo havia descoberto algo profundo acerca da estrutura dos átomos, no entanto ninguém sabia disso.

O UNIVERSO QUÂNTICO

O que é surpreendente é que há dois elementos na linha 1, oito nas linhas 2 e 3 e 18 na linha 4. Esses números são exatamente o dobro da quantidade dos níveis de energia possíveis no hidrogênio, que acabamos de calcular. Por que isso?

Como já mencionamos, os elementos na tabela periódica estão ordenados da esquerda para a direita, em linha, pelo número de prótons no núcleo, que é o mesmo de elétrons que ele contém. Lembre-se de que todos os átomos são neutros eletricamente – a carga elétrica positiva dos prótons é equilibrada exatamente pela carga negativa dos elétrons. Evidentemente, há alguma coisa interessante aqui, que relaciona as propriedades químicas dos elementos às energias possíveis que os elétrons podem ter quando orbitam um núcleo.

Podemos imaginar a criação de átomos mais pesados adicionando sequencialmente prótons, nêutrons e elétrons a átomos mais leves, mas tendo em mente que, sempre que acrescentamos um próton extra no núcleo, devemos somar um elétron extra em um dos níveis de energia. O exercício de numerologia gerará o padrão que vemos na tabela periódica, se afirmarmos que cada nível de energia pode conter dois e somente dois elétrons. Vejamos como isso acontece.

O hidrogênio possui apenas um elétron; logo, ele se encaixa no nível $n = 1$. O hélio tem dois elétrons, e ambos se colocam no nível $n = 1$. Aqui, preenchemos o nível $n = 1$. Para fazer o lítio, precisamos adicionar um terceiro elétron, porém ele terá de ir para o nível $n = 2$. Os próximos sete elétrons, correspondentes aos sete elementos seguintes (berílio, boro, carbono, nitrogênio, oxigênio, flúor e neônio), também podem se acomodar em um nível com $n = 2$, porque aqui temos quatro espaços disponíveis, referentes a $l = 0$ e $l = 1$, $m = -1, 0$ e 1. Conseguimos proceder desse modo para todos os elementos até o neônio. Com este, os níveis $n = 2$ são totalmente preenchidos e deveremos passar para $n = 3$, a partir do sódio. Os próximos oito elétrons, um a um, começam a ocupar os níveis $n = 3$: primeiro, os elétrons vão para $l = 0$ e, em seguida, para $l = 1$. Assim sucessivamente para todos os elementos da terceira linha, até o argônio. A quarta linha da tabela pode ser explicada se assumirmos que ela contém todos os elétrons de $n = 3$ remanescentes (ou seja, os dez elétrons com $l = 2$) e os elétrons de $n = 4$, com $l = 0$ e 1 (o que soma oito elétrons), chegando ao número mágico de 18 elétrons no total. Ilustramos na figura 7.2 como os elétrons preenchem os níveis de energia do elemento mais pesado de nossa tabela, o criptônio (que possui 36 elétrons).

Para levar da numerologia para a ciência tudo o que dissemos, temos um esclarecimento a fazer. Primeiro, precisamos explicar por que as propriedades Químicas são semelhantes para elementos na mesma coluna. O que fica claro em nosso esquema é que o primeiro elemento de cada uma das primeiras três linhas inicia o processo de preenchimento dos níveis com valores crescentes de n. Especificamente, o hidrogênio inicia tudo com um único elétron no então vazio nível $n = 1$; o lítio inicia a segunda linha com um elétron no nível $n = 2$; e o sódio inicia a terceira linha com um elétron no então vazio nível $n = 3$. A terceira linha é um tanto inusitada, porque o nível $n = 3$ pode conter até 18 elétrons e não há essa quantidade de elementos nessa linha. Podemos tentar entender o que acontece: os primeiros oito elétrons preenchem os níveis $n = 3$ com $l = 0$ e $l = 1$; em seguida (por alguma razão), devemos pular para a quarta linha. Essa linha contém agora os dez elétrons remanescentes dos níveis $n = 3$ com $l = 2$ e os oito elétrons dos níveis $n = 4$ com $l = 0$ e $l = 1$. O fato de as linhas não estarem totalmente correlacionadas com o valor de n indica que a relação entre a Química e a contagem dos níveis de energia não é tão simples como pensávamos. No entanto, sabe-se agora que o potássio e o cálcio, os primeiros dois elementos da quarta linha, possuem, de fato, elétrons no nível $n = 4$, $l = 0$ e que os dez elementos seguintes (do escândio ao zinco) têm seus elétrons nos níveis anteriores $n = 3$ e $l = 2$.

Entender o motivo pelo qual o preenchimento dos níveis $n = 3$ e $l = 2$ é deixado para depois do cálcio requer uma explicação de por que os níveis $n = 4$, $l = 0$, que contêm os elétrons no potássio e no cálcio, é de menor energia que os níveis $n = 3$, $l = 2$. Lembre-se de que o "estado fundamental" de um átomo é caracterizado pela configuração de mais baixa energia dos elétrons, pois qualquer estado excitado pode sempre reduzir sua energia pela emissão de um fóton. Assim, quando dizemos

O UNIVERSO QUÂNTICO

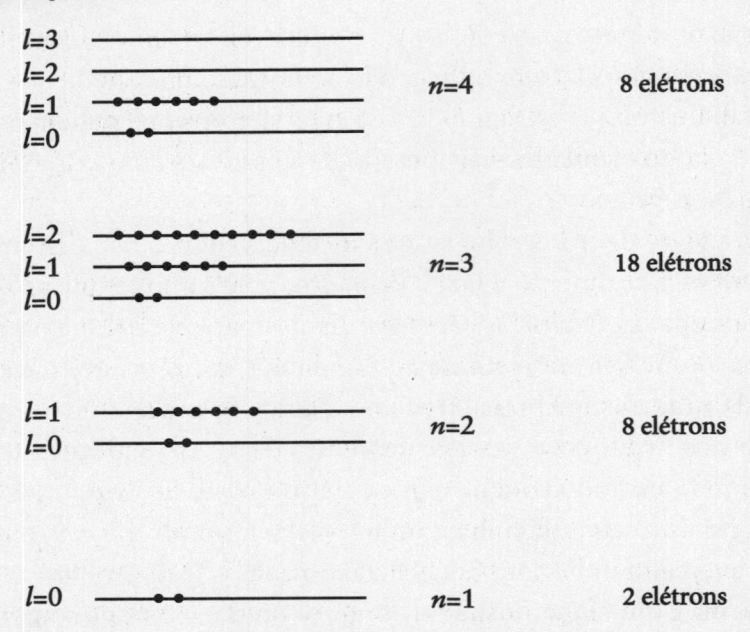

```
l=3  ─────────────
l=2  ─────────────
l=1  ──●●●●●──────     n=4        8 elétrons
l=0  ──●●─────────


l=2  ──●●●●●●●●●●──
l=1  ──●●●●●───────    n=3        18 elétrons
l=0  ──●●──────────


l=1  ──●●●●●●───────
l=0  ──●●──────────    n=2        8 elétrons


l=0  ────●●────────    n=1        2 elétrons
```

Figura 7.2 – Preenchimento dos níveis de energia do criptônio. Os pontos representam elétrons, e as linhas horizontais são os níveis de energia, definidas pelos números quânticos n, l e m. Agrupamos os níveis com mesmos valores de n e l, embora sejam valores diferentes de m.

que "este átomo contém estes elétrons acomodados em tais níveis de energia", estamos nos referindo à configuração de mais baixa energia dos elétrons. É claro, não tentamos calcular efetivamente os níveis de energia; portanto, não estamos em posição de classificá-los em ordem de energia. É muito complicado, efetivamente, calcular as energias possíveis dos elétrons nos átomos com mais de dois elétrons. Mesmo no caso de dois elétrons (o hélio), isso não é assim tão fácil. A simples ideia de que os níveis são classificados em ordem crescente de n vem do cálculo muito mais fácil para o átomo de hidrogênio, em que é verdadeiro que o nível $n = 1$ tem a energia mais baixa, seguido dos níveis $n = 2$, $n = 3$ e assim sucessivamente.

A implicação óbvia do que acabamos de afirmar é que os elementos na extremidade direita da tabela periódica correspondem a átomos nos quais um conjunto de níveis foi completamente preenchido. Especificamente para o hélio, o nível $n = 1$ está completo, enquanto para o neônio o nível $n = 2$ é o preenchido e, para o argônio, o nível $n = 3$ está completo, pelo menos para $l = 0$ e $l = 1$. Podemos avançar um pouco mais nessas ideias e entender algumas noções importantes de química. Felizmente, não estamos escrevendo um livro dessa disciplina, assim conseguimos ser breves e, sob o risco de dispensar todo um assunto em um só parágrafo, vamos em frente.

A observação principal é a que se refere ao fato de que os átomos podem se juntar por meio do compartilhamento de elétrons – abordaremos essa ideia no próximo capítulo quando explorarmos como dois átomos de hidrogênio podem se ligar para formar uma molécula de hidrogênio. A regra geral é: os elementos "gostam" de ter seus níveis de energia perfeitamente preenchidos. Nos casos do hélio, neônio, argônio e criptônio, os níveis já estão completamente ocupados, e, portanto, os elementos estão "felizes" em si mesmos – não "se incomodam" em reagir com ninguém. Já os demais elementos podem tentar preencher seus níveis compartilhando elétrons com outros. O hidrogênio, por exemplo, precisa de um elétron extra para preencher seu nível $n = 1$. Ele pode consegui-lo compartilhando um elétron com outro átomo de hidrogênio. Ao fazê-lo, forma uma molécula desse mesmo elemento, de símbolo químico H_2. Trata-se da forma comum do gás de hidrogênio. O carbono possui quatro elétrons de oito possíveis em seus níveis $n = 2$, $l = 0$ e $l = 1$ e "gostaria" de obter outros quatro, se puder, para completar esse total. Ele pode consegui-lo por meio da ligação com quatro átomos de hidrogênio, para formar CH_4, o gás conhecido como metano. Também pode fazer isso pela ligação com dois átomos de oxigênio, os quais precisam de dois elétrons para completar seu conjunto $n = 2$. Isso gera o CO_2, o dióxido de carbono. O oxigênio também poderia completar seu conjunto por meio da ligação com dois átomos de hidrogênio, para formar a água – H_2O. E por aí vai. Essa é a base da Química: é energeticamente favorável para os átomos preencher seus níveis de energia com elétrons, mesmo que por meio do compartilhamento com um "colega". Esse "desejo" de realizar isso, que basicamente surge do princípio de que as coisas tendem a seu estado de mais baixa energia, é o que conduz à formação de todas as coisas, da água ao DNA. Em um mundo abundante de hidrogênio, oxigênio e carbono, entendemos agora por que o dióxido de carbono, a água e o metano são tão comuns.

Tudo isso é muito interessante, contudo temos uma peça final do quebra-cabeça para explicar: por que somente dois elétrons podem ocupar cada nível de energia disponível? Trata-se de uma declaração do princípio da exclusão de Pauli, que é claramente necessário para que tudo o que vimos discutindo se encaixe. Sem ele, os elétrons se acumulariam no nível mais baixo de energia possível em torno de cada núcleo e não existiria a química, o que é pior do que pode parecer, uma vez que não existiram moléculas e, portanto, nenhuma vida no universo.

A ideia de que dois e somente dois elétrons podem ocupar cada nível de energia parece bem arbitrária e, quando ela foi proposta pela primeira vez, ninguém tinha a mínima explicação para justificá-la. O avanço inicial nesse sentido foi feito por Edmund Stoner, filho de um jogador profissional de críquete (que fez oito *wickets* contra a África do Sul em 1907, conforme o *Wisden Cricketers' Almanack*) e aluno de Rutherford, que mais tarde viria a coordenar o Departamento de Física da Universidade de Leeds. Em outubro de 1924, Stoner propôs que deveria haver dois elétrons possíveis em cada nível de energia (n, l, m). Pauli desenvolveu a proposta de Stoner e, em 1925, publicou um princípio que Dirac, um ano depois, nomearia em homenagem ao colega. O princípio de exclusão, como proposto inicialmente por Pauli, afirma que dois elétrons em um átomo não podem ter os mesmos números quânticos. O problema é que parecia que dois elétrons poderiam ter os mesmos valores de n, l e m. Mas Pauli resolveu a questão simplesmente introduzindo um novo número quântico. Foi um *ansatz*. Ele não sabia o que isso representava, todavia tinha de escolher somente um de dois valores. Escreveu que "não podemos dar uma razão mais clara para esse princípio".

Uma melhor compreensão disso tudo veio em 1925, em um artigo de George Uhlenbeck e Samuel Goudsmit. Motivados pelas mensurações precisas dos espectros atômicos, esses dois cientistas identificaram o número quântico extra de Pauli com uma propriedade física e real do elétron denominada *spin*.

O universo em uma cabeça de alfinete
(e por que não atravessamos o chão)

A ideia básica do *spin* é bem simples e data de 1903, muito antes da teoria quântica. Alguns anos depois da descoberta do elétron, o físico alemão Max Abraham propôs que este seria uma minúscula esfera giratória com carga elétrica. Se isso fosse verdade, os elétrons seriam, então, afetados por campos magnéticos, conforme a orientação do campo com relação a seu eixo de rotação. No artigo de 1925, que foi publicado três anos depois da morte de Abraham, seus colegas Uhlenbeck e Goudsmit notaram que o modelo de esfera giratória não poderia funcionar, porque, para explicar os dados observados, o elétron deveria girar mais rápido que a velocidade da luz. No entanto, o "espírito" da ideia estava correto – o elétron possui, de fato, uma propriedade chamada *spin*, e ela realmente afeta seu comportamento em um campo magnético. Sua origem verdadeira, entretanto, é uma consequência direta e bem sutil da teoria da relatividade especial de Einstein, que só foi analisada corretamente quando Paul Dirac escreveu, em 1928, uma equação que descrevia o comportamento quântico do elétron. Para nossos objetivos, precisamos saber somente que há dois tipos de elétrons – os de "*spin up*" e os de "*spin down*" – que se distinguem por ter valores de momento angular opostos, como se estivessem girando em direções contrárias. É uma pena que Abraham tenha morrido alguns anos antes de a verdadeira natureza do *spin* do elétron ter sido descoberta, porque o físico nunca abriu mão de sua convicção de que o elétron seria uma pequena esfera. Em seu obituário, em 1923, Max Born e Max Von Laue escreveram: "Ele foi um adversário respeitável, que lutou com honestidade e não cobriu a derrota com lamentações ou argumentos não factuais. Ele amava seu éter absoluto, suas equações de campo, seu elétron rígido, assim como um jovem ama seu primeiro amor, cuja memória as experiências posteriores não podem apagar". Se todos os adversários fossem como Abraham...

Nosso objetivo no restante deste capítulo é explicar por que os elétrons se comportam da estranha maneira definida pelo princípio de exclusão. Como sempre, iremos fazer bom uso daqueles relógios quânticos.

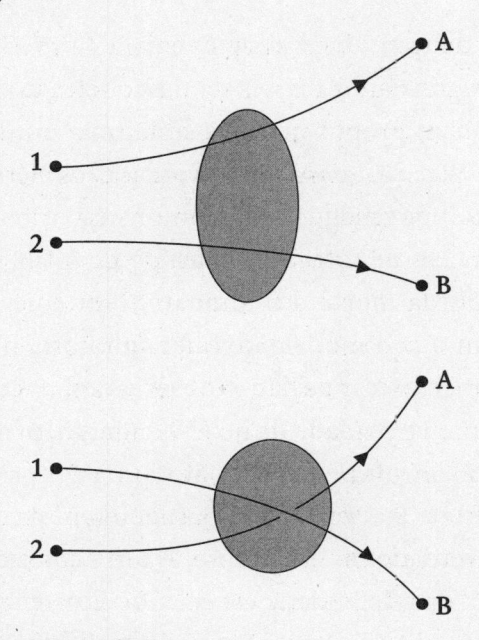

Figura 7.3 – Dois elétrons em dispersão

Podemos abordar a questão pensando sobre o que acontece quando dois elétrons ricocheteiam um no outro. A figura 7.3 ilustra um cenário específico em que dois elétrons, denominados 1 e 2, partem de algum lugar e se dirigem para outro. Chamamos os destinos de A e B. Os círculos sombreados estão aí para nos lembrar de que ainda não refletimos sobre o que ocorre quando dois elétrons interagem entre si (os detalhes não são relevantes para os fins desta discussão). Tudo o que precisamos imaginar é que o elétron 1 salta de seu local inicial e chega ao ponto denominado A. Da mesma forma, o elétron 2 chega até o ponto chamado B. Isso é ilustrado pela imagem superior na figura. Efetivamente, o argumento que vamos apresentar é válido, mesmo se ignorarmos a possibilidade de que os elétrons podem interagir. Nesse caso, o elétron 1 salta para A alheio ao passeio do elétron 2, e a probabilidade de encontrar o elétron 1 em A e o elétron 2 em B seria simplesmente o produto de duas probabilidades independentes.

Por exemplo, suponha que a probabilidade de o elétron 1 pular para o ponto A seja de 45% e de o elétron 2 saltar para o ponto B seja de

20%. A probabilidade de encontrar o elétron 1 em A e o 2 em B é de 0,45 x 0,2 = 0,09 = 9%. Tudo o que fizemos aqui foi usar a lógica que diz que as chances de lançar uma moeda e obter coroa e de jogar um dado e tirar o número seis, concomitantemente, são de ½ multiplicado por ⅙, o que é igual a ¹/₁₂ (ou seja, pouco superior a 8%)[22].

Como a figura ilustra, há um segundo caminho pelo qual os dois elétrons podem chegar a A e a B. É possível o elétron 1 saltar para B, enquanto o elétron 2 vai para A. Suponha que as possibilidades de encontrar o elétron 1 em B sejam de 5% e que as chances de encontrar o elétron 2 em A sejam de 20%. A probabilidade de encontrar o elétron 1 em B e o elétron 2 em A é de 0,05 x 0,2 = 0,01 = 1%.

Temos, portanto, dois caminhos para levar nossos elétrons para A e para B – um com a probabilidade de 9% e outro com a probabilidade de 1%. Assim, a probabilidade de ter um elétron em A e um em B, sem se importar qual deles estará em cada lugar, deveria ser, assim, de 9% + 1% = 10%. Simples, porém, errado.

O equívoco está em supor que é possível afirmar qual elétron chegará a A e qual será encontrado em B. E se os elétrons forem idênticos um ao outro? Parece ser uma questão irrelevante, mas não é. A sugestão de que partículas quânticas podem ser exatamente idênticas foi feita pela primeira vez com relação à lei de radiação do corpo negro de Planck. Um físico pouco conhecido chamado Ladislas Natanson apontou, em 1911, que a lei de Planck era incompatível com a suposição de que os fótons poderiam ser tratados como partículas identificáveis. Em outras palavras, se você pudesse marcar um fóton e rastrear seus movimentos, não teríamos a lei de Planck.

Se os elétrons 1 e 2 são absolutamente idênticos, precisamos descrever o processo de dispersão da seguinte maneira: inicialmente, há

---

[22] Aprenderemos no capítulo 10 que, para calcular a possibilidade de dois elétrons interagirem entre si, precisaremos calcular a probabilidade de encontrar o elétron 1 em A e a de o elétron 2 estar em B, "todas de uma vez", porque ela não se reduz à multiplicação de duas probabilidades independentes. Contudo, esse é um detalhe que vai além dos objetivos deste capítulo.

dois elétrons e, um pouco depois, temos ainda dois elétrons, localizados em diferentes pontos. Como aprendemos, as partículas quânticas não viajam por trajetórias bem definidas, o que significa que não há como rastreá-las, mesmo em princípio. Portanto, não faz sentido dizer que o elétron 1 apareceu em A, e o elétron 2, em B. Simplesmente, não há como afirmar isso. Do mesmo modo, não faz sentido nomear os elétrons. Isso é o que significa falar que duas partículas são idênticas em teoria quântica. Aonde nos leva essa linha de raciocínio?

Olhe para a figura novamente. Para esse processo específico, as duas probabilidades associadas com os dois diagramas (9% e 1%) não estão erradas. Contudo, elas não são toda a história. Sabemos que as partículas quânticas são descritas por relógios; assim, devemos associar um relógio ao elétron 1 que chega em A, com tamanho igual à raiz quadrada de 45%. Da mesma forma, há um relógio que corresponde ao elétron 2 que chega a B, com tamanho igual à raiz quadrada de 20%.

Agora, temos uma nova regra quântica: ela nos mostra que devemos associar um só relógio a todo o processo, isto é, existe um relógio cujo tamanho ao quadrado é igual à probabilidade de encontrar o elétron 1 em A e o elétron 2 em B. Em outras palavras, existe apenas um relógio associado com a imagem de cima, na figura 7.3. Podemos ver que esse relógio deve ter necessariamente um tamanho igual à raiz quadrada de 9%, porque essa é a probabilidade de o processo acontecer. Mas para que posição o ponteiro apontaria? A resposta é assunto para o capítulo 10 e envolve a ideia de multiplicação dos relógios. Dentro do escopo deste capítulo, não necessitamos saber a posição, porém somente essa nova e importante regra que declaramos, que vale a pena repetir por ser um enunciado bastante geral em teoria quântica: devemos associar um só relógio a todas as maneiras possíveis de realização de um processo inteiro. O relógio que relacionamos ao encontro de uma só partícula em um único lugar é a ilustração mais simples dessa regra e, com ela, conseguimos chegar até aqui neste livro. Porém, trata-se de um caso especial e, quando começarmos a pensar em mais de uma partícula, precisaremos ampliar a regra.

Isso significa que há um relógio de tamanho igual a 0,3 associado à imagem de cima na figura. Do mesmo modo, existe um segundo relógio de tamanho igual a 0,1 (uma vez que 0,1 ao quadrado é 0,01 = 1%) associado à imagem de baixo na figura. Temos, por conseguinte, dois relógios e queremos usá-los para determinar a probabilidade de encontrar um elétron em A e outro em B. Se os dois elétrons fossem diferentes, a resposta seria simples – bastaria somar as probabilidades (não os relógios) associadas a cada possibilidade. Obteríamos, portanto, 10%.

No entanto, se não há nenhuma maneira de dizer qual dos diagramas realmente se realizou, uma vez que não temos como diferenciar um elétron do outro, então, seguindo a lógica que desenvolvemos para o caso de uma só partícula que salta de um ponto a outro, devemos combinar os relógios. Estamos atrás de uma generalização da regra que enuncia que, para uma partícula, precisamos somar os relógios associados a todos os distintos caminhos que ela pode tomar para chegar a um ponto, a fim de determinar a probabilidade de encontrá-la nesse lugar. Para um sistema com várias partículas idênticas, é necessário combinar todos os relógios associados a todos os caminhos diferentes que elas podem percorrer para chegar a um conjunto de locais, com o objetivo de determinar a probabilidade de que sejam encontradas nesses locais. Dada a importância das linhas acima, vale a pena relê-las – deve estar claro que essa nova lei de combinação dos relógios é uma generalização direta da regra que estávamos usando para uma só partícula. Você certamente notou que fomos cuidadosos com nossa descrição. Não afirmamos que os relógios devem ser necessariamente somados – dissemos que eles precisam ser combinados. Há uma boa razão para isso.

A ação óbvia seria somar os relógios. Mas, antes de prosseguir, temos de perguntar se há uma boa razão para que isso esteja correto. Este é um bom exemplo de não aceitar as coisas óbvias como certas em física – explorar as suposições geralmente leva a novos *insights*, como veremos aqui. Vamos voltar um pouco e pensar na situação mais geral, que seria permitir a possibilidade de fazer uma rotação nos relógios ou uma redução (ou expansão) antes de somá-los. Exploraremos essa possibilidade mais detalhadamente.

O que estamos dizendo é: "tenho dois relógios e quero combiná-los para fazer somente um, de modo que ele possa me informar qual é a probabilidade de os dois elétrons serem encontrados em A e B. Como devo combiná-los?" Não estamos esvaziando a resposta, porque queremos entender se somar os relógios é efetivamente a regra que devemos usar. O que ocorre é que não temos muita liberdade, e apenas somar os relógios é, de modo intrigante, uma de apenas duas possibilidades.

Para simplificar a discussão, vamos nos referir ao relógio correspondente à partícula 1 saltando para A e à partícula 2 saltando para B como relógio 1. Esse é o relógio associado à imagem de cima, na figura 7.3. O relógio 2 corresponde à outra opção, em que a partícula 1 salta para B. Eis aqui uma importante compreensão: se girarmos o relógio 1 antes de somá-lo ao relógio 2, a probabilidade final que calculamos deve ser a mesma que obtemos ao girar o relógio 2 pelo mesmo valor antes de somá-lo ao relógio 1.

Para verificarmos isso, note que permutar os nomes A e B em nossos diagramas não muda nada. Trata-se apenas de maneiras diferentes de descrever o mesmo processo. Entretanto, trocar A e B faz com que sejam substituídos também os diagramas na figura 7.3. Isso indica que, se decidirmos movimentar o relógio 1 (correspondente à imagem de cima) antes de somá-lo ao relógio 2, isso deve corresponder precisamente a movimentar o relógio 2 antes de somá-lo ao 1, depois de permutar os nomes. Esse exercício de lógica é crucial, por isso é importante enfatizá-lo. Como assumimos que não é possível diferenciar as duas partículas, podemos trocar os nomes. Isso sugere que uma volta do relógio 1 tem de ser o mesmo resultado do giro no relógio 2, uma vez que não há como distinguir os relógios.

Essa observação não é agradável – ela tem uma consequência muito importante, porque há apenas duas maneiras possíveis de jogar com a rotação e a redução dos relógios antes de somá-los, que resultarão em um relógio final que não dependa de qual dos relógios originais foi afetado.

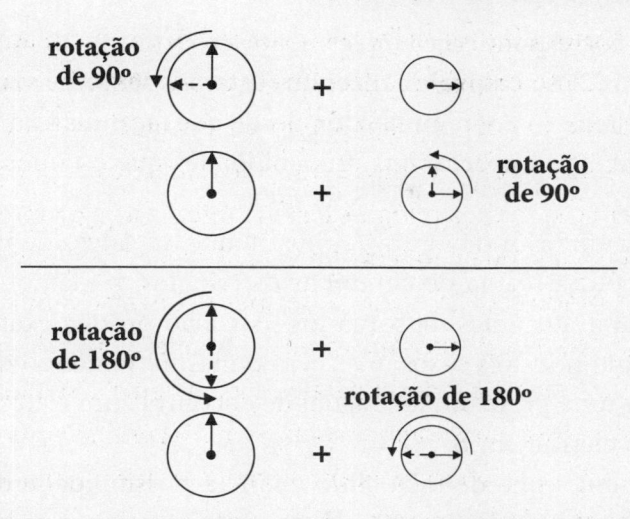

O universo em uma cabeça de alfinete
(e por que não atravessamos o chão)

Figura 7.4 – A imagem de cima mostra que somar os relógios 1 e 2 depois de girar o relógio 1 em 90 graus não é o mesmo que somá-los depois de girar o relógio 2 em 90 graus. A imagem de baixo ilustra a interessante possibilidade de girarmos um dos relógios em 180 graus antes de somá-los.

Isso é demonstrado na figura 7.4. A imagem de cima mostra que, se girarmos o relógio 1 em 90 graus e somá-lo ao 2, o relógio resultante não é do mesmo tamanho daquele que teríamos se girássemos o relógio 2 em 90 graus e o somássemos ao 1. Podemos ver isso, porque, se girarmos primeiro o relógio 1, o novo ponteiro, representado pela linha pontilhada, apontará na direção oposta do ponteiro do relógio 2 e, portanto, o anulará parcialmente. Se, em vez disso, girarmos este relógio, seu ponteiro indicará a mesma direção do ponteiro do relógio 1 e então os dois ponteiros se somarão para formar um terceiro maior.

Deve estar claro que 90 graus não é um ângulo especial e que outros também resultarão em relógios que dependem de qual dos relógios, 1 ou 2, nós giramos.

A exceção óbvia é o giro do relógio em zero grau, porque fazer isso com o relógio 1 nesse ângulo antes de somá-lo ao relógio 2 é exatamente a mesma coisa que girar o relógio 2 em zero grau antes de somá-lo ao relógio 1. Isso significa que somar os relógios sem girá-los é uma possibilidade viável. De maneira semelhante, girar os dois relógios pelo mesmo valor também funcionaria, porém seria uma situação igual à de "sem giro" e corresponderia simplesmente à redefinição do que chamamos "12 horas". Isso equivale a dizer que estamos sempre livres para girar qualquer relógio por algum valor, desde que façamos isso para cada relógio, o que não impactará as probabilidades que estamos tentando calcular.

A imagem inferior da figura 7.4 ilustra que há, talvez de modo surpreendente, outra forma de combinar os relógios: podemos girar um deles em 180 graus antes de somá-los. Isso não produz exatamente o mesmo relógio nos dois casos, mas gera o mesmo tamanho de relógio, o que indica uma probabilidade igual de encontrar um elétron em A e um segundo elétron em B.

Uma mesma linha de raciocínio define a possibilidade de reduzir ou expandir um dos relógios antes de somá-lo, porque, se reduzirmos o relógio 1 por alguma fração antes de somá-lo ao relógio 2, em geral não chegaremos ao mesmo resultado que ao reduzir o relógio 2 pelo mesmo valor antes de somá-lo ao relógio 1. Não há exceções a essa regra.

Assim sendo, há uma interessante conclusão para expor. Embora tenhamos nos permitido total liberdade, descobrimos que, por não haver como diferenciar as partículas, existem na realidade somente duas maneiras de combinar os relógios: podemos simplesmente somá-los ou podemos fazer isso depois de girar um deles em 180 graus. O que é verdadeiramente encantador é que a natureza explora ambas as possibilidades.

Para elétrons, precisamos incorporar um giro extra antes de somar os relógios. Para partículas como fótons ou os bósons de Higgs, devemos somar os relógios sem girá-los. E, assim, as partículas da natureza se apresentam em dois tipos: aquelas que necessitam do giro são chamadas de férmions; e aquelas que não carecem do giro são chamadas de bósons. O que determina se uma partícula é um férmion ou um bóson? O *spin*.

O *spin* é, como o nome sugere, a medida do momento angular de uma partícula. Os férmions têm sempre um *spin* igual a um valor semi-inteiro[23], enquanto os bósons têm sempre um *spin* inteiro. Dizemos

---

[23] Em unidades da constante de Planck, dividida por $2\pi E$.

que o elétron tem *spin* ½; o fóton, *spin* 1; e o bóson de Higgs, *spin* 0. Estávamos evitando lidar com os detalhes do *spin* neste livro, pois, no mais das vezes, eles são todos técnicos. Entretanto, precisamos da informação de que os elétrons podem ser de dois tipos, correspondentes aos dois valores possíveis de seu momento angular (*spin up* e *spin down*), quando estávamos discutindo a tabela periódica. Esse é um exemplo de regra geral que diz que as partículas de *spin s* geralmente se apresentam em tipos *2s+1*, isto é, as partículas de *spin* ½ (como os elétrons) demonstram ser de dois tipos; partículas de *spin* 1, de três tipos; e partículas de *spin* 0, de um tipo. O relacionamento entre o momento angular de uma partícula e maneira como combinamos os relógios é conhecida como teorema *spin*-estatístico, que surge quando a teoria quântica é formulada de modo consistente com a teoria especial da relatividade de Einstein. Mais especificamente, trata-se do resultado direto de se certificar de que a lei de causa e efeito não está sendo violada. Infelizmente, derivar o teorema *spin*-estatístico está além do nível deste livro – na verdade, além do nível de muitos livros. Nas *The Feynman Lectures on Physics*, Richard Feynman declarou:

> *Desculpamo-nos pelo fato de não poder oferecer uma explicação simples. Pauli elaborou uma explicação a partir de difíceis argumentos da teoria quântica de campos e da teoria da relatividade. Ele mostrou que as duas devem necessariamente caminhar juntas, mas não conseguimos encontrar maneira de reproduzir seus argumentos em nível elementar. Esta parece ser uma das raras situações na Física em que uma regra pode ser afirmada de modo muito simples, mas para a qual ninguém encontrou uma explicação simples e fácil.*

Tendo em mente que o físico escreveu esse trecho em um livro universitário, devemos nos inclinar e concordar. No entanto, a regra é simples e, acredite, ela pode ser provada: para os férmions, precisamos dar um giro; para os bósons, não. Acontece que o giro é a razão do princípio de exclusão e, portanto, da estrutura dos átomos; e, depois de todo o nosso esforço, isso é algo que podemos explicar de forma muito fácil.

Imagine aproximarmos cada vez mais os pontos A e B, na figura 7.3. Quando eles estiverem bem próximos, os relógios 1 e 2 terão de estar praticamente do mesmo tamanho e deverão apontar quase para a mesma direção. Quando A e B estiverem em cima um do outro, os relógios terão de ser idênticos. Isso deveria ser óbvio, porque o relógio 1 corresponde à partícula 1 chegando ao ponto A, e o relógio 2, nesse caso especial, representaria a mesma coisa, uma vez que os pontos A e B estão sobrepostos. No entanto, ainda temos dois relógios e necessitamos somá-los. Aqui está a "pegadinha": para os férmions, precisamos girar um dos relógios em 180 graus. Isso significa que os relógios sempre apontarão para direções "opostas" quando A e B estiverem no mesmo lugar – se um indica as 12h, o outro apontará para as 6h. Desse modo, a soma deles sempre resultará em um relógio de tamanho zero. Isso é fascinante, porque mostra que sempre há zero chance de encontrar os dois elétrons no mesmo local: as leis da física quântica estão fazendo com que as partículas se evitem. Quanto mais elas se aproximam, menor o relógio resultante e menos provável a chance de os dois elétrons estarem no mesmo local. Esta é uma maneira de expressar o famoso princípio de exclusão de Pauli: os elétrons se repelem uns aos outros.

Inicialmente, procuramos demonstrar que dois elétrons idênticos não podem ter o mesmo nível de energia em um átomo de hidrogênio. Ainda não comprovamos isso totalmente, porém a noção de que os elétrons se repelem uns aos outros tem claras implicações para os átomos e explica por que não atravessamos o chão. Agora, podemos entender que não só os elétrons nos átomos de nossos sapatos colidem com os elétrons do chão, uma vez que cargas iguais se repelem, mas que eles também colidem entre si porque naturalmente evitam uns aos outros, de acordo com o princípio de exclusão de Pauli. Decorre daí, como Dyson e Lenard provaram, que é a exclusão dos elétrons que na verdade evita que nós atravessemos o chão e que também força os elétrons a ocupar diferentes níveis de energia dentro dos átomos, dando-lhes uma estrutura e, por fim, gerando a variedade de elementos químicos que vemos na natureza. Essa é uma parte da Física com consequências muito significativas na vida cotidiana. No capítulo final deste livro, mostraremos como o princípio de Pauli também desempenha um papel essencial para evitar que as estrelas se colapsem sob a influência da própria gravidade.

Para concluir, devemos explicar mais uma coisa: se dois elétrons não podem estar no mesmo lugar ao mesmo tempo, então não é possível que dois elétrons em um átomo tenham os mesmos números quânticos, o que quer dizer que eles não podem ter a mesma energia e *spin*. Se considerarmos dois elétrons de mesmo *spin*, precisaremos mostrar que eles não podem ter o mesmo nível de energia. Se eles estivessem no mesmo nível de energia, necessariamente cada elétron seria descrito pelo mesmo conjunto exato de relógios distribuídos pelo espaço (correspondente à respectiva onda estacionária). Para cada par de pontos no espaço – vamos chamá-los de X e Y – haveria, então, dois relógios. O relógio 1 corresponderia ao elétron 1 em X e ao elétron 2 em Y, enquanto o relógio 2, ao elétron 1 em Y e ao elétron 2 em X. Com base em nossas declarações anteriores, sabemos que esses relógios devem ser somados depois de girar um deles para a posição de 6h, para calcularmos a probabilidade de encontrar um elétron em X e outro em Y. Entretanto, se os dois elétrons têm a mesma energia, os relógios 1 e 2 precisarão ser idênticos antes do giro extra. Depois do giro, eles apontarão para direções opostas e, como antes, somar-se-ão para gerar um relógio de tamanho zero. Isso acontece para quaisquer pontos X e Y determinados; logo, há zero chance de encontrar um par de elétrons na mesma configuração de onda estacionária e, portanto, com a mesma energia. É isso o que, por fim, mantém a estabilidade dos átomos em nossos corpos.

CAPÍTULO 8

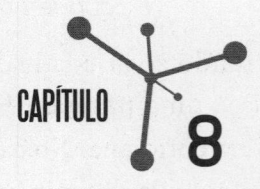

Interconectados

Até aqui, temos dado atenção à física quântica das partículas e átomos isolados. Aprendemos que os elétrons se acomodam dentro dos átomos em estados de energia definida, conhecidos como estados estacionários, embora o átomo possa estar em uma superposição desses diferentes estados. Também vimos que é possível um elétron fazer a transição de um estado de energia para outro, com a emissão concomitante de um fóton. A emissão de fótons desse modo torna visíveis os estados de energia em um átomo: observamos em todo lugar as cores características das transições atômicas. Nossa experiência física, porém, é de inúmeros agrupamentos de átomos, todos aglomerados, e, só por esse motivo, já é hora de começar a pensar no que acontece quando agrupamos os átomos.

A contemplação dos agrupamentos atômicos nos conduzirá por uma via que chegará às ligações químicas, às diferenças entre condutores e isolantes e, por fim, aos semicondutores. Esses curiosos materiais possuem propriedades que podem ser usadas na construção de minúsculos dispositivos capazes de conduzir operações de lógica básica. Eles são conhecidos como transistores e, ao juntar milhões deles, conseguimos construir os *microchips*. Como veremos, a teoria dos transistores é profundamente quântica. É difícil ver como eles poderiam ter sido inventados e usados sem a teoria quântica e imaginar o mundo moderno sem eles. Os transistores são o maior exemplo de descoberta feita ao "acaso" na ciência: a exploração curiosa da natureza, que estamos descrevendo com todos os detalhes contrários ao bom senso, trouxe afinal uma revolução em nossas vidas cotidianas. Os perigos de tentar classificar e controlar a pesquisa científica são resumidos de maneira brilhante nas palavras de William Shockley (1956), um dos inventores do transistor e chefe do Solid State Physics Group dos Bell Telephone Laboratories.[24]

> *Gostaria de expressar alguns pontos de vista sobre os termos geralmente usados para classificar os tipos de pesquisas em física. Por exemplo, pura, aplicada, irrestrita, fundamental, básica, acadêmica, industrial, prática etc. Parece-me que muito frequentemente algumas dessas palavras são usadas em sentido depreciativo, por um lado para depreciar os objetivos práticos de produzir algo útil e, por outro lado, para descartar o possível valor de longo prazo das explorações em novas áreas em que ainda não é possível antever um resultado utilitário. Com frequência, perguntam-me se um experimento que planejei é pesquisa pura ou aplicada. Para mim, é mais importante saber se o experimento produzirá conhecimento novo e duradouro sobre a natureza. Se for provável que ele produza tal conhecimento, trata-se, em minha opinião, de boa pesquisa fundamental. E isso é muito mais importante do que saber se a motivação é pura satisfação estética por parte do pesquisador ou se é a melhoria da estabilidade de um transistor de alta potência. São necessários esses dois tipos de motivação para conferir o melhor benefício para a humanidade.*

Já que essa declaração foi feita pelo criador do talvez mais útil dispositivo desde a invenção da roda, supervisores e gerentes fariam bem em lhe dar atenção. A teoria quântica mudou o mundo e quaisquer novas teorias que surjam da física moderna de hoje certamente mudarão nossas vidas novamente.

Como sempre, vamos começar nosso estudo com um universo com uma só partícula e estendê-lo a um universo de duas partículas.

---

[24] Trecho do discurso do físico ao receber o Prêmio Nobel de 1956.

O UNIVERSO QUÂNTICO

Imagine, especificamente, um universo simples que contenha dois átomos de hidrogênio isolados. Dois elétrons presos na órbita em torno de dois prótons que estão muito distantes entre si. Daqui a algumas páginas, vamos aproximar os dois átomos para ver o que acontece, mas, por ora, vamos supor que eles estejam bem longe um do outro.

O princípio de exclusão de Pauli diz que dois elétrons não podem estar no mesmo estado quântico, porque eles são férmions indistinguíveis. Poderíamos ser tentados a afirmar que, se os átomos estão distantes entre si, os dois elétrons têm de estar em estados quânticos bem diferentes e assim não haveria mais o que falar sobre o assunto. Contudo, as coisas são muito mais interessantes do que isso. Imagine que tenhamos o elétron número 1 no átomo número 1 e o elétron número 2 no átomo número 2. Passado algum tempo, não faria sentido dizer que o "elétron número 1 ainda está no átomo número 1". Ele poderia estar no átomo número 2, porque sempre há a possibilidade de que tenha feito um salto quântico. Lembre-se: tudo o que pode acontecer realmente acontece, e os elétrons são livres para perambular pelo universo de um instante a outro. Na linguagem dos reloginhos, mesmo que iniciássemos com relógios que descrevessem um dos elétrons agrupados apenas nas proximidades de um dos prótons, seríamos obrigados a incluir outros nas proximidades do outro próton, no momento seguinte. E, ainda que a orgia de interferência quântica significasse que os relógios próximos do outro próton são muito pequenos, eles não seriam de tamanho zero e haveria sempre uma probabilidade finita de que o elétron pudesse estar ali. A maneira mais clara de entender as implicações do princípio de exclusão é parar de pensar em termos de dois átomos isolados e imaginar o sistema como um todo: temos dois prótons e dois elétrons e nossa tarefa é entender como eles se organizam. Vamos simplificar a situação desprezando a interação eletromagnética entre os elétrons – como os prótons estão distantes, isso não afetará tanto nosso argumento.

O que sabemos sobre as energias possíveis nos elétrons nos dois átomos? Não precisamos fazer cálculos para ter uma ideia aproximada; podemos apenas utilizar o que já conhecemos. Para os prótons que estão distantes entre si (imagine que eles estejam a muitos quilômetros um do outro), as menores energias possíveis nos elétrons devem corresponder certamente à situação em que eles estejam ligados aos prótons para fazer dois átomos isolados de hidrogênio.

> HÁ UMA INTIMIDADE ENTRE AS PARTÍCULAS QUE CONSTITUEM NOSSO UNIVERSO QUE SE ESTENDE POR ELE TODO.

Nesse caso, poderíamos ficar tentados a concluir que o estado de menor energia para todo o sistema de dois prótons e dois elétrons corresponderia aos dois átomos de hidrogênio acomodados em seus estados de menor energia, ignorando um ao outro completamente. No entanto, embora isso pareça acertado, não pode estar correto. Devemos pensar no sistema como uma totalidade. E, assim como um átomo de hidrogênio isolado, esse sistema de quatro partículas deve ter seu próprio e único espectro de energias de elétrons possíveis. Além disso, em virtude do princípio de Pauli, os dois elétrons não podem estar exatamente no mesmo nível de energia em torno de cada próton, ignorando alegremente a existência um do outro[25].

Parece que somos obrigados a concluir que o par de elétrons idênticos em dois átomos de hidrogênio distantes não pode ter a mesma energia, porém que também esperamos que os elétrons estejam no nível de menor energia, referente a um átomo de hidrogênio idealizado, totalmente isolado. As duas afirmações não podem ser verdadeiras e, pensando um pouco, veremos que a saída desse problema é que haja não um, mas dois níveis de energia para cada nível em um átomo de hidrogênio idealizado e isolado. Desse modo, conseguimos acomodar os dois elétrons sem violar o princípio de exclusão. De fato, a diferença das duas energias deve ser muito pequena para os átomos que estão distantes entre si, a tal ponto que podemos fingir que os átomos estão "desatentos" com relação à presença um do outro. No entanto, na realidade, eles não estão desatentos, em razão das ramificações do princípio

---

[25] Para o âmbito desta discussão, estamos ignorando o *spin* do elétron. O que dissemos ainda se aplicaria se considerássemos dois elétrons de mesmo *spin*.

de Pauli: se um dos dois elétrons está em um estado de energia, o outro deve estar em um segundo e distinto estado de energia, e esse vínculo íntimo entre os dois átomos permanece, independentemente do tamanho da distância que os separa.

Essa lógica se estende para mais que dois átomos – se houver 24 átomos de hidrogênio espalhados pelo universo, então, para cada estado de energia em um universo com um único átomo, haverá agora 24 estados de energia, todos com quase – mas não exatamente – o mesmo valor. Quando um elétron em um dos átomos se acomoda em um determinado estado, ele o faz com total "conhecimento" dos estados de cada um dos outros 23 elétrons, independentemente da distância entre eles. E, assim, todo elétron do universo sabe o estado de cada um dos outros elétrons. Precisamos parar aqui – prótons e neutros são férmions também, assim, cada próton conhece os outros prótons, e cada nêutron conhece os outros nêutrons. Há uma intimidade entre as partículas que constituem nosso universo que se estende por ele todo. Ela é efêmera no sentido de que, para as partículas que estão distantes entre si, as distintas energias estão tão próximas umas das outras que não faz diferença perceptível em nossas vidas cotidianas.

Esta é uma das conclusões mais estranhas a que chegamos até aqui neste livro. Dizer que cada átomo do universo está conectado a todos os outros pareceria uma abertura para que toda a sorte de tolices holísticas pudesse entrar. Todavia não há nada aqui que já não tenhamos visto antes. Pense no poço de potencial quadrado, sobre o qual falamos no capítulo 6. A extensão do poço determina o espectro possível dos níveis de energia e, conforme o tamanho do poço muda, também se altera o espectro do nível de energia. Isso também é verdadeiro quanto ao formato do poço dentro do qual estão acomodados nossos elétrons – e, portanto, os níveis de energia possíveis –, que é determinado pelas posições dos prótons. Se há dois prótons, o espectro de energia é determinado pela posição de ambos. E se há 10^{80} prótons formando um universo, a posição de cada um deles afeta o formato do poço dentro do qual estão acomodados 10^{80} elétrons. Há sempre apenas um conjunto de níveis de energia e, quando qualquer coisa muda (por exemplo, um elétron vai de um nível de energia para outro), tudo o mais deve se ajustar instantaneamente de modo que nunca haja dois férmions no mesmo nível de energia.

A ideia de que os elétrons "conhecem" os outros instantaneamente parece sugerir que há uma possibilidade de violação da teoria da relatividade de Einstein. Talvez possamos construir algum tipo de aparato sinalizador que use essa comunicação instantânea para transmitir informações em velocidades mais rápidas que a da luz. Essa característica aparentemente paradoxal da teoria quântica foi avaliada pela primeira vez em 1935, por Einstein, em conjunto com Boris Podolsky e Nathan Rosen. Einstein a chamou de "ação assombrada à distância" e não gostou dela. Levou algum tempo até que as pessoas percebessem que, apesar de sua estranheza, é impossível usar essas correlações de longo alcance para transferir informações mais rápido do que a velocidade da luz. Assim, a lei de causa e efeito continua em segurança.

Essa multiplicidade decadente de níveis de energia não é só um dispositivo esotérico para evitar as restrições do princípio de exclusão. De fato, isso é qualquer coisa, menos esotérico, pois se trata da física por trás das ligações químicas. É também a ideia principal para explicar por que alguns materiais conduzem eletricidade, enquanto outros não o fazem e, sem ela, não entenderíamos como funciona um transistor. Para começar nossa jornada até este invento, vamos voltar ao átomo simplificado que vimos no capítulo 6, quando confinamos um elétron dentro de um poço de potencial.

É claro, esse modelo simples não nos permite calcular o espectro correto de energias em um átomo de hidrogênio, no entanto nos ensina sobre o comportamento de um só átomo e nos ajudará aqui também. Usaremos dois poços quadrados unidos para fazer um modelo simulado de dois átomos de hidrogênio adjacentes. Vamos pensar primeiro no caso de haver um só elétron se movendo no potencial criado por dois prótons. A imagem de cima na figura 8.1 ilustra como faremos isso. O potencial é plano, exceto onde se aprofunda para fazer os dois poços, que simulam a influência dos dois prótons no confinamento dos elétrons. O degrau no meio ajuda a manter o elétron confinado ou no poço da esquerda ou no da direita, desde que seja alto o suficiente. No jargão técnico, dizemos que o elétron está se deslocando em um poço de potencial duplo.

Nosso primeiro desafio é usar esse modelo simulado para entender o que acontece quando juntamos dois átomos de hidrogênio – veremos que, quando eles se aproximam o bastante, unem-se para formar uma molécula. Depois disso, temos de observar mais de dois átomos, o que nos permitirá avaliar o que ocorre dentro da matéria sólida.

Se os poços forem muito profundos, podemos usar os resultados do capítulo 6 para determinar a que os estados de menor energia devem corresponder. Para um só elétron em um só poço quadrado, o estado de menor energia é descrito por uma onda senoidal de comprimento igual a duas vezes o tamanho da caixa. O estado de menor energia seguinte é uma onda senoidal cujo comprimento é igual ao tamanho da caixa. E assim por diante. Se colocarmos um elétron em um lado de um poço duplo, e o poço for profundo o suficiente, as energias possíveis deverão ser próximas daquelas para um elétron confinado em um único poço profundo, e sua função de onda provavelmente parecerá, portanto, como uma onda senoidal. Voltaremos nossas atenções agora para as pequenas diferenças entre um átomo de hidrogênio totalmente isolado e um átomo de hidrogênio em um par separado à distância.

Podemos antecipar com segurança que as duas funções de onda superiores na figura 8.1 correspondem àquelas para um só elétron, quando localizado ou no poço da esquerda ou no da direita (lembre-se de que "poço" representa "átomo" e vice-versa). As ondas são aproximadamente senoidais, com comprimento igual a duas vezes a extensão do poço. Como as funções de onda são idênticas em formato, conseguiríamos afirmar que elas correspondem a partículas de igual energia. Todavia isso não pode ser certo, porque, como dissemos, deve haver uma mínima probabilidade de que, independentemente da profundidade dos poços ou de quanto eles estão distanciados entre si, o elétron pode saltar de um para outro. Indicamos isso ao desenhar as ondas senoidais como se "vazassem" um pouco através das paredes do poço,

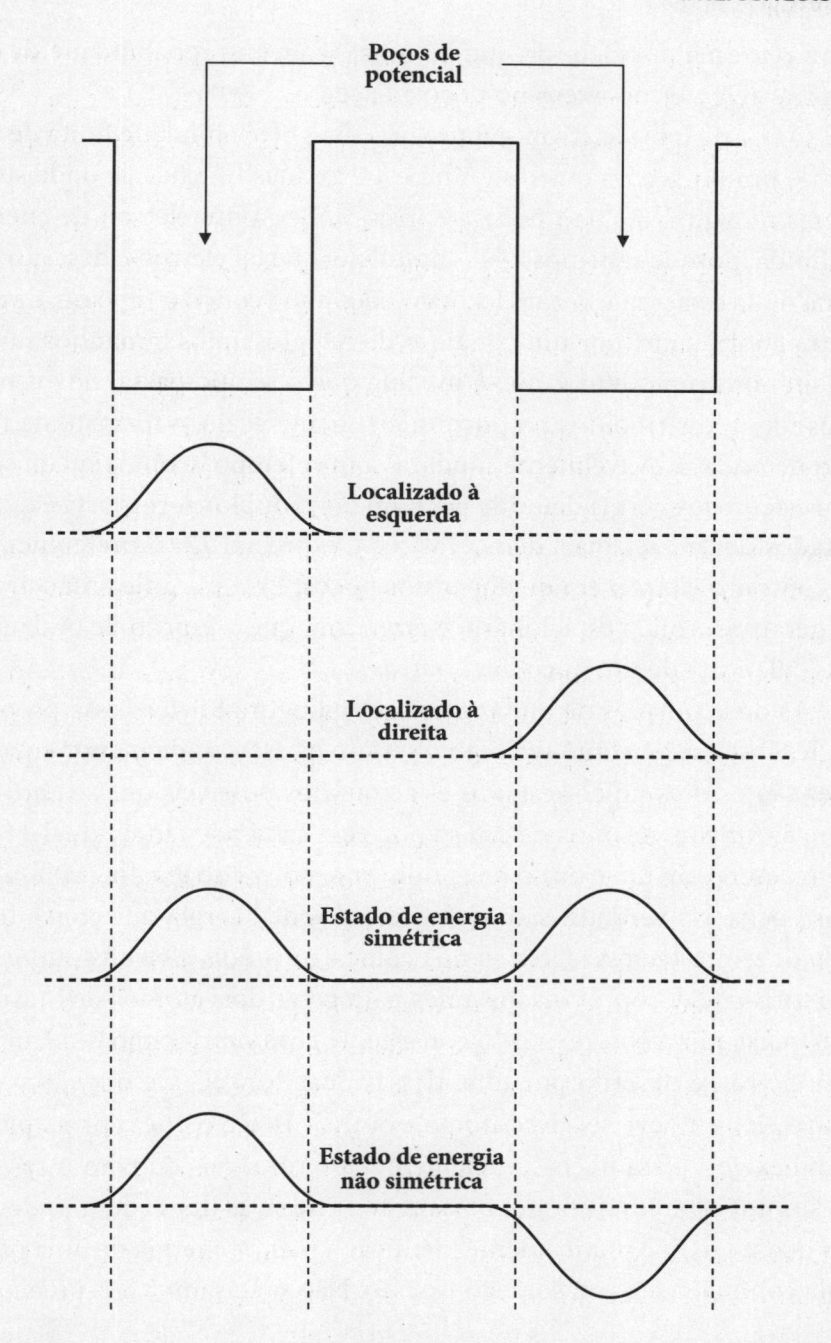

Figura 8.1 – O poço de potencial duplo na parte de cima e, abaixo dele, quatro interessantes funções de onda que descrevem um elétron no potencial. Somente as duas imagens inferiores correspondem a um elétron de energia definida.

para representar o fato de que há uma pequena probabilidade de encontrar relógios não-zero no poço adjacente.

O fato de que o elétron sempre tem uma probabilidade finita de saltar de um poço para outro significa que as duas funções de onda superiores na figura 8.1 não podem corresponder a um elétron de energia definida, porque sabemos, pelo capítulo 6, que tal elétron é descrito por uma onda estacionária cujo formato não muda com o tempo ou, de maneira equivalente, por um conjunto de relógios cujos tamanhos nunca se alteram com o tempo. Se, à medida que o tempo passa, novos relógios forem distribuídos no poço inicialmente vazio, o formato da função de onda provavelmente mudará com o tempo. Como, então, seria um estado de energia definida para um poço duplo? A resposta é que os estados devem ser mais democráticos e expressar igual preferência de encontrar o elétron em qualquer dos poços. Essa é a única maneira de se gerar uma onda estacionária e fazer com que a função de onda pare de "balançar" de um poço para outro.

As duas funções de onda inferiores na figura 8.1 têm essa propriedade. Trata-se de como realmente seriam os estados de menor energia. Eles são os dois únicos estados estacionários possíveis que se parecem com as funções de onda de um só poço em cada poço individual e também descrevem um elétron que pode ser encontrado igualmente em um dos poços. Na verdade, são os dois estados de energia que concluímos que devem estar presentes se nós colocarmos dois elétrons em órbita em torno de dois prótons distantes para gerar dois átomos de hidrogênio quase idênticos, de modo consistente com o princípio de Pauli. Se um elétron é descrito por uma dessas duas funções de onda, então o outro elétron deve ser descrito pela outra – isso é o que o princípio de Pauli exige[26]. Para poços suficientemente profundos ou para o caso de os átomos estarem distantes o bastante entre si, as duas energias devem ser quase iguais e praticamente idênticas à menor energia de uma partícula confinada em um só poço isolado. Não precisamos nos preocupar

---

[26] Lembre-se de que estamos falando de dois elétrons idênticos, ou seja, que possuem o mesmo *spin*.

por uma das funções de onda parecer parcialmente inversa – lembre-se de que somente o tamanho do relógio que importa na determinação da probabilidade de encontrar a partícula em algum lugar. Em outras palavras, poderíamos inverter todas as funções de onda com que ilustramos este livro e não modificar nenhum conteúdo físico. Portanto, a função de onda parcialmente inversa (chamada de "estado de energia não simétrico" na figura) descreve ainda uma mesma superposição de um elétron confinado no poço da esquerda e de um elétron confinado no poço da direita. Contudo, as funções de onda simétrica e não simétrica não são exatamente as mesmas (não poderiam ser ou Pauli ficaria chateado). Para verificar isso, necessitamos observar o comportamento dessas duas funções de onda de menor energia na região entre os poços.

Uma função de onda é simétrica perto do centro dos dois poços e a outra é não simétrica (conforme a legenda da figura). Por "simétrica", queremos dizer que a onda da esquerda é a imagem espelhada da onda da direita. Por onda "não simétrica", que a onda da esquerda é a imagem espelhada da onda da direita somente depois de ter sido invertida. A terminologia não é tão importante. O que interessa é que as duas ondas são distintas na região entre os dois poços. É essa pequena divergência que indica que elas descrevem estados com energias muito pouco diferentes. De fato, a onda simétrica é a de menor energia. Assim, inverter uma das ondas realmente importa, mas muito pouco se os poços forem profundos ou estiverem distantes o suficiente.

Certamente, pode ser confuso pensar em termos de partículas com energia definida, porque, como vimos há pouco, elas são descritas por funções de onda que são de igual tamanho em qualquer dos poços. Isso significa efetivamente que há igual probabilidade de encontrar o elétron em qualquer um dos poços quando o procuramos, mesmo que estes estejam separados por todo o universo.

Como devemos descrever o que está acontecendo se posicionarmos realmente um elétron em um poço e um segundo elétron em outro poço? Afirmamos antes que esperamos que o poço inicialmente vazio fosse preenchido com relógios para representar o fato de que a partícula pode saltar de um lado para o outro. Até propusemos a resposta quando

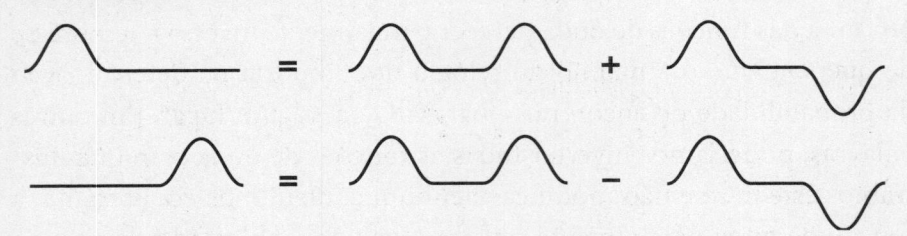

Figura 8.2 – Imagem superior: um elétron localizado no poço da esquerda pode ser entendido como a soma dos dois estados de menor energia. Imagem inferior: do mesmo modo, um elétron localizado no poço da direita pode ser entendido como a diferença entre os dois estados de menor energia.

dissemos que a função de onda "balança" para frente e para trás. Para ver como isso funciona, precisamos notar que é possível expressar um estado localizado em um dos prótons como a soma das duas funções de onda de menor energia. Assim ilustramos na figura 8.2. Mas o que isso significa? Se o elétron está acomodado em determinado poço, em algum momento, isso sugere que ele não tem efetivamente uma energia própria. Especificamente, a mensuração de sua energia retornará um valor igual a uma das duas energias possíveis correspondentes aos dois estados de energia definida que geram a função de onda. O elétron está, portanto, em dois estados de energia simultaneamente. Esperamos que, neste momento do livro, isso já não seja um conceito novo.

Entretanto, eis aqui algo interessante. Como esses dois estados não têm exatamente a mesma energia, seus relógios giram a taxas levemente diferentes. O efeito disso é que uma partícula inicialmente descrita por uma função de onda localizada próxima ao próton será explicada, depois de algum tempo, por uma função de onda que tem sua crista próxima ao outro próton. Não pretendemos entrar em detalhes, porém é suficiente falar que esse fenômeno é análogo à maneira como duas ondas sonoras quase de mesma frequência se somam para produzir uma onda resultante que é primeiramente sonora (as duas ondas estão em fase) e, em seguida, depois de algum tempo, silenciosa (as duas ondas estão fora de fase). Esse fenômeno é conhecido como "tempo musical". Conforme a frequência das ondas se aproxima, aumenta o intervalo de tempo entre o som e a pausa, até que, quando as ondas atingem exatamente a mesma frequência, elas se combinam para produzir um puro tom. Isso deve ser bastante familiar para qualquer músico que, talvez inconscientemente, emprega essa noção de física das ondas quando usa um diapasão. A história é exatamente a mesma para o segundo elétron acomodado no segundo poço. Ele também tende a migrar de um poço para o outro de uma forma que espelha precisamente o comportamento do primeiro elétron. Embora possamos começar com um elétron em um poço e um segundo elétron no outro poço, depois de algum tempo, os elétrons trocarão de posição.

Vamos usar agora o que acabamos de aprender. A física realmente interessante acontece quando começamos a aproximar os átomos. Em nosso modelo, essa ação corresponde a reduzir a distância da barreira que separa os dois poços. À medida que a barreira fica mais estreita, as funções de onda vão se combinando e se torna cada vez mais provável encontrar o elétron na região entre os dois prótons. A figura 8.3 ilustra como ficam as quatro funções de onda de menor energia quando a barreira é estreita. É importante notar que a função de onda de menor energia começa a se parecer com a onda senoidal da menor energia que obteríamos se tivéssemos um só elétron em um poço mais amplo, ou seja, as duas cristas se combinam para produzir uma única crista (contendo uma pequena ondulação). Enquanto isso, a próxima função de onda de menor energia se parece com a onda senoidal referente à menor energia seguinte para um só poço mais amplo. É o que deveríamos esperar, porque, à medida que a barreira entre os poços se torna mais estreita, seu efeito diminui e, por fim, quando não houver mais extensão alguma, não haverá nenhum efeito e, desse modo, nosso elétron deverá se comportar exatamente como se estivesse em um só poço.

Tendo observado o que ocorre nos dois extremos – com os poços totalmente separados e com os poços totalmente aproximados –, podemos completar o cenário considerando como as energias possíveis do elétron variam conforme reduzimos a distância entre os poços. Desenhamos, na figura 8.4, os resultados para os quatro níveis de menor energia. Cada uma das quatro linhas representa um dos quatro níveis de menor energia e incluímos perto delas as respectivas funções de onda. O lado direito da imagem mostra as funções de onda quando os poços estão separados (veja também a figura 8.1). Como esperado, a diferença entre os níveis de energia dos elétrons em cada poço são virtualmente indistinguíveis. No entanto, à medida que os poços são aproximados, os níveis de energia começam a se separar (compare as funções de onda à esquerda com aquelas na figura 8.3). Curiosamente, o nível de energia correspondente à função de onda não simétrica aumenta, enquanto aquele referente à função de onda simétrica diminui.

Isso traz uma consequência profunda em um sistema real de dois prótons e dois elétrons – isto é, dois átomos de hidrogênio. Lembre-se de que, na verdade, dois elétrons podem estar no mesmo nível de energia, porque eles podem ter *spins* opostos. Isso significa que é possível que ambos estejam no nível de menor energia (simétrico); e esse nível decai em energia na proporção que os átomos se aproximam, o que indica que a aproximação de dois átomos distantes é energeticamente favorável. Isso é o que realmente acontece na natureza[27]: a função de onda simétrica descreve um sistema no qual os elétrons estão compartilhados de modo mais uniforme entre os dois prótons do que poderíamos antecipar com base na função de onda dos átomos distantes. E, como essa configuração de "compartilhamento" é de menor energia, os átomos são atraídos em direção um do outro. Essa atração é, enfim, interrompida, porque os dois prótons estão carregados positivamente e, assim, repelem-se entre si (há também uma repulsão devido ao fato de os elétrons terem cargas iguais), mas essa repulsão só atrapalha a atração interatômica em distâncias menores que 0,1 nanômetro (em temperatura ambiente). O resultado é que um par de átomos de hidrogênio em repouso irá eventualmente se aninhar. Esse par de átomos aninhados tem um nome: molécula de hidrogênio.

---

[27] Desde que os prótons não estejam se movendo muito rapidamente com relação uns ao outros.

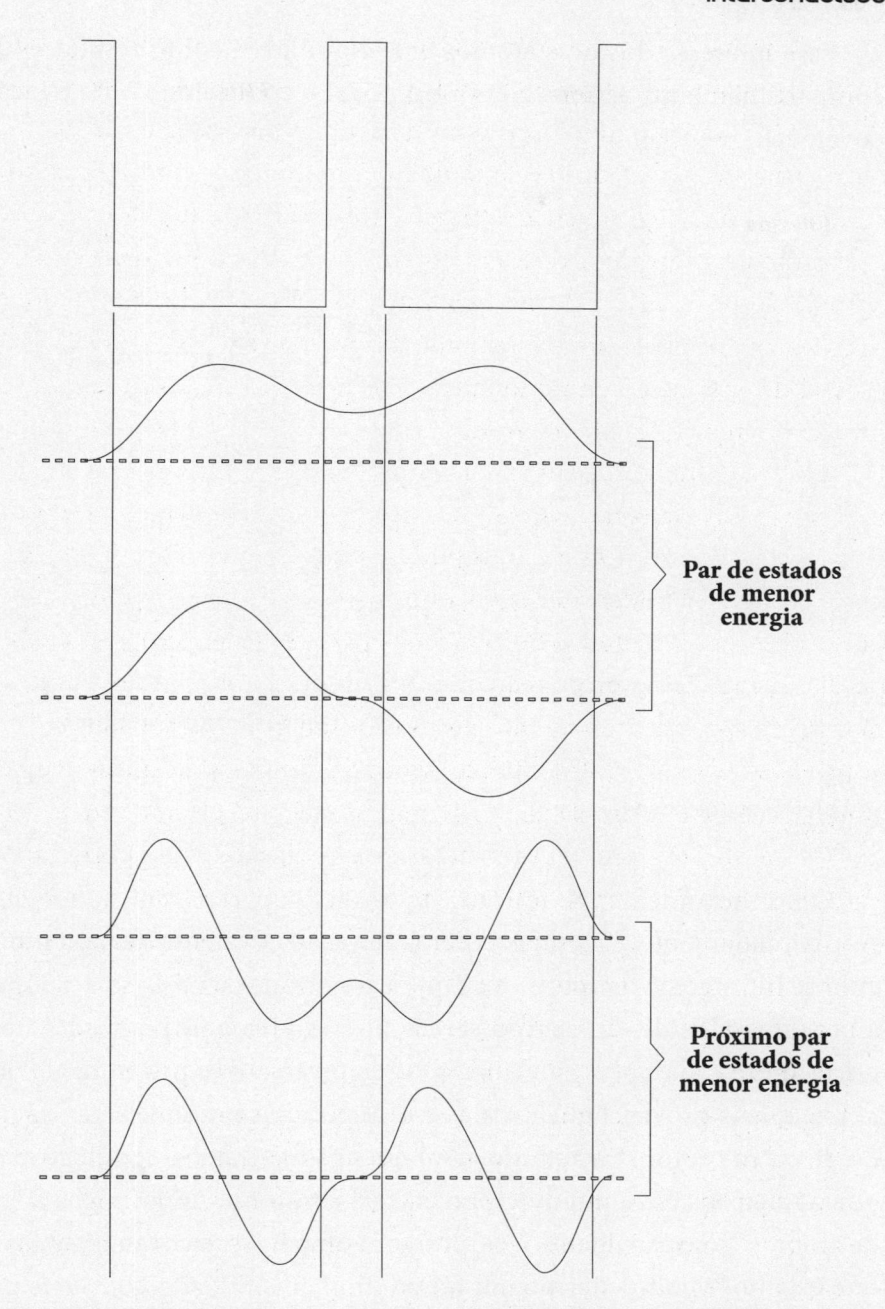

Figura 8.3 – Semelhante à figura 8.1, exceto que aqui os poços estão próximos. Aumenta o "vazamento" para a região entre os poços. Diferente da figura 8.1, também mostramos as funções de onda correspondentes ao próximo par de menores energias.

Par de estados de menor energia

Próximo par de estados de menor energia

O UNIVERSO QUÂNTICO

Esse interesse dos dois átomos em se juntarem como resultado do compartilhamento de seus elétrons entre si é conhecido como ligação covalente.

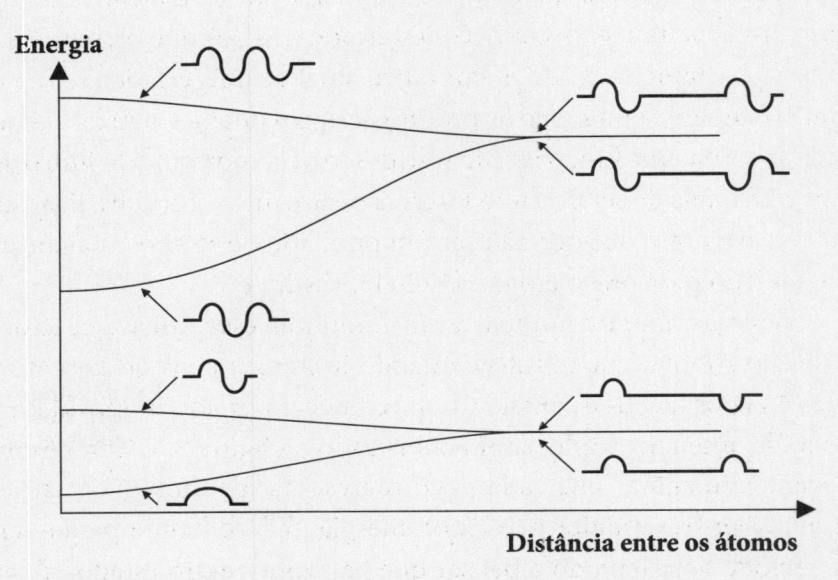

Figura 8.4 – A variação das energias possíveis dos elétrons conforme mudamos a distância entre os poços.

Olhe novamente a função de onda superior na figura 8.3. Aproximadamente, é como pareceria a ligação covalente de uma molécula de hidrogênio. Lembre-se de que a amplitude da onda corresponde à probabilidade de um elétron ser encontrado naquele ponto. Há uma crista sobre cada poço, isto é, sobre cada próton, que nos informa que ainda é mais provável que cada elétron esteja nas proximidades de um ou de outro próton. Entretanto, também há uma chance significativa de que os elétrons passem um tempo entre os prótons. Os químicos falam de átomos "compartilhando" elétrons em uma ligação covalente e é isso que estamos vendo, mesmo em nosso modelo simulado com dois poços quadrados. Além dessa molécula de hidrogênio, foi a tal tendência de os átomos compartilharem elétrons a que nos referimos quando discutimos as reações químicas nas páginas 136-138.

Chegamos a uma conclusão gratificante. Aprendemos que, para átomos de hidrogênio que estão distantes entre si, a minúscula diferença entre os dois estados de energia mais baixa é apenas de interesse acadêmico, embora essa distinção tenha nos levado a concluir que todos os elétrons no universo conhecem o estado uns dos outros, o que é, sem dúvida, bastante fascinante. Por outro lado, os dois estados se separam paulatinamente conforme os prótons se aproximam, e o mais baixo dos dois se torna, por fim, o estado que descreve a molécula de hidrogênio. Isso está longe de ser de mero interesse acadêmico, porque a ligação covalente é a razão de você não ser um punhado de átomos "balançando" de um lado para outro em uma bolha indistinta.

Podemos agora continuar avançando por essa linha de raciocínio e pensar sobre o que acontece quando juntamos mais de dois átomos. Três é maior que dois, então, vamos começar por aqui e considerar um poço de potencial triplo, como o ilustrado na figura 8.5. Como sempre, devemos imaginar que cada poço representa um átomo. Seria necessário haver três estados de menor energia, mas, olhando para a figura, você pode ficar tentado a pensar que há agora quatro estados de energia para cada estado do poço único. Os quatro estados que temos em mente estão ilustrados na figura e correspondem às funções de onda que ora são simétricas, ora não simétricas, em torno do centro das duas barreiras de potencial[28]. Essa contagem deve estar errada, porque, se estiver correta, alguém conseguiria pôr quatro férmions idênticos nesses quatro estados, e o princípio de Pauli seria violado. Para que este seja atendido, precisamos de somente três estados de energia e, claro, é isso o que acontece. Como verificação, temos apenas de marcar que podemos sempre escrever qualquer uma das quatro funções de onda ilustradas na figura como uma combinação das outras três. Na parte inferior da figura, mostramos como isso ocorre em um caso específico: a última função de onda pode ser obtida por uma combinação de soma e subtração das outras três.

---

[28] Você pode pensar que há mais quatro funções de onda, correspondentes àquelas que desenhamos em posição inversa, porém, como dissemos, elas são equivalentes às que desenhamos

Tendo identificado os três estados de menor energia de uma partícula acomodada no poço de potencial triplo, podemos perguntar como a figura 8.4 pareceria nesse caso. Não seria surpresa descobrir que ela seria muita semelhante, exceto por termos agora três estados de energia possíveis, em vez de dois.

Já vimos o suficiente sobre três átomos. Agora, devemos voltar nossa atenção para uma cadeia de vários átomos, o que será particularmente interessante, porque aqui estão as ideias principais que nos permitirão explicar bastante sobre o que acontece dentro da matéria sólida. Se houver N poços (para modelar uma cadeia de N átomos), então para cada energia no poço único haverá agora N energias. Se N for algo como 10^{23}, que é o número típico de átomos em um pequeno pedaço de material sólido, isso é muita divisão. O resultado é que a figura 8.4 agora se parecerá com a 8.6. A linha pontilhada vertical ilustra que, para átomos que estão separados pela respectiva distância, os elétrons só podem ter certas energias possíveis. Isso não deveria ser uma grande surpresa (se for, é melhor você começar a ler o livro de novo), contudo o interessante é que as energias possíveis vêm em "bandas". As energias de A para B são possíveis, porém nenhuma outra energia é possível até que cheguemos a C; a partir daí, as energias de C a D são possíveis, e assim por diante. O fato de existirem muitos átomos na cadeia indica que há muitas energias possíveis abarrotadas em cada banda. São tantas que, para um sólido comum, podemos supor que as energias possíveis formam um *continuum* em cada banda. Essa característica de nosso modelo simulado é preservada na matéria sólida real – os elétrons aí verdadeiramente têm energias que vêm agrupadas em bandas como essa, e isso tem importantes implicações quanto ao tipo de sólido de que estamos falando. Especificamente, essas bandas explicam por que alguns materiais (metais) conduzem eletricidade, enquanto outros (isolantes), não.

Como isso se dá? Comecemos considerando uma cadeia de átomos (como sempre, modelada por uma cadeia de poços de potencial), mas, desta vez, vamos supor que cada átomo tenha vários elétrons ligados a

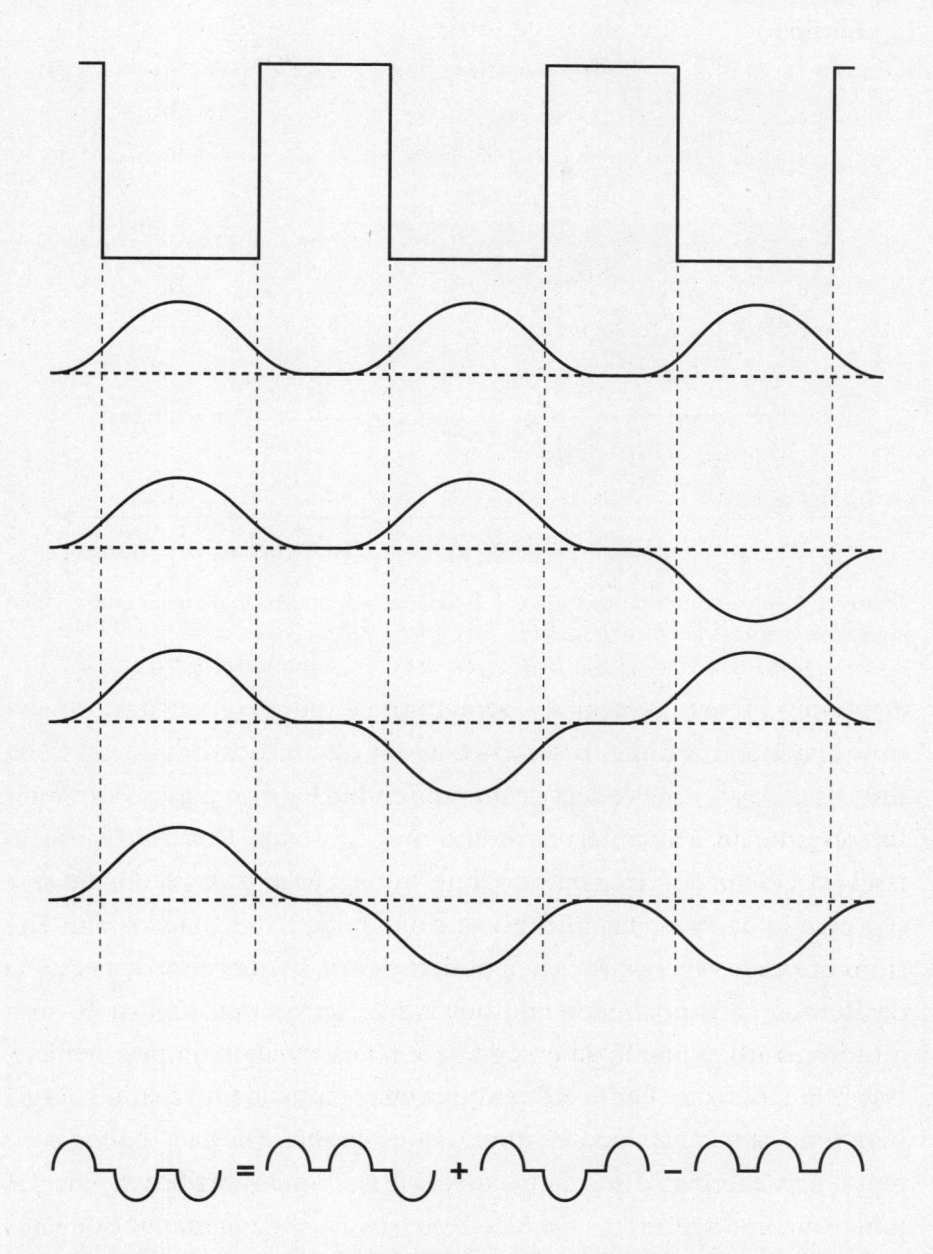

Figura 8.5 – O poço triplo, que é nosso modelo para três átomos em linha, e as possíveis funções de onda de menor energia. A imagem inferior ilustra como a última das quatro ondas pode ser obtida a partir das outras três.

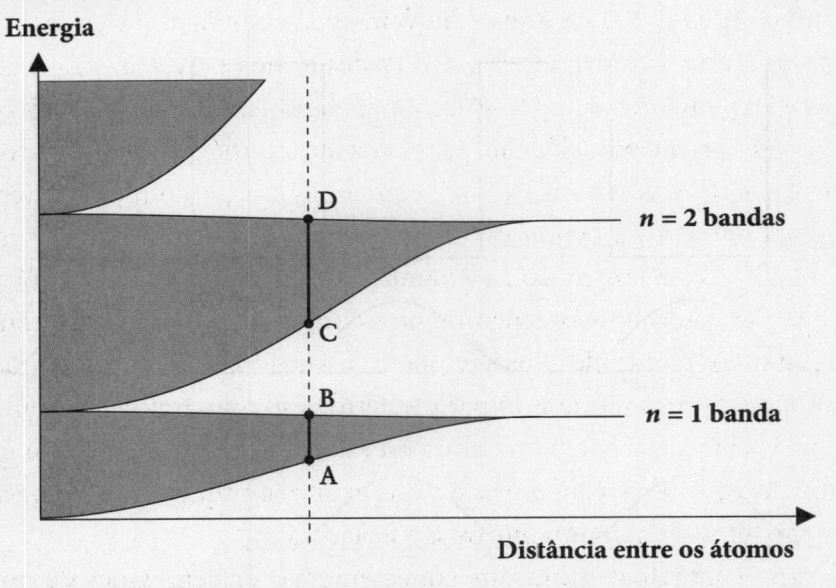

Figura 8.6 – As bandas de energia em um pedaço de matéria sólida e como variam conforme a distância entre os átomos.

ele. Isso, é claro, é o normal – só o hidrogênio possui apenas um elétron ligado a um único próton – e assim estamos nos deslocando da discussão sobre uma cadeia de átomos de hidrogênio para o caso mais interessante de uma cadeia de átomos mais pesados. Devemos também lembrar que há dois tipos de elétrons: os de *spin up* e os de *spin down* e o princípio de Pauli nos informa que não pode haver mais de dois elétrons em cada nível de energia possível. Segue-se que, para uma cadeia de átomos, cada qual contendo um único elétron por átomo (ou seja, o hidrogênio), a banda de energia $n = 1$ está preenchida pela metade. Isso é ilustrado na figura 8.7, em que esboçamos os níveis de energia para uma cadeia de cinco átomos, o que significa que cada banda contém cinco energias distintas possíveis. Esses cinco estados de energia podem acomodar um máximo de dez elétrons, todavia só temos de nos ocupar com metade deles; assim, na configuração de menor energia, a cadeia de átomos contém os cinco elétrons ocupando a metade inferior da banda de energia $n = 1$. Se tivéssemos cem átomos na cadeia, a banda $n = 1$ poderia conter 200 elétrons, no entanto, para o hidrogênio, teríamos apenas 100 elétrons e, novamente, a banda $n = 1$ estaria preenchida até a metade, quando a cadeia de átomos estivesse em sua configuração de menor energia. A figura 8.7 também mostra o que ocorre no caso de haver dois elétrons para cada átomo (hélio) ou três elétrons por átomo (lítio). No caso do hélio, a configuração de menor energia corresponde a uma banda $n = 1$ preenchida, enquanto para o lítio, a banda $n = 1$ está preenchida e a banda $n = 2$ está pela metade. Está claro que esse padrão de preenchimentos continua, de modo que átomos com número par de elétrons sempre produzem bandas cheias, enquanto os átomos com número ímpar de elétrons sempre produzem bandas ocupadas até a metade. Se a banda está totalmente preenchida ou não, como descobriremos em breve, é o que explica por que alguns materiais são condutores enquanto outros são isolantes.

Vamos imaginar agora que conectemos as extremidades de nossa cadeia atômica aos terminais de uma bateria. Sabemos pela experiência que, se os átomos formam um metal, então a energia elétrica fluirá. Entretanto, o que isso efetivamente significa e por que tem a ver com nossa história até aqui? A ação precisa da bateria sobre os átomos por

			$n = 2$ bandas
1 elétron por átomo	2 elétrons por átomo	3 elétrons por átomo	$n = 1$ banda

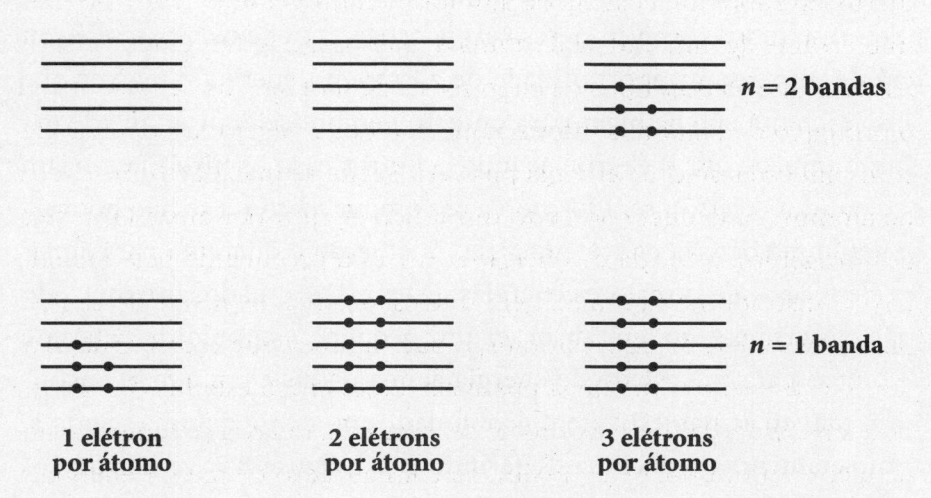

Figura 8.7 – A maneira como os elétrons ocupam os estados de menor energia disponíveis em uma cadeia de cinco átomos, quando cada um deles contém um, dois ou três elétrons. Os pontos pretos representam os elétrons.

meio do fio é uma coisa que, felizmente, não é necessário entender. Tudo o que precisamos saber é que a bateria conectada proporciona uma fonte de energia que é capaz de estimular um pouco o elétron, e que esse estímulo é sempre na mesma direção. Uma boa pergunta a ser feita é como exatamente a bateria faz isso. Dizer que é "porque ela induz um campo elétrico no fio e este estimula elétrons" não é totalmente satisfatório, mas teremos de nos dar por satisfeitos com isso, tendo vista o escopo deste livro. Por fim, poderíamos apelar para as leis da eletrodinâmica quântica e tentar pensar em termos de elétrons interagindo com fótons. No entanto, não acrescentaríamos absolutamente nada à discussão corrente. Assim, vamos seguir em frente.

Imagine um elétron acomodado em um dos estados de energia definida. Vamos assumir que a ação da bateria só pode fornecer estímulos muito pequenos ao elétron. Se o elétron estiver acomodado em um estado de baixa energia, com muitos outros acima dele na escala de energia (tenha em mente a figura 8.7), ele não será capaz de receber o estímulo de energia da bateria: está bloqueado, porque os estados de energia acima dele já estão preenchidos. Por exemplo, a bateria poderá estimular o elétron para um estado de energia alguns níveis acima, porém, se todos os níveis acessíveis já estiverem cheios, nosso elétron terá de dispensar a oportunidade de absorver a energia, uma vez que simplesmente não há lugar para onde ir. Lembre-se: o princípio de exclusão impede que o elétron se junte a outros caso os níveis já estejam ocupados. O elétron será forçado a se comportar como se não houvesse nenhuma bateria conectada a ele. A situação é diferente para aqueles elétrons com as maiores energias. Estes estão situados próximos do topo do grupo e podem absorver um pequeno estímulo da bateria e se mover para um estado de energia acima daquele em que se encontra – mas só se não estiverem acomodados no cume de uma banda já completamente preenchida. Referindo-nos à figura 8.7, vemos que os elétrons de maior energia serão capazes de absorver energia da bateria caso os átomos da cadeia contenham número ímpar de elétrons. Se for um número par, os elétrons mais altos não poderão ir a lugar nenhum, pois existe um grande intervalo na escala de energia, que eles só conseguirão superar se receberem um estímulo de energia forte o suficiente para isso.

Isso indica que, se os átomos em um determinado sólido contiverem um número par de elétrons, estes podem se comportar como se a bateria não estivesse conectada. A corrente simplesmente não conseguiria fluir, porque não há como os elétrons absorverem energia. Essa é a descrição de um isolante. A única saída para isso seria o intervalo entre o cume da

> OS ELÉTRONS PASSAM A MAIOR PARTE DO TEMPO PARTICIPANDO DE UM JOGO DE TABULEIRO MICROSCÓPICO, À MEDIDA QUE SOBEM NA ESCALA DE ENERGIA SOMENTE PARA DECAIR DE NOVO, EM VIRTUDE DE SUAS INTERAÇÕES COM A ESTRUTURA ATÔMICA IMPERFEITA.

banda mais alta preenchida e a base da próxima banda vazia ser suficientemente pequeno – falaremos mais sobre esse tópico daqui a pouco. Inversamente, se os átomos contiverem um número ímpar de elétrons, os elétrons mais altos estarão livres para absorver um estímulo da bateria. Em consequência, eles saltarão para um nível de energia superior e, como o estímulo ocorre sempre na mesma direção, o efeito é induzir um fluxo desses elétrons móveis, o que percebemos como uma corrente elétrica. Podemos concluir, portanto, de modo bastante simplista, que, se um sólido é constituído por átomos com número ímpar de elétrons, então ele está destinado a ser condutor de eletricidade.

Felizmente, o mundo real não é tão simples assim. O diamante, um sólido cristalino composto inteiramente de átomos de carbono, que possuem seis elétrons, é um isolante. O grafite, por sua vez, que também é carbono puro, é um condutor. De fato, a regra do número par ou ímpar de elétrons quase nunca funciona na prática, mas isso acontece porque nosso modelo de "poços em linha" de um sólido é muito rudimentar. O que é absolutamente verdadeiro, entretanto, é que os bons condutores de eletricidade se caracterizam pelo fato de os elétrons de maior energia contarem com altura livre para saltar para estados de energia superiores, enquanto os isolantes assim o são porque seus elétrons mais altos estão bloqueados para acessar os estados de energia superiores por um intervalo em sua escala de energias possíveis.

Há mais um aspecto dessa história que será relevante quando falarmos, no próximo capítulo, sobre como a corrente flui em um semicondutor. Vamos imaginar um elétron livre para se movimentar em uma banda não preenchida de um cristal perfeito. Dissemos "cristal", porque queremos sugerir que as ligações químicas (possivelmente, covalentes) agiram de modo a organizar os átomos em um padrão regular. Nosso modelo unidimensional de um sólido corresponde a um cristal, se todos os poços estiverem equidistantes e forem do mesmo tamanho. Conecte uma bateria a ele, e um elétron saltará alegremente de um nível para o seguinte, conforme o campo elétrico aplicado gentilmente o estimular. Consequentemente, a corrente elétrica aumentará gradualmente à medida que os elétrons absorverem mais energia e se movimentarem cada vez mais rápido. Para quem conhece um pouco de eletricidade, isso pode parecer um tanto estranho, uma vez que não há sinal da Lei de Ohm, que afirma que a corrente (I) deve ser determinada pelo tamanho da voltagem aplicada (V), sendo $V = I \times R$, em que R representa a resistência do fio. A Lei de Ohm aparece porque, à medida que os elétrons sobem na escala de energia, eles também podem perder energia e decair novamente – isso só acontecerá se a estrutura atômica não for perfeita, seja por haver impurezas na estrutura (por exemplo, átomos intrusos que são diferentes da maioria), seja pelo fato de os átomos estarem se agitando bastante, o que costuma acontecer em temperaturas diferentes de zero. Como resultado, os elétrons passam a maior parte do tempo participando de um jogo de tabuleiro microscópico, à medida que sobem na escala de energia somente para decair de novo, em virtude de suas interações com a estrutura atômica imperfeita. O efeito-padrão disso é produzir uma energia que seja "típica" de elétron e leve a uma corrente determinada. Essa energia típica de elétron determina a velocidade de fluxo dos elétrons pelo fio e isso é o que chamamos de corrente de eletricidade. A resistência do fio deve ser vista como uma medida da imperfeição da estrutura atômica por onde passam os elétrons.

Mas não é essa a questão. Mesmo sem a Lei de Ohm, a corrente não continua aumentando. Quando os elétrons atingem o topo de uma banda, eles se comportam de modo muito estranho e o efeito desse comportamento é a redução da corrente e, por fim, sua reversão. Isso é muito curioso: embora o campo elétrico esteja estimulando os elétrons em uma direção, eles acabam viajando no sentido oposto quando se aproximam do topo da banda. A explicação para esse interessante efeito está além do escopo deste livro; por isso, vamos nos limitar a dizer que o papel dos núcleos atômicos com carga positiva é a chave para entender o processo e que eles agem para empurrar os elétrons a tal ponto que estes invertem sua direção.

Agora, como anunciado, vamos explorar o que ocorre quando aquilo que seria um isolante se comporta como um condutor, em razão de o intervalo entre a última banda preenchida e a seguinte, vazia, ser "suficientemente pequeno". Nesse estágio, é importante apresentar alguns jargões. A última banda de energias (ou seja, a de maior energia) que está completamente preenchida com elétrons é chamada de banda de valência, e a banda superior seguinte (seja vazia ou semipreenchida em nossa análise) é denominada banda de condução. Se as bandas de valência e de condução se sobrepuserem (trata-se de uma possibilidade real), não haverá nenhum intervalo e aquilo que seria um isolante se comportará como um condutor. E, se houver um intervalo, mas este for "suficientemente pequeno"? Falamos que os elétrons podem receber energia de uma bateria; assim, seria viável supor que, se a bateria for potente, ela conseguirá fornecer um estímulo grande o suficiente para projetar um elétron acomodado próximo ao topo da banda de valência para a banda de condução. Isso é possível, no entanto não é o que nos interessa, porque as baterias comuns não podem gerar tamanho estímulo. Para ilustrar com números, o campo elétrico em um sólido é, em geral, da ordem de alguns poucos volts por metro e precisaríamos de campos de poucos volts por nanômetros (ou seja, um bilhão de vezes mais fortes), para fornecer um estímulo capaz de fazer um elétron aumentar algo em torno de um elétron-volt[29] em energia necessária para saltar da banda de valência para a banda de condução em um isolante típico. Muito mais interessante é o estímulo que um elétron pode receber dos átomos que constituem o sólido. Eles não estão rigidamente acomodados no mesmo lugar; em vez disso, estão um pouco agitados – quanto mais quente o sólido, mais se agitam – e um átomo nesse estado pode proporcionar muito mais energia para um elétron do que uma bateria, o suficiente para fazê-lo saltar alguns poucos elétron-volts em energia. À temperatura ambiente, é realmente muito difícil estimular um elétron dessa maneira, porque, a 20ºC, as energias térmicas normais são aproximadamente ¹⁄₄₀ de um elétron-volt. Porém, isso é só uma média e existe um grande número de átomos em um sólido; portanto, eventualmente, isso acontece. E, quando ocorre, os elétrons podem saltar de sua prisão da banda de valência para a banda de condução, onde conseguem, então, absorver os pequenos estímulos de uma bateria e assim iniciar um fluxo de eletricidade.

Os materiais em que, à temperatura ambiente, um número suficiente de elétrons pode ser elevado da banda de valência para a banda de condução dessa forma têm um nome especial: são os semicondutores. Em tal situação de calor, eles carregam uma corrente de eletricidade, mas, quando são esfriados e seus átomos se agitam menos, sua capacidade de conduzir eletricidade é reduzida e eles voltam a ser isolantes. O silício e o germânio são dois exemplos clássicos de materiais semicondutores e, por sua natureza dupla, são muito úteis. De fato, não é exagero dizer que a aplicação tecnológica dos materiais semicondutores revolucionou o mundo.

---

[29] O elétron-volt é uma unidade de energia muito útil para o estudo de elétrons em átomos e é usado na física nuclear e na física de partículas. Trata-se da energia que um elétron absorveria se fosse acelerado por uma diferença de potencial de 1 volt. Essa definição não é importante. Tudo o que interessa é que se trata de uma maneira de quantificar energia. Para ter uma ideia da grandeza de tal unidade, a energia necessária para liberar completamente um elétron do estado fundamental em um átomo de hidrogênio é 13,6 elétron-volts.

CAPÍTULO 9

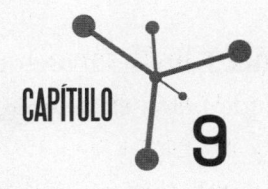

O mundo moderno

O primeiro transistor do planeta foi construído em 1947. Atualmente, o mundo fabrica, a cada ano, mais de dez quintilhões (10.000.000.000.000.000.000) de unidades, o que é cem vezes mais que a soma de todos os grãos de arroz consumidos por ano pelos 7 bilhões de habitantes do mundo. O primeiro computador a utilizar o transistor no mundo foi produzido em Manchester, em 1953, e tinha 92 unidades desse componente. Hoje, você pode comprar mais de cem mil transistores pelo custo de um grão de arroz, e existe cerca de um bilhão deles em seu telefone celular. Neste capítulo, vamos descrever como funciona um transistor, sem dúvida a mais importante aplicação prática da teoria quântica.

Como vimos no capítulo anterior, um elemento é um condutor porque alguns dos elétrons estão acomodados na banda de condução. Como consequência disso, eles são praticamente móveis e podem "fluir" pelo fio quando uma bateria é conectada. A analogia com um fluxo de água é adequada: a bateria também faz com que a corrente flua. Podemos até usar o conceito de "potencial" para capturar essa ideia, porque a bateria cria um potencial dentro do qual os elétrons da banda de condução se movem, e o potencial é, em certo sentido, um "declive". Assim, um elétron na banda de condução de um material "desce" pelo potencial criado pela bateria e vai ganhando energia nesse trajeto. Essa é outra maneira de pensar nos pequenos estímulos de que falamos no capítulo 8 – em vez de uma bateria induzindo pequenos estímulos que aceleram o elétron ao longo do fio, fazemos a clássica comparação com a água descendo uma montanha. É um bom método para pensar como se dá a condução de eletricidade pelos elétrons e o utilizaremos neste capítulo.

Em um material semicondutor como o silício, acontece uma coisa muito interessante, porque a corrente não é só conduzida pelos elétrons na banda de condução. Os elétrons na banda de valência também contribuem para a corrente. Para verificar isso, veja a figura 9.1. A seta mostra um elétron, originalmente acomodado e inerte na banda de valência, absorvendo alguma energia e sendo elevado para a banda de condução. Certamente, o elétron elevado é agora muito mais móvel, todavia há outras coisas que mudam também: existe agora um buraco deixado na banda de valência, e ele cria vacância para outros elétrons antes inertes em tal banda. Como vimos, conectar a bateria a esse semicondutor fará com que o elétron da banda de condução salte em energia e induza, assim, uma corrente elétrica. O que ocorre com o buraco? O campo elétrico criado pela bateria pode fazer com que um elétron de algum estado de energia mais baixo na banda de valência salte para o buraco. O espaço vazio é preenchido, mas agora temos outra lacuna em nível mais "profundo" na banda de valência. Conforme os elétrons na banda de valência saltam para o buraco, este vai mudando de lugar.

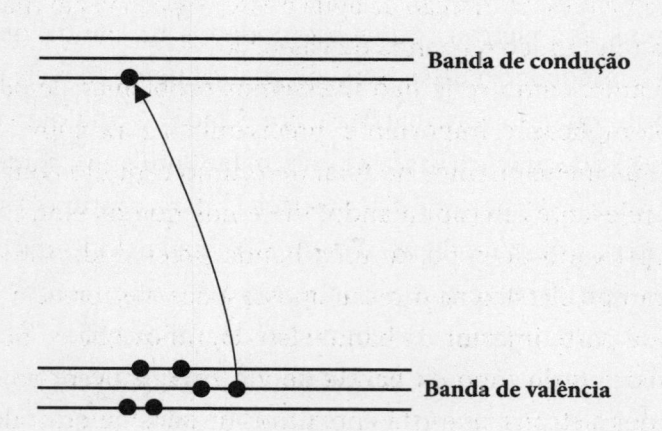

Figura 9.1 – Um par de buracos de elétrons em um semicondutor.

Em vez de nos ocuparmos com rastrear o movimento de todos os elétrons na banda de valência quase totalmente preenchida, vamos fazer isso onde está o buraco e esquecer os elétrons. Esse tipo de rastreamento é a norma para quem trabalha com a física dos semicondutores. Além disso, seguir essa linha facilitará nossa tarefa.

Um campo elétrico aplicado faz com que os elétrons da banda de condução fluam, criando uma corrente. E nós estamos interessados em saber o que ocorre com os buracos na banda de valência. Sabemos que os elétrons dessa banda não são livres para se mover, porque estão quase que completamente confinados pelo princípio de Pauli. No entanto, eles irão se movimentar sob a influência do campo elétrico, e os buracos vão mudar de lugar com eles. Isso pode parecer incoerente; contudo, se a ideia de os buracos acompanharem a movimentação dos elétrons da banda de valência lhe parecer estranha, talvez a seguinte analogia possa ajudá-lo. Imagine uma fila de pessoas em pé, com 1 metro de distância entre elas, e que em algum lugar da fila está faltando alguém. As pessoas na fila são os elétrons, e o indivíduo ausente é o buraco. Agora, imagine que todas as pessoas avancem 1 metro, de modo que cada uma tome a posição da pessoa à sua frente. É claro, a posição vazia na fila avançará 1 metro também. E assim ocorre com os buracos. Poderíamos pensar em um fluxo de água descendo por um cano – uma bolha de ar se movimentará na mesma direção da água e esse "espaço vazio" na água seria análogo a um buraco na banda de valência.

Entretanto, como se já não tivéssemos problemas demais, há ainda uma complicação importante: precisamos agora convocar a parte da física que mencionamos no final do último capítulo com relação ao "aspecto relevante". Recapitulando, dissemos que os elétrons em movimento próximo do topo de uma banda preenchida são acelerados por um campo elétrico na direção oposta à dos elétrons em movimento perto da parte inferior da banda. Isso significa que os buracos, que estão próximos do topo da banda de valência, movem-se na direção oposta à dos elétrons, que estão próximos da parte inferior da banda de condução. O resultado disso é que podemos conceber um fluxo de elétrons em uma direção e um fluxo de buracos correspondente na direção oposta. Conseguimos pensar em um buraco como com carga elétrica exatamente oposta à carga de um elétron. Para verificar isso, lembre-se de que o material pelo qual fluem os elétrons e os buracos é, na média, eletricamente neutro. Em qualquer região comum, não há carga resultante, porque a carga relativa aos elétrons anula a carga positiva dos núcleos atômicos. Porém, se fizermos um par elétron-buraco por meio da excitação de um elétron para fora da banda de valência e em direção à banda de condução (como vimos discutindo), haverá um elétron livre em circulação, o que constitui um excesso de carga negativa relativa às condições médias naquela região do material. Do mesmo modo, o buraco é um local em que não há elétron, portanto ele corresponde a uma região em que temos um excesso de carga positiva. A corrente elétrica é definida como a taxa de fluxo das cargas positivas[30]. Desse modo, os elétrons contribuem negativamente para a corrente e os buracos colaboram positivamente, se estiverem fluindo na mesma direção. Se, como é o caso de nosso semicondutor, os elétrons e os buracos fluem em direções opostas, então os dois se somam para produzir um maior fluxo resultante de carga e, por conseguinte, uma corrente maior.

Embora tudo isso seja um pouco complicado, o efeito final é bem direto: devemos pensar em uma corrente de eletricidade atravessando um material semicondutor como representação do fluxo da carga, que pode ser constituída de elétrons da banda de condução se movimentando em uma direção e de buracos da banda de valência se movendo no sentido oposto. Confrontemos isso com o fluxo da corrente em um condutor – nesse caso, a corrente é dominada pelo fluxo de um grande número de elétrons na banda de condução, e a corrente extra proveniente da produção do par elétron-buraco é insignificante.

Entender a utilidade dos materiais semicondutores é compreender que a corrente que flui em um semicondutor não é como um fluxo incontrolável de elétrons por um fio, como o é em um condutor. Ao contrário, trata-se de uma combinação muito mais sutil de correntes de

---

[30] Essa definição é simplesmente uma convenção e uma curiosidade histórica. Poderíamos determinar que a corrente fluísse na mesma direção do movimento dos elétrons da banda de condução.

elétrons e buracos e, com um pouco de engenharia criativa, ela pode ser usada para produzir minúsculos dispositivos capazes de controlar com perfeição o fluxo de corrente através de um circuito.

O que se segue é um exemplo inspirador de física aplicada e engenharia. A ideia é contaminar deliberadamente um pedaço de silício ou de germânio puro de modo a induzir alguns novos níveis de energia disponíveis para os elétrons. Esses novos níveis permitirão que controlemos o fluxo dos elétrons e buracos por meio de nosso semicondutor, da mesma maneira que podemos controlar o fluxo de água ao longo de uma rede de canos por meio de válvulas. É claro, qualquer um é capaz de controlar o fluxo de eletricidade através de um fio – basta puxar a tomada. Entretanto, não é disso que estamos falando. Estamos nos referindo a fazer pequenas alterações que permitem que a corrente seja controlada dinamicamente dentro de um circuito. Essas pequenas alterações são a base das portas lógicas, e as portas lógicas são a base dos microprocessadores. Como, então, tudo isso funciona?

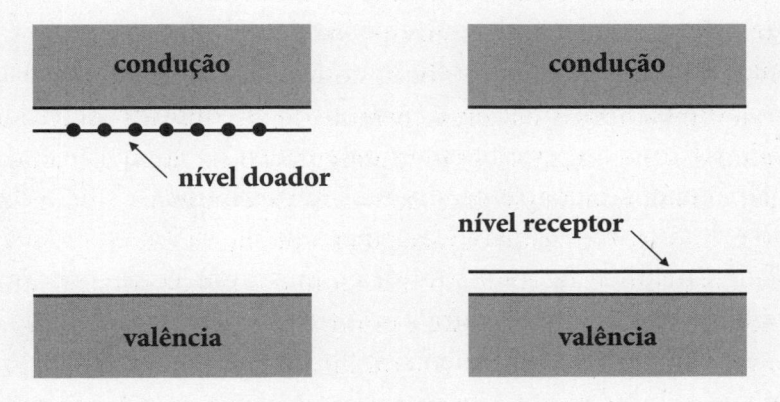

Figura 9.2 – Os novos níveis de energia induzidos em um semicondutor tipo *n* (à esquerda) e em um semicondutor tipo *p* (à direita).

O lado esquerdo da figura 9.2 ilustra o que acontece se um pedaço de silício é contaminado com fósforo. O grau de contaminação pode ser controlado com precisão, e isso é muito importante. Suponha que, ocasionalmente, dentro de um cristal de silício puro, um átomo seja removido e substituído por um átomo de fósforo. O átomo de fósforo se instala perfeitamente na vaga deixada pelo átomo de silício, sendo que a única diferença entre eles o fato de o fósforo ter um elétron a mais que o silício. Esse elétron extra possui uma ligação muito fraca com seu átomo hospedeiro, mas não é totalmente livre e, portanto, ocupa um nível de energia logo abaixo da banda de condução. A uma baixa temperatura, a banda de condução está vazia, e os elétrons extras doados pelos átomos de fósforo residem no nível doador marcado na figura. À temperatura ambiente, a criação do par elétron-buraco no silício é muito rara e somente um em cerca de um trilhão obtém energia suficiente das vibrações térmicas da estrutura para saltar da banda de valência para a banda de condução. Em contraste, pelo fato de a ligação do elétron doador no fósforo a seu hospedeiro ser muito fraca, é muito provável que ele fará o pequeno salto do nível doador para a banda de condução. Assim, à temperatura ambiente, para níveis de dopagem maiores que um átomo de fósforo para cada trilhão de átomos de silício, a banda de condução será dominada pela presença dos elétrons doados pelos átomos de fósforo. Isso significa que é possível controlar com muita precisão, simplesmente variando-se o grau de contaminação por fósforo, o número de elétrons móveis disponíveis para conduzir eletricidade. Como os elétrons que perambulam pela banda de condução que são livres para conduzir a corrente, dizemos que esse tipo de silício contaminado é de "tipo n" ("n", para "carga negativa").

O lado direito da figura 9.2 mostra o que acontece se contaminarmos o silício com átomos de alumínio. Aqui também, os átomos do alumínio se espalham moderadamente em torno dos átomos do silício e se instalam perfeitamente nos espaços nas vagas deixadas pelos átomos do silício. A diferença está no fato de que o alumínio tem um elétron a menos que o silício. Isso introduz buracos no cristal anteriormente puro, da mesma forma que o fósforo adicionou elétrons. Esses buracos estão localizados perto dos átomos de alumínio e podem ser preenchidos por elétrons que saltem da banda de valência, próximos aos átomos do silício. O nível receptor "buraco preenchido" é ilustrado na figura e se situa exatamente acima da banda de valência, porque é fácil para o elétron da valência no silício saltar para o buraco feito pelo átomo do alumínio. Nesse caso, é possível considerar a corrente elétrica como sendo propagada pelos buracos e, por essa razão, esse tipo de silício contaminado é conhecido como "tipo p" ("p", para "carga positiva"). Como antes, à temperatura ambiente, o nível de contaminação do alumínio não precisa ser muito mais que uma parte por trilhão, para que a corrente, devido à movimentação dos buracos do alumínio, seja dominante.

Até aqui, simplesmente afirmamos que é possível fazer um pedaço de silício ser capaz de transmitir uma corrente, seja permitindo que os elétrons doados pelos átomos do fósforo naveguem pela banda de condução, seja permitindo que os buracos doados pelos átomos do alumínio naveguem pela banda de valência. Qual é a grande ideia nisso?

A figura 9.3 mostra que estamos próximos de alguma coisa, porque ela ilustra o que acontece se juntarmos dois pedaços de silício, um de tipo n e outro de tipo p. Inicialmente, a região do tipo n é tomada por elétrons provenientes do fósforo, e a região do tipo p é tomada por buracos provenientes do alumínio. Como consequência, os elétrons da região do tipo n fluem para a região do tipo p, e os buracos da região do tipo p fluem para a região do tipo n. Não há nada de misterioso nisso; os elétrons e os buracos simplesmente deslizam pela junção entre os dois materiais, do mesmo modo que uma gota de tinta se espalha em uma bacia de água. Porém, como os elétrons e os buracos fluem em direções opostas, eles deixam para trás regiões de carga positiva resultante (na região do tipo n) e de carga negativa resultante (na região tipo p). Essa geração de carga impede novas migrações pela lei que diz que sinais opostos se repelem, até que eventualmente haja um equilíbrio e não ocorram novas migrações resultantes.

A segunda imagem na figura 9.3 ilustra como podemos pensar nisso usando a linguagem dos potenciais. Ela mostra como o potencial elétrico varia através da junção. No fundo da região do tipo n, o efeito da junção é irrelevante e, uma vez que a junção tenha entrado em estado de equilíbrio, nenhuma corrente flui. Isso indica que o potencial é constante dentro dessa região. Antes de continuar, devemos esclarecer

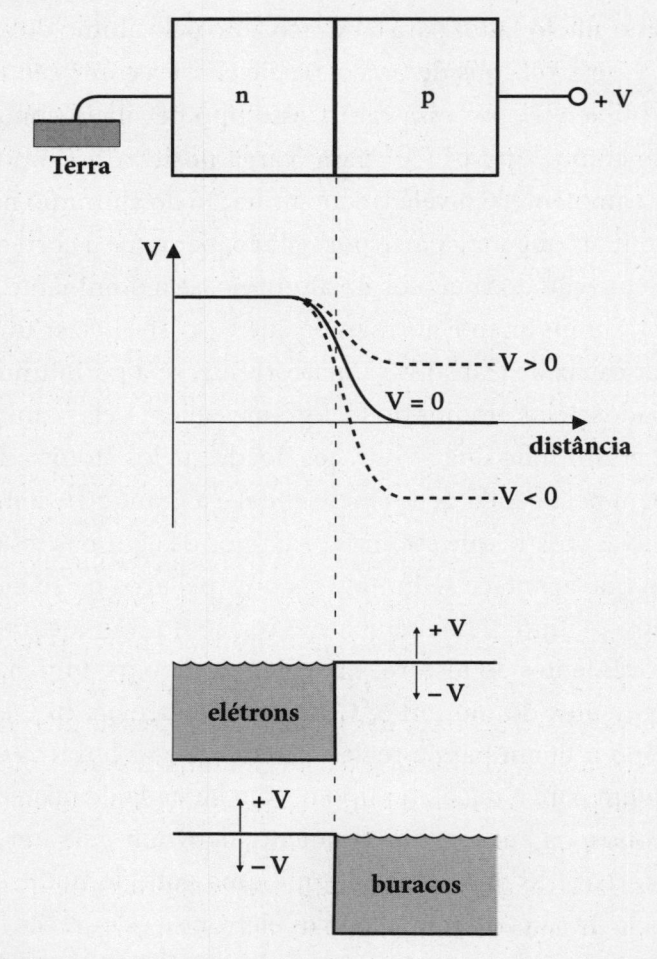

Figura 9.3 – Junção formada pela combinação de um pedaço de silício tipo n com um pedaço tipo p.

mais uma vez sobre o que o potencial está fazendo: simplesmente, está nos mostrando que forças estão agindo sobre os elétrons e os buracos. Se o potencial for plano, a bola acomodada no solo plano não rolará; do mesmo modo, o elétron não se moverá.

Se o potencial se aprofunda, então podemos supor que um elétron localizado nas proximidades desse potencial em declive irá "rolar para baixo". Inconvenientemente, a convenção vê isso ao contrário, e um potencial em declive significa "aclive" para um elétron, ou seja, os elétrons fluirão para cima. Em outras palavras, um potencial em declive age como uma barreira para um elétron. Foi isso que desenhamos na figura. Existe uma força empurrando o elétron para longe da região do tipo p, como resultado da geração de carga negativa que ocorrera pela migração anterior do elétron. Essa força é o que evita novas migrações resultantes de elétrons do silício de tipo n para o de tipo p. O uso de potenciais em declive para representar uma jornada de um elétron para cima não é, na verdade, tão tola quanto parece, porque a coisa faz sentido do ponto de vista dos buracos, isto é, os buracos naturalmente fluem para baixo. Assim, podemos ver agora que a maneira como desenhamos o potencial (indo do solo superior à esquerda para o solo inferior à direita) também reflete corretamente o fato de que os buracos são impedidos de escapar da região do tipo p pelo degrau do potencial.

A terceira imagem na figura ilustra a analogia do fluxo de água. Os elétrons à esquerda estão prontos e desejosos de fluir pelo fio, todavia são impedidos pela barreira. Do mesmo modo, os buracos na região do tipo p estão presos no lado contrário da barreira de água; esta e o degrau no potencial são apenas duas formas diferentes de falar da mesma coisa. É assim que as coisas acontecem se simplesmente unirmos um pedaço de silício do tipo n com um pedaço do tipo p. De fato, o ato de uni-los requer mais atenção do que sugerimos – os dois não podem apenas ser colados, ou então a junção não permitirá que os elétrons e os buracos fluam livremente de uma região para outra.

Coisas interessantes começam a acontecer se conectamos agora essa "junção pn" a uma bateria, o que nos permite aumentar ou reduzir a barreira do potencial entre as regiões do tipo n e do tipo p. Se reduzirmos o potencial da região do tipo p, acentuamos o degrau e tornamos mais difícil que os elétrons e os buracos fluam através da junção. Porém, ampliar o potencial da região do tipo p (ou diminuir o potencial da região do tipo n) é como abrir as comportas que represam a água. Imediatamente, os elétrons fluirão do tipo n para o tipo p, e os buracos fluirão na direção oposta. Desse modo, uma junção pn pode ser usada como um díodo – ela consegue permitir o fluxo da corrente, mas apenas em uma direção. No entanto, não são os díodos que nos interessam.

O UNIVERSO QUÂNTICO

A figura 9.4 é o esquema de um dispositivo que mudou o mundo – o transistor. Ela mostra o que ocorre se fizermos um "sanduíche", com uma camada de silício tipo p entre duas camadas de silício tipo n. Nossa explicação de um díodo nos será útil aqui, porque a ideia é basicamente a mesma. Os elétrons fluem das regiões do tipo n para a do tipo p e os buracos fluem na direção contrária, até que essa difusão seja, enfim, interrompida pelos degraus do potencial nas junções entre as camadas. Em isolamento, é como se houvesse dois reservatórios de elétrons distanciados por uma barreira e, entre eles, um reservatório de buracos preenchido até a borda.

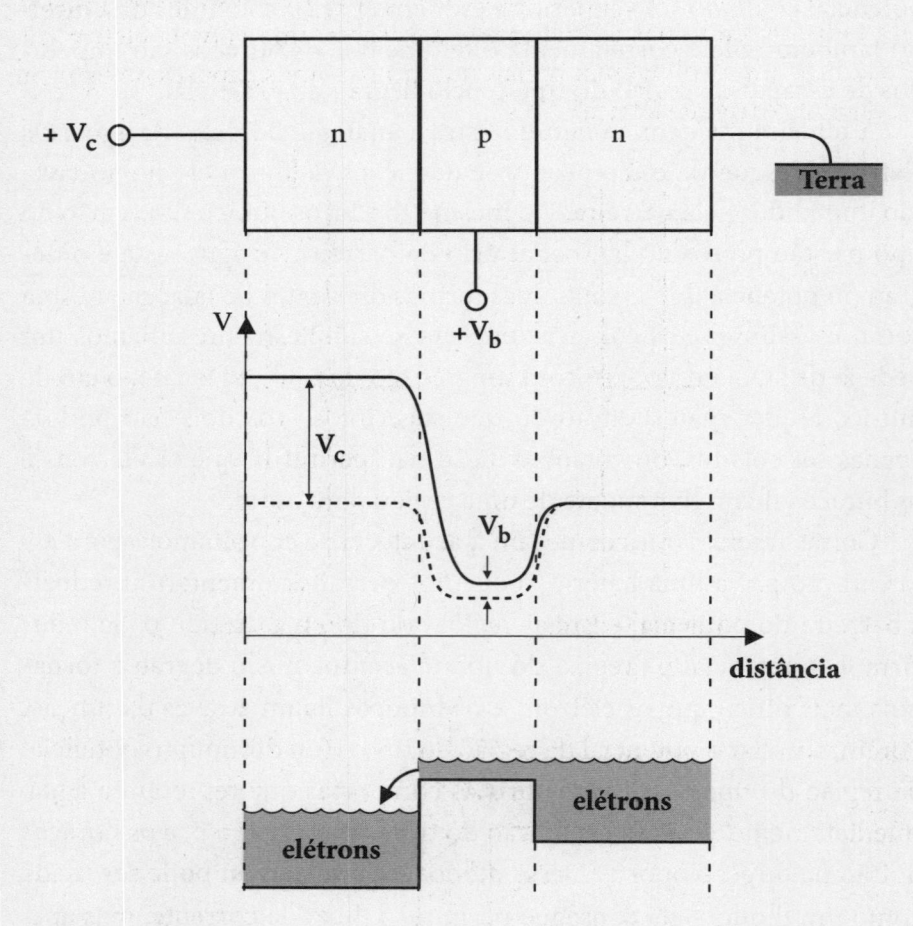

Figura 9.4 – Um transistor

A interessante ação ocorre quando aplicamos voltagens à região do tipo n em um lado e à região do tipo p no meio. Voltagens positivas fazem com que o patamar à esquerda aumente (a um valor V_c), assim como o patamar na região do tipo p (a um valor V_b). Representamos isso com a linha sólida no segundo diagrama na figura. Essa maneira de arranjar os potenciais tem um efeito expressivo, uma vez que ele cria uma cascata de elétrons, à medida que estes fluem sobre a barreira central rebaixada e para a região do tipo n à esquerda (lembre-se: os elétrons fluem "para cima"). Considerando-se que V_c é maior que V_b, o fluxo de elétrons acontece em mão única, e os elétrons à esquerda continuam incapazes de fluir através da região do tipo p. Isso tudo pode parecer um tanto inócuo, mas acabamos de descrever uma válvula eletrônica. Ao aplicar uma voltagem à região do tipo p, somos capazes de ligar ou desligar a corrente elétrica.

válvula fechada **válvula aberta**

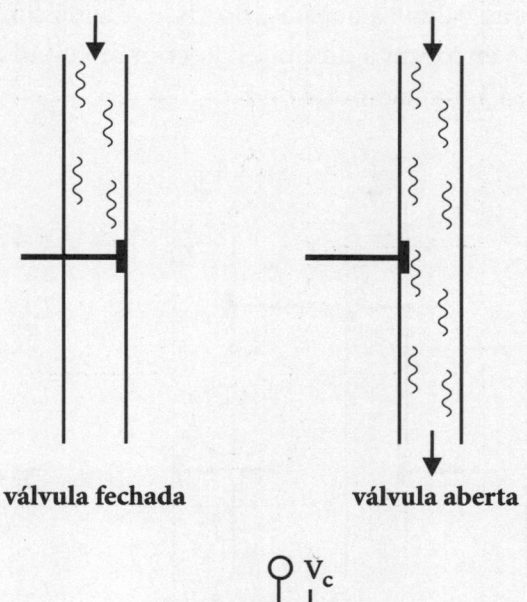

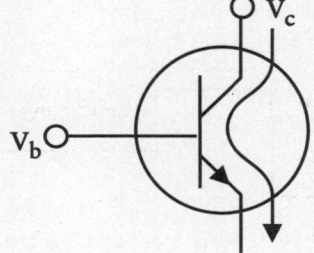

Figura 9.5 – A analogia entre a água no cano e um transistor

O UNIVERSO QUÂNTICO

Vem agora o desfecho – estamos prontos para reconhecer todo o potencial do modesto transistor. Na figura 9.5, ilustramos a ação de um transistor fazendo novamente paralelos com o fluxo de água. A situação de válvula fechada é perfeitamente análoga ao que acontece se nenhuma voltagem for aplicada à região do tipo p. Aplicar a voltagem significa abrir a válvula. Abaixo dos dois canos, desenhamos também o símbolo geralmente usado para representar um transistor e, se olharmos atentamente, ele até se parece um pouco com uma válvula.

O que podemos fazer com válvulas e canos? A resposta é que conseguimos construir um computador e, se eles puderem ser bem pequenos, somos capazes de criar um computador de verdade. A figura 9.6 ilustra conceitualmente como é possível usar um cano com duas válvulas para construir algo chamado de "porta lógica". O cano à esquerda está com as duas válvulas abertas, por isso a água flui. O que está no meio e o que se encontra à direita estão com uma das válvulas fechada e, obviamente, a água não pode fluir.

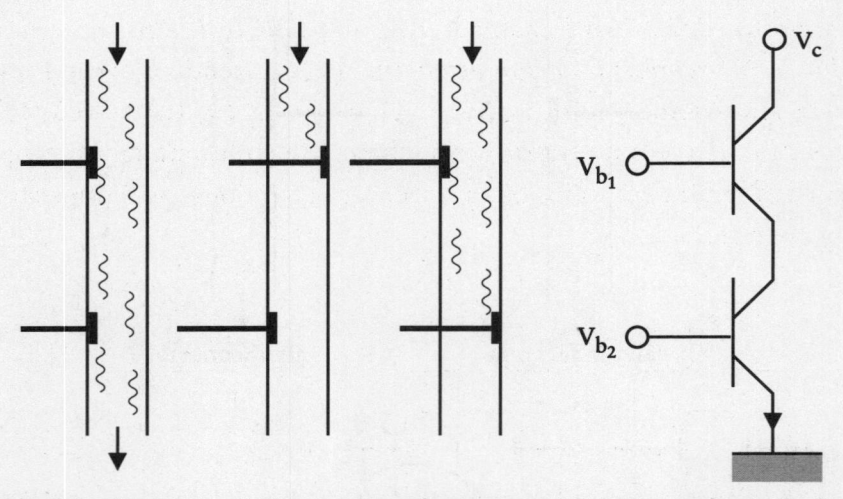

Figura 9.6 – Uma porta AND representada por um cano de água e duas válvulas (à esquerda) ou por um par de transistores (à direita). Esse é o modelo mais adequado para a construção de computadores.

Não nos preocupamos em desenhar a quarta possibilidade, com as duas válvulas fechadas. Se representarmos o fluxo da água no cano pelo

O mundo moderno

dígito 1 e a ausência de fluxo pelo dígito 0 e atribuirmos o dígito 1 a uma válvula aberta e o dígito 0 a outra fechada, conseguimos resumir a ação dos quatro canos (três desenhados, e um, não) pelas equações 1 AND 1 = 1; 1 AND 0 = 0; 0 AND 1 = 0; e 0 AND 0 = 0. A palavra "AND" (*N.T.: Em português, "and" representa a conjunção "e".*) é aqui uma operação lógica e está sendo usada tecnicamente – o sistema de canos e válvulas que descrevemos agora é chamado de "Porta AND". A porta possui duas entradas (o estado das duas válvulas) e uma saída (se a água flui ou não) e a única maneira de obter um 1 de saída é ter dois 1s como entrada. Esperamos que fique claro o modo como podemos usar um par de transistores conectados em série para construir uma porta AND – o diagrama de circuito ilustrado na figura. Vemos que, somente se os dois transistores estiverem ligados (pela aplicação de voltagens positivas às regiões do tipo p, V_{b1} e V_{b2}), será possível o fluxo da corrente, o que é suficiente para constituir uma porta AND.

A figura 9.7 ilustra uma diferente porta lógica. Dessa vez, a água fluirá, se uma das válvulas estiver aberta, e só não fluirá se ambas estiverem fechadas. Isso é chamado de porta OR (*N.T.: Em português, a palavra "or" representa a conjunção "ou".*) e, utilizando a mesma notação de antes, temos: 1 OR 1 = 1; 1 OR 0 = 1; 0 OR 1 = 1; e 0 OR 0 = 0. O respectivo circuito do transistor também é ilustrado na figura e agora a corrente fluirá em todos os casos, exceto quando os dois transistores estiverem fechados.

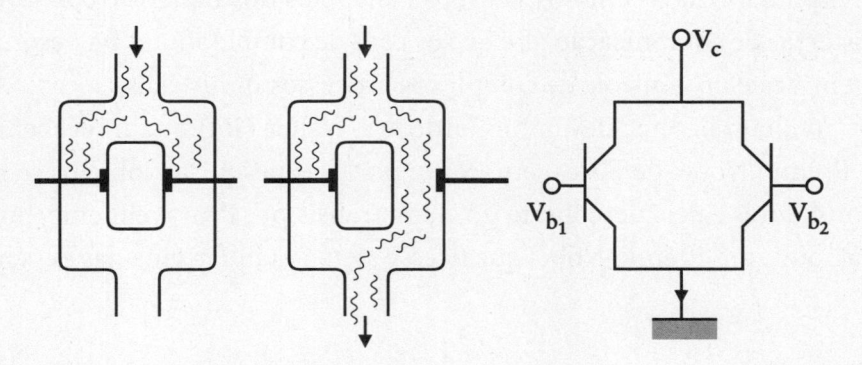

Figura 9.7 – Uma porta OR representada por canos de água e duas válvulas (à esquerda) ou por um par de transistores (à direita).

O UNIVERSO QUÂNTICO

Portas lógicas como essas são o segredo por trás do poder dos dispositivos eletrônicos digitais. Com esses simples elementos, qualquer pessoa pode montar combinações de portas lógicas para construir sofisticados algoritmos. Imagine que especifiquemos uma lista de entradas em alguns circuitos lógicos (uma série de zeros [0] e uns [1]), enviando essas entradas por meio de alguma configuração complexa de transistores que emitem uma lista de saídas (de novo, uma série de zeros [0] e uns [1]). Desse modo, podemos construir circuitos para executar complexos cálculos matemáticos, ou para tomar decisões baseadas nas teclas que pressionamos em um teclado e enviar essa informação a um dispositivo que então exibe os caracteres correspondentes em uma tela, ou para disparar um alarme se alguém invade uma casa, ou enviar um conjunto de caracteres de texto por um cabo de fibra ótica (codificados como uma série de dígitos binários) para o outro lado do mundo, ou, de fato, para fazer qualquer coisa que se possa pensar, porque praticamente todos os dispositivos elétricos que possuímos está repleto de transistores.

O potencial é ilimitado e já exploramos bastante o transistor para mudar nosso mundo. Não é exagero afirmar que ele é a invenção mais importante dos últimos cem anos – o mundo moderno é construído e formado pelas tecnologias dos semicondutores. Em termos práticos, essa tecnologia salvou milhões de vidas – podemos citar as aplicações computadorizadas em hospitais, os benefícios dos rápidos e confiáveis sistemas de comunicação global e os usos de computadores na pesquisa científica e no controle de complexos processos industriais.

William B. Shockley, John Bardeen e Walter H. Brattain receberam o Prêmio Nobel de Física, em 1956, "por suas pesquisas sobre os semicondutores e pela descoberta do efeito transistor". Provavelmente, nunca houve um Prêmio Nobel que tivesse afetado tanto a vida das pessoas.

CAPÍTULO 10

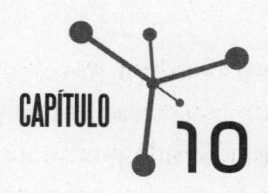

Interação

Nos capítulos iniciais, apresentamos um modelo para explicar como as minúsculas partículas se movem. Elas saltam e exploram a vastidão do espaço sem nenhum preconceito, carregando metaforicamente seus pequenos relógios. Quando combinamos a variedade de relógios correspondentes com os diferentes caminhos pelos quais a partícula pode chegar a algum determinado ponto no espaço, obtemos um relógio final cujo tamanho nos informa a probabilidade de encontrarmos a partícula ali. Dessa exibição anárquica e selvagem de saltos quânticos, emergem as propriedades mais familiares dos objetos cotidianos. Em certo sentido, todos os elétrons, todos os prótons e todos os nêutrons em nosso corpo estão explorando constantemente o universo inteiro e, somente quando a soma total de todas essas explorações é computada, chegamos a um mundo em que os átomos em nosso corpo, felizmente, tendem a permanecer em um arranjo razoavelmente estável – pelo menos, por aproximadamente um século. O que ainda não abordamos em detalhes é a natureza das interações entre as partículas. Conseguimos avançar sem ser específicos sobre como as partículas efetivamente conversam umas com as outras, analisando, pontualmente, o conceito de potencial. Mas o que é um potencial? Se o mundo for feito exclusivamente de partículas, podemos certamente substituir a vaga noção de que elas se movem "no potencial" criado por outras partículas e falar sobre como se movem e interagem entre si.

A abordagem moderna da física fundamental, conhecida como teoria quântica de campos, faz exatamente isso, suplementando as regras de como as partículas saltam com um novo conjunto de normas que explicam como interagem umas com as outras. Essas regras vêm a ser mais complicadas do que aquelas que vimos até agora e são consideradas uma das maravilhas da ciência moderna, que, apesar da intrincada complexidade do mundo natural, não são muitas. "O eterno mistério do mundo é sua compreensibilidade", escreveu Albert Einstein. E ainda: "É um milagre o fato de que o mundo seja compreensível".

> A Conferência de Shelter Island, de junho de 1947, que aconteceu em Long Island, Nova York, pode se vangloriar de ter catalisado algo de especial.

Vamos começar articulando as regras da primeira teoria quântica de campos descoberta – a eletrodinâmica quântica ou EDQ. Já passamos pela quântica do campo eletromagnético várias vezes neste livro – são os fótons. A origem de tal teoria pode ser remetida aos anos 20, quando Dirac teve um sucesso inicial na quantização do campo eletromagnético de Maxwell. Porém havia muitos problemas evidentes com a nova teoria, que se mantiverem sem solução nas décadas de 20 e 30. Por exemplo, como exatamente um elétron emite um fóton quando se move entre os níveis de energia em um átomo? E, acerca disso, o que acontece a um fóton quando ele é absorvido por um elétron, permitindo que este salte para um nível de energia superior? É claro, os fótons podem ser criados e destruídos em processos atômicos e a maneira como isso acontece não é resolvida pela "antiquada" teoria quântica que vimos até agora neste livro.

Na história da ciência, ocorreram alguns encontros lendários entre cientistas, que certamente parecem ter mudado o curso da ciência. Provavelmente, não foram nessas reuniões que se fizeram as mudanças, uma vez que os participantes continuaram trabalhando em cima dos problemas durante anos. Entretanto, a Conferência de Shelter Island, de junho de 1947, que aconteceu em Long Island, Nova York, pode se vangloriar de ter catalisado algo de especial. Só a lista de participantes já merece citação, por ser curta e, ainda assim, reunir os maiores físicos americanos do século 20. Em ordem alfabética: Hans

Bethe, David Bohm, Gregory Breit, Karl Darrow, Herman Feshbach, Richard Feynman, Hendrik Kramers, Willis Lamb, Duncan MacInnes, Robert Marshak, John Von Neumann, Arnold Nordsieck, J. Robert Oppenheimer, Abraham Pais, Linus Pauling, Isidor Rabi, Bruno Rossi, Julian Schwinger, Robert Serber, Edward Teller, George Uhlenbeck, John Hasbrouck van Vleck, Victor Weisskopf e John Archibald Wheeler. O leitor já leu vários desses nomes neste livro e qualquer estudante de física provavelmente conhece a maioria deles.

O escritor americano Dave Barry escreveu: "Se tivéssemos de expressar em uma palavra a razão por que a raça humana não atingiu nem nunca atingirá seu pleno potencial, essa palavra seria 'reuniões'". Isso certamente é verdadeiro, mas o encontro de Shelter Island foi uma exceção. O evento começou com uma apresentação do que se tornaria conhecido como "desvio de Lamb". Willis Lamb, usando técnicas de micro-ondas de alta precisão, desenvolvidas durante a Segunda Guerra Mundial, descobriu que o espectro do hidrogênio não era, de fato, perfeitamente descrito pela antiga teoria quântica. Havia uma pequena diferença nos níveis de energia observados que não poderia ser calculada pela teoria que estamos desenvolvendo até aqui neste livro. É um desvio muito pequeno, no entanto representava um fabuloso desafio para os teóricos ali reunidos.

Devemos deixar Shelter Island em pausa depois da palestra de Lamb, para nos voltar à teoria que surgiu nos meses e anos seguintes. Ao fazê-lo, vamos descobrir a origem do desvio de Lamb. Contudo, para estimular nossa curiosidade, eis uma declaração crítica da resposta: o próton e o elétron não estão sozinhos dentro do átomo de hidrogênio.

A EDQ é a teoria que explica como partículas carregadas eletricamente, como os elétrons, interagem umas com as outras e com as partículas da luz (fótons). Ela é capaz de, sozinha, explicar todos os fenômenos naturais, com exceção da gravidade e dos fenômenos nucleares. Mais adiante, voltaremos nossa atenção aos fenômenos nucleares e explicaremos por que os núcleos atômicos conseguem se manter unidos, mesmo sendo formados por um punhado de prótons com carga positiva e nêutrons com carga zero, que se separariam em um momento de repulsa elétrica se não houvesse algumas atividades subnucleares. Tudo o mais – com certeza, tudo o que você vê e sente a seu redor – é explicado em seu nível mais profundo pela EDQ. Matéria, luz, eletricidade e magnetismo: tudo é EDQ.

Vamos começar explorando um sistema que já vimos várias vezes nesta obra: um mundo que contém um só elétron. Os pequenos círculos na figura dos "saltos dos relógios" na página 60 ilustram as várias localizações possíveis do elétron em dado instante no tempo. Para deduzir a possibilidade de encontrá-lo em algum ponto X em um momento posterior, nossas regras quânticas dizem que devemos permitir que o elétron pule para X de qualquer ponto de partida possível. Cada salto produz um relógio em X; nós combinamos esses relógios e pronto.

Agora faremos algo que pode parecer um pouco complicado inicialmente. É claro, temos uma boa razão para isso. Envolverá um pouco de A, B e T – em outras palavras, estamos entrando novamente na terra dos jalecos e do giz, mas não será por muito tempo.

Quando uma partícula vai de um ponto A em um instante zero para um ponto B no instante T, conseguimos calcular como será o relógio, girando para trás o ponteiro de A por um valor determinado pela distância de B a A e pelo intervalo de tempo T. Em resumo, podemos expressar que o relógio em B é dado por C(A,0)P(A,B,T), onde C(A, 0) representa o relógio original em A no instante zero, e P(A,B,T) incorpora a regra de rotação e redução do relógio associada com o salto de A a B[31]. Devemos nos referir a P(A,B,T) como o "propagador" de A a B. Uma vez que sabemos a regra de propagação de A a B, estamos prontos e somos capazes de calcular a probabilidade de encontrar a partícula em X. Por exemplo, na figura 4.2, há vários pontos de partida, de modo que teremos de propagar de cada um deles até X e combinar todos os relógios resultantes. Em nossa notação aparentemente exagerada, o relógio resultante C(X,T) = C(X1,0)P(X1,X,T) + C(X2,0)P(X2,X,T) + C(X3,0)P(X3,X,T) +..., e X1, X2, X3 etc. representam todas as posições da partícula no tempo zero (ou seja, as posições dos pequenos círculos na figura 4.2). Para ficar bem claro, C(X3,0)P(X3,X,T) simplesmente

---

[31] O propagador reduz o relógio também, para que a partícula seja encontrada com uma probabilidade de 1 em algum lugar no universo em um tempo T.

significa pegar um relógio do ponto X3 e propagá-lo até o ponto X em um tempo T. Não pense que há algum truque aqui. Tudo o que estamos fazendo é expressar abreviadamente o que já conhecíamos: "pegar um relógio em X3 e tempo zero e calcular o quanto de giro e redução correspondentes à jornada da partícula de X3 a X em algum momento T posterior e, então, repetir o processo para todos os outros relógios de tempo zero e finalmente combiná-los todos, de acordo com a regra de combinação de relógios". Sabemos que você concordará que tudo isso é um pouco de tagarelice, e que a notação torna nossa vida mais fácil.

Certamente, é possível pensar no propagador como a materialização da regra de rotação e de redução dos relógios. Também podemos concebê-lo como um relógio. Para esclarecer essa simples afirmação, imagine que soubéssemos com exatidão que um elétron está localizado no ponto A no tempo T = 0 e que ele fosse descrito por um relógio de tamanho 1 com o ponteiro na posição de 12h. Conseguimos descrever o ato da propagação utilizando um segundo relógio cujo tamanho é o valor pelo qual o relógio original deve ser reduzido e cujo ponteiro representa o valor do giro necessário. Se um salto de A para B requer a redução do relógio inicial por um fator de 5 e giro de 2 horas, então o propagador P(A,B,T) poderia ser representado por um relógio cujo tamanho seja $1/5 = 0,2$ e que aponte para 10h (isto é, ele atrasaria 2 horas com relação às 12h). O relógio em B é obtido simplesmente pela multiplicação do relógio original em A pelo propagador.

Um aparte para aqueles que conhecem números complexos: assim como cada C(X1,0), C(X2,0) pode ser representado por um número complexo, também é possível fazer o mesmo para P(X1,X,T), P(X2,X,T), que são combinados de acordo com as regras matemáticas de multiplicação de dois números complexos. Para quem não sabe sobre números complexos, não há problema, porque a descrição em termos de relógios também é precisa. Tudo o que fizemos foi introduzir uma maneira um pouco diferente de pensar a regra de rotação dos relógios: podemos girar e reduzir um relógio usando outro relógio.

Estamos livres para elaborar nossa regra de multiplicação de relógios para fazer isso tudo funcionar: multiplique o tamanho dos dois relógios (1 x 0,2 = 0,2) e combine os tempos de ambos de modo que giremos o primeiro para trás em 12h menos 10h = 2 horas. De fato, parece que estamos reelaborando demais, e é claro que isso não é necessário quando temos somente uma partícula a considerar. No entanto, os físicos são preguiçosos e não fariam isso se não fosse para ganhar tempo mais adiante. Um pouco dessa notação é uma forma muito útil de rastrear todas as rotações e reduções, quando abordamos o caso mais interessante de várias partículas – como no átomo de hidrogênio, por exemplo.

Independentemente dos detalhes, existem apenas dois elementos em nosso método de calcular as chances de encontrar uma partícula isolada em algum lugar no universo. Primeiro, precisamos especificar o conjunto de relógios iniciais que codificam as informações sobre onde é provável que a partícula seja encontrada no tempo zero. Segundo, temos de conhecer o propagador P(A,B,T), que também é um relógio que codifica a regra de redução e rotação conforme uma partícula salta de A para B. Uma vez que conhecermos o propagador para qualquer par de pontos de partida e de chegada, descobriremos, então, tudo o que há para saber e poderemos calcular com segurança a dinâmica extremamente tediosa de um universo que contém uma só partícula. Porém não devemos ser tão depreciativos, porque esse estado simples de coisas não se complica muito mais depois que incluímos no cenário as interações entre as partículas. Então, vamos fazer isso agora.

A figura 10.1 ilustra graficamente todas as ideias principais que queremos discutir. Trata-se de nosso primeiro encontro com os diagramas de Feynman, a ferramenta de cálculo do físico de partículas profissional. Nossa tarefa é calcular a probabilidade de encontrar um par de elétrons nos pontos X e Y em algum momento. Como ponto de partida, temos a informação de onde estão os elétrons no tempo zero, isto é, conhecemos a aparência dos conjuntos de relógios iniciais. Isso é importante, porque ser capaz de responder a esse tipo de pergunta é equivalente a saber "o que acontece em um universo que contém dois elétrons". Talvez não pareça grande coisa, mas entender isso representa grande vantagem, uma vez que compreenderemos como os elementos básicos da natureza interagem entre si.

Para simplificar a figura, ilustramos apenas uma dimensão no espaço e o avanço do tempo, da esquerda para a direita. Isso não afetará nossas conclusões. Vamos começar descrevendo o primeiro da série de gráficos da figura 10.1. Os pequenos pontos em T = 0 correspondem às possíveis localizações dos dois elétrons no tempo zero. Para os fins dessa ilustração, assumimos que o elétron de cima possa estar em uma das três posições, enquanto o de baixo está em uma das duas posições (no mundo real, precisamos lidar com elétrons que podem estar em uma infinidade de locais possíveis, porém a tinta acabaria se tivéssemos de desenhar todos eles). O elétron de cima salta para A em algum momento posterior, e algo interessante ocorre: ele emite um fóton (representado pela linha ondulada). O fóton, então, salta para B, onde é absorvido por outro elétron. O elétron de cima salta de A para X, enquanto o elétron de baixo salta de B para Y. Esse é só um dos infinitos caminhos que nosso par original de elétrons pode seguir até os pontos X e Y. Podemos associar um relógio a todo esse processo – vamos chamá-lo de relógio 1 ou C1, para abreviar. A função da EDQ é nos fornecer as regras que nos permitirão deduzir esse relógio.

Antes de entrarmos em detalhes, vamos esboçar como isso terminará. O gráfico a seguir representa um dos infinitos caminhos que o par inicial de elétrons pode percorrer para chegar a X e a Y. Os outros gráficos ilustram outras possibilidades. A ideia essencial é que, para cada caminho possível que os elétrons podem tomar para chegar a X e a Y, conseguimos identificar um relógio quântico – C1 é o primeiro em uma longa lista de relógios[32]. Quando tivermos todos os relógios, devemos combiná-los para obter um relógio mestre. O tamanho deste (ao quadrado) nos mostra a probabilidade de encontrar o par de elétrons em X e Y. Assim, devemos mais uma vez pensar que os elétrons fazem seu caminho para X e Y não por uma rota específica, mas por espalhamento de cada um por todos os caminhos possíveis. Se repararmos nos últimos gráficos da figura, veremos mais caminhos variados por onde

---

[32] Vimos essa ideia quando abordamos o princípio de exclusão de Pauli, no capítulo 7.

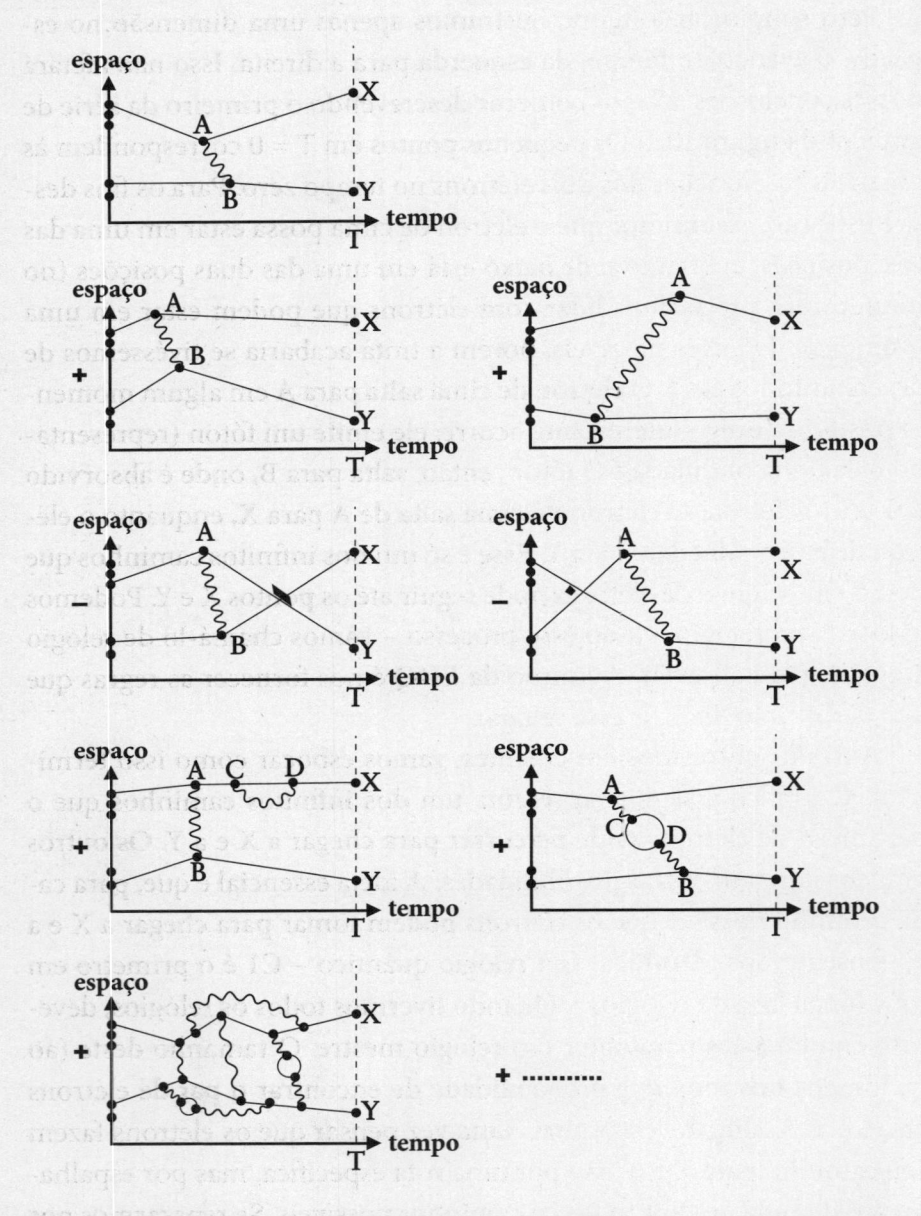

Figura 10.1 – Algumas maneiras pelas quais um par de elétrons pode se afastar um do outro. Os elétrons saem da esquerda e sempre chegam aos mesmos pontos, X e Y, em um tempo T. Esses gráficos correspondem a alguns dos diferentes caminhos que as partículas podem tomar para chegar a X e a Y.

os elétrons se espalham. Os elétrons não só trocam fótons; são capazes de emitir e reabsorver os fótons eles próprios. Nos dois gráficos finais, algo muito estranho acontece. Esses gráficos mostram o cenário em que um fóton parece emitir um elétron que faz um círculo antes de voltar ao ponto de onde partiu – falaremos mais sobre isso daqui a pouco. Por ora, podemos imaginar uma série de diagramas cada vez mais complicados, correspondentes aos casos em que os elétrons emitem e absorvem um grande número de fótons antes de, enfim, chegar a X e a Y. Precisaremos contemplar os vários caminhos pelos quais os elétrons podem chegar a X e a Y, mas há duas regras muito claras sobre isso: os elétrons só podem saltar de um ponto a outro e somente podem emitir ou absorver apenas um fóton. Isso é tudo, de fato: os elétrons podem saltar ou se espalhar. Conseguimos ver que nenhum dos gráficos da figura viola essas duas regras, porque eles não envolvem nada mais complicado que uma junção entre dois elétrons e um fóton. Devemos explicar agora como calcular os respectivos relógios, um para cada gráfico da figura 10.1.

Vamos nos concentrar no gráfico superior e explicar como determinar o relógio associado a ele (relógio C1). Temos dois elétrons ali acomodados, cada qual com um relógio. Devemos começar multiplicando-os de acordo com a regra de multiplicação de relógios, para obter um novo relógio, que nomearemos com o símbolo C. Multiplicá-los faz sentido, porque precisamos nos lembrar de que os relógios estão, na verdade, representando probabilidades e, se temos duas probabilidades independentes, o caminho para combiná-los é multiplicando um pelo outro. Por exemplo, a probabilidade de que duas moedas mostrem "cara" é de ½ x ½ = ¼. Do mesmo modo, o relógio combinado, C, dá-nos a probabilidade de encontrar os dois elétrons nas posições iniciais.

O restante é apenas mais multiplicação de relógios. O elétron de cima salta para A; logo, existe um relógio associado a ele. Vamos chamá-lo de P(1,A) (ou seja, "partícula 1 salta para A"). Enquanto isso, o elétron de baixo salta para B e também temos um relógio para ele. Vamos chamá-lo de P(2,B). Na sequência, haverá mais dois relógios correspondentes aos elétrons saltando para seus destinos finais. Vamos chamá-los de P(A,X) e (P,B,Y). Finalmente, existe um relógio associado ao fóton, que salta de A para B. Como o fóton não é um elétron, a regra de propagação de fótons deve ser diferente da de propagação de elétrons; assim, necessitamos usar um símbolo diferente para esse relógio. Vamos chamar o relógio correspondente ao salto do fóton de L(A,B)[33]. Agora, simplesmente multiplicamos todos os relógios para produzir um relógio mestre: R = C x P(1,A) x P(2,B) x P(A,X) x P(B,Y) x L(A,B). Estamos quase terminando, mas ainda temos algumas reduções adicionais de relógios para fazer, porque a regra EDQ para o que acontece quando um elétron emite ou absorve um fóton diz que devemos introduzir um fator de redução, g. Em nosso diagrama, o elétron de cima emite o fóton e o de baixo o absorve – isso gera dois fatores de g, isto é, g^2. Agora, terminamos e nosso relógio 1 final é obtido pelo cálculo C1 = g^2 x R.

O fator de redução g parece um tanto arbitrário, porém possui uma interpretação física muito importante. Evidentemente, ela está relacionada à probabilidade de que um elétron emitirá um fóton, e isso representa o poder da interação eletromagnética. Em algum lugar de nossos cálculos, tivemos de introduzir uma conexão com o mundo real, porque estamos calculando coisas reais e, assim como a constante gravitacional G de Newton carrega todas as informações sobre a força da gravidade, g carrega todas as informações sobre o poder da interação eletromagnética.[34]

Se estivéssemos fazendo o cálculo completo, precisaríamos agora voltar nossa atenção para o segundo diagrama, que representa outro caminho pelo qual nosso par original de elétrons pode chegar aos mesmos pontos, X e Y. Tal diagrama é muito semelhante ao primeiro, no sentido de que os elétrons partem dos mesmos pontos, todavia, agora o

---

[33] Temos aqui uma questão técnica, porque a regra de redução e rotação que estamos usando no livro até aqui não engloba os feitos da relatividade especial. Incluí-los – como devemos sempre fazer se estivermos descrevendo fótons – significa que as regras de rotação dos relógios serão diferentes para elétrons e fótons.

[34] g está relacionado com a constante de estrutura fina: α = $g24π$.

fóton é emitido pelo elétron de cima, em um ponto distinto no espaço e em um tempo diferente, e é absorvido pelo elétron de baixo, em algum outro lugar e em outro momento. De outra forma, as coisas seriam exatamente da mesma maneira e teríamos um segundo relógio: relógio 2, chamado C2.

Prosseguiríamos, então, repetindo todo o processo para cada lugar possível em que o fóton pudesse ser emitido e para cada local em que houvesse a possibilidade de ele ser absorvido. Também deveríamos considerar o fato de que os elétrons podem partir de várias posições iniciais diferentes e possíveis. A ideia principal é a de que todo e qualquer caminho para levar os elétrons a X e a Y precisa ser considerado e que cada um tem seu próprio relógio. Depois de identificar todos os relógios, simplesmente os combinamos para produzir um relógio final, cujo tamanho nos informará a probabilidade de encontrar um elétron em X e um segundo elétron em Y. Assim, concluímos que teremos descoberto como dois elétrons interagem entre si, porque não podemos fazer mais do que calcular probabilidades.

O que acabamos de descrever é a essência da EDQ, e as outras forças na natureza admitem descrição similar. Entraremos nesse assunto em breve, mas antes temos um pouco mais a descobrir.

Antes, um parágrafo descrevendo dois pequenos, porém importantes, detalhes. Número 1: simplificamos as coisas ao ignorar o fato de que os elétrons têm *spin* e, portanto, são de dois tipos. Não só isso: os fótons também têm *spin* (eles são bósons) e são de três tipos. Isso só torna os cálculos um pouco mais confusos, porque precisamos verificar com que tipos de fótons e de elétrons estamos lidando em cada estágio de salto e de espalhamento. Número 2: se você prestou atenção, deve ter notado os sinais de menos ao lado de dois gráficos da figura 10.1. Eles estão lá, porque estamos falando de elétrons idênticos saltando para X e Y, e os dois gráficos com o sinal de menos correspondem a um intercâmbio de elétrons com relação aos outros gráficos, o que quer dizer que um elétron que começou em um dos conjuntos superiores de pontos terminou em Y, enquanto o outro elétron, inferior, acabou em X. E, como abordamos no capítulo 7, essas configurações trocadas se combinam somente depois de um giro extra de 6h em seus relógios – daí, o sinal de menos.

Você pode ter notado também uma possível falha em nosso plano – há um número infinito de diagramas que descrevem como dois elétrons podem fazer seu caminho para X e Y e combinar um número infinito de relógios pode ser bem trabalhoso, para dizer o mínimo. Felizmente, toda a ocorrência de espalhamento de um fóton-elétron introduz outro fator de g no cálculo, o que reduz o tamanho do relógio resultante. Isso significa que quanto mais complicado o diagrama, menor será o relógio e menos importante ele será na combinação de todos os relógios. Para a EDQ, g é um número bastante pequeno (aproximadamente 0,3) e a redução é muito severa conforme aumenta o número de espalhamentos. Com frequência, é suficiente considerar somente diagramas como os cinco primeiros na figura, em que não existe mais que dois espalhamentos, o que poupa um bocado de trabalho.

Esse processo de cálculo do relógio (conhecido, no jargão, como amplitude) para cada diagrama de Feynman, combinando todos os relógios e elevando ao quadrado o relógio final para obter uma probabilidade de que o processo acontecerá, é o "feijão com arroz" da física moderna das partículas. Entretanto, há uma questão fascinante oculta por trás de tudo o que apresentamos – um ponto que incomoda bastante alguns físicos, mas outros, nem tanto.

O problema da mensuração quântica

Quando combinamos os relógios correspondentes aos diferentes diagramas de Feynman, estamos permitindo que aconteça a orgia de interferência quântica. Assim como no caso da experiência da dupla fenda, em que tivemos de considerar todos os caminhos possíveis que a partícula pode seguir em sua jornada até a tela, precisamos considerar todos os caminhos possíveis que um par de partículas pode percorrer de suas posições iniciais até as finais. Isso nos permite calcular a resposta certa, porque possibilita a interferência entre os diferentes diagramas. Somente no fim do processo, quando todos os relógios tiverem sido combinados e todas as interferências consideradas, é que devemos elevar ao quadrado o tamanho do relógio final, para calcular a probabilidade de o processo acontecer. Simples. Mas, olhemos a figura 10.2.

O que acontece se tentarmos identificar o que os elétrons estão fazendo quando saltam para X e Y? A única maneira de examinar o que está acontecendo é interagir com o sistema de acordo com as regras do jogo. Na EDQ, isso significa que necessitamos nos ater à regra de espalhamento do fóton-elétron, porque não há nenhuma outra. Então, vamos interagir com um dos fótons que pode ser emitido por um dos elétrons, identificando-o com nosso detector pessoal de fótons: nossos olhos. Note que estamos fazendo uma pergunta diferente: qual é a chance de encontrar um elétron em X, outro em Y e também um fóton em meu olho? Sabemos o que temos de fazer para obter a resposta – precisamos combinar todos os relógios associados com os diferentes diagramas que começaram com dois elétrons e terminaram com um elétron em X, outro em Y e também um fóton em meu olho. Mais precisamente, devemos entender como o fóton interage com meu olho. Embora a questão comece fácil, ela logo se torna complexa. Por exemplo, o fóton espalhará um elétron acomodado em um átomo em meu olho e isso disparará uma cadeia de eventos, que levará, por fim, à minha percepção do fóton, na medida em que me torno consciente de um *flash* de luz em minha vista. Assim, para descrever completamente o que acontece, temos de especificar as posições de cada partícula em meu cérebro, conforme elas respondam à chegada do fóton. Estamos nos aproximando de algo chamado problema da mensuração quântica.

Até agora neste livro, descrevemos com algum detalhamento como calcular probabilidades em física quântica. Com isso, queremos dizer que a teoria quântica nos permite calcular as chances de mensurar algum resultado específico se conduzirmos um experimento. Não há ambiguidade nesse processo, desde que sigamos as regras e nos atenhamos ao cálculo das probabilidades de alguma coisa acontecer. No entanto,

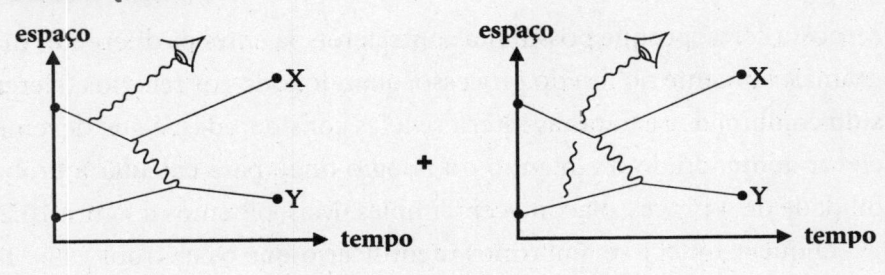

Figura 10.2 – Um olho humano observando o que está acontecendo.

existe aqui algo perturbador. Imagine um cientista conduzindo um experimento para o qual só há dois resultados, "sim" e "não". Ao realizá-lo, o pesquisador registrará ou "sim" ou "não" e, obviamente, não ambos ao mesmo tempo. Até aqui, tudo bem.

Agora imagine a mensuração futura de alguma coisa (não importa o quê) feita por um segundo cientista. De novo, assumiremos que é um experimento simples, cujo resultado é um "clique" ou "não clique". As regras da física quântica ditam que devemos calcular a probabilidade de que o segundo experimento dê "clique" pela combinação dos relógios associados com todas as possibilidades que levem a esse resultado. Isso pode incluir a circunstância em que o primeiro cientista identifica "sim" e o caso complementar em que ele encontra "não". Somente após combinar as duas ocasiões é que temos a resposta para as chances de mensurar um "clique" no segundo experimento. Isso está mesmo certo? Nós precisamos realmente acolher a noção de que, mesmo depois do resultado de alguma mensuração, devemos manter a coerência do mundo? Ou é o caso de que, uma vez que tenhamos encontrado "sim" ou "não" no primeiro experimento, o futuro está, então, dependente apenas dessa mensuração? Por exemplo, em nosso segundo experimento, isso significaria que, se o primeiro cientista mensurasse "sim", então a probabilidade de que o segundo experimento desse "clique" deveria ser calculado não por uma soma coerente das possibilidades de "sim" e "não", mas, em vez disso, pela consideração somente dos caminhos em que o mundo pudesse evoluir de "o primeiro cientista mede sim" para "o segundo experimento dá clique". Isso certamente dará uma resposta diferente do caso em que devemos somar ambos os resultados "sim" e "não". Precisamos saber qual é a coisa certa a fazer, se queremos chegar a uma compreensão abrangente.

A maneira de verificar o que é certo é observar se há algo especial no próprio processo de mensuração. Ele muda o mundo e nos impede de somar as amplitudes quânticas ou é a parte da mensuração de uma imensa teia complexa de possibilidades que se mantêm para sempre em coerente superposição? Como seres humanos, podemos ficar tentados a pensar que medir alguma coisa agora ("sim" ou "não", por exemplo) muda irreversivelmente o futuro. Se isso fosse verdade, nenhuma mensuração futura poderia ocorrer por meio das vias "sim" ou "não". No entanto, está longe de estar claro que é esse o caso, porque parece que há sempre uma chance de encontrar o universo em um estado futuro que pode ser alcançado utilizando as vias ou "sim" ou "não". Para esses estados, as leis da física quântica, tomadas literalmente, deixam-nos sem opção, a não ser calcular a probabilidade de sua manifestação somando as vias "sim" e "não". Por mais estranho que isso possa parecer, não é mais estranho que somar as histórias que vimos desenvolvendo neste livro. O que está acontecendo é que estamos levando a ideia tão a sério que estamos preparados para realizá-la mesmo no nível dos seres humanos e suas ações. Desse ponto de vista, não há "problema da mensuração". Somente quando insistimos que o ato de medir "sim" ou "não" realmente muda a natureza das coisas, é que temos o problema, porque passa a ser nossa responsabilidade explicar o que faz a mudança acontecer e quebra a coerência quântica.

A abordagem da mecânica quântica que temos discutido, a qual rejeita a ideia de que a natureza escolhe uma versão particular da realidade toda vez que alguém (ou alguma coisa) faz uma mensuração, constitui a base daquilo que é conhecido como interpretação dos muitos mundos. Ela é muito atraente, porque se trata da consequência lógica de levar a sério as leis que governam o comportamento das partículas elementares a ponto de usá-las para descrever todos os fenômenos. No entanto, as implicações são surpreendentes, pois imaginamos que o universo seja, de fato, uma superposição coerente de todas as coisas viáveis

> "POR ENQUANTO, AS PERGUNTAS SOBRE COMO NOSSO PASSADO PODERIA INFLUENCIAR O FUTURO POR MEIO DA INTERFERÊNCIA QUÂNTICA SIMPLESMENTE NÃO ESTÃO ACESSÍVEIS AO EXPERIMENTO.

que podem acontecer, e o mundo como o percebemos (com sua realidade aparentemente concreta) surge apenas porque somos enganados ao pensar que a coerência é perdida sempre que "medimos" alguma coisa. Em outras palavras, minha percepção consciente do mundo é formada porque as histórias alternativas (potencialmente interferentes) são muito improváveis de levar ao mesmo agora, e isso significa que a interferência quântica é insignificante.

Se a mensuração não está realmente destruindo a coerência quântica, então, em certo sentido, vivemos nossas vidas dentro de um diagrama de Feynman gigante, e nossa predisposição de pensar que coisas definidas estão acontecendo é, na verdade, uma consequência de nossas percepções grosseiras do mundo. De fato, é concebível que, em algum momento de nosso futuro, alguma coisa possa nos acontecer que requeira que tenhamos feito, no passado, duas coisas opostas. Claramente, o efeito é sutil, porque entre conseguir o emprego e não conseguir o emprego existe uma grande diferença em nossas vidas, e ninguém pode conceber facilmente um cenário em que ambas opções levem a universos futuros idênticos (lembre-se: só devemos somar amplitudes que levem a resultados iguais). Portanto, nesse caso, conseguir e não conseguir o emprego são ações que não interferem muito uma com a outra, e nossa percepção do mundo permanece como se uma coisa tivesse acontecido, e não a outra. Entretanto, as coisas se tornam mais ambíguas quanto menos dramáticos forem os dois cenários alternativos e, como vimos, para interações que envolvam números pequenos de partículas, somar as diferentes possibilidades é absolutamente necessário. Os grandes números de partículas envolvidas na vida cotidiana indicam que duas configurações substancialmente distintas de átomos em algum momento (por exemplo, conseguir ou não o emprego) são simplesmente muito improváveis de levar a contribuições efetivamente interferentes em algum cenário futuro. Isso significa que podemos seguir em frente e fingir que o mundo mudou irreversivelmente como resultado de uma mensuração, mesmo quando nada do tipo tenha realmente acontecido.

Mas essas reflexões não têm tanta importância quando nos referimos à séria atividade de calcular a probabilidade de que algo acontecerá quando realizamos um experimento. Por isso, conhecemos as regras e podemos implementá-las sem problemas. Porém, essa feliz circunstância pode mudar um dia – por enquanto, as perguntas sobre como nosso passado poderia influenciar o futuro por meio da interferência quântica simplesmente não estão acessíveis ao experimento. Até onde as reflexões sobre a verdadeira natureza do mundo (ou mundos) descrita pela teoria quântica podem prejudicar o progresso científico é algo que está bem resumido na posição adotada pela escola da física "cale a boca e calcule", que habilmente rejeita qualquer tentativa de falar sobre a realidade das coisas.

Antimatéria

De volta a este mundo, a figura 10.3 mostra outra maneira pela qual dois elétrons podem se afastar um do outro. Um dos elétrons salta de A para X, emitindo um fóton no processo. Até aqui, muito bem, contudo agora o elétron volta no tempo para Y, onde ele absorve outro fóton e, daí, direciona-se para o futuro, onde pode ser, por fim, detectado em C. Esse diagrama não viola nossas regras de saltos e espalhamento, porque o elétron viaja emitindo e absorvendo fótons, conforme previsto pela teoria. Isso pode acontecer de acordo com as regras e, como o título deste livro sugere, se pode acontecer, efetivamente acontece. Porém, tal comportamento parece violar as regras do senso comum, pois estamos aceitando a ideia de que os elétrons voltam no tempo. Isso daria uma ótima história de ficção científica, mas violar a lei da causa e efeito não é uma forma de se construir um universo e também pareceria colocar a teoria quântica em conflito direto com a teoria da relatividade especial de Einstein.

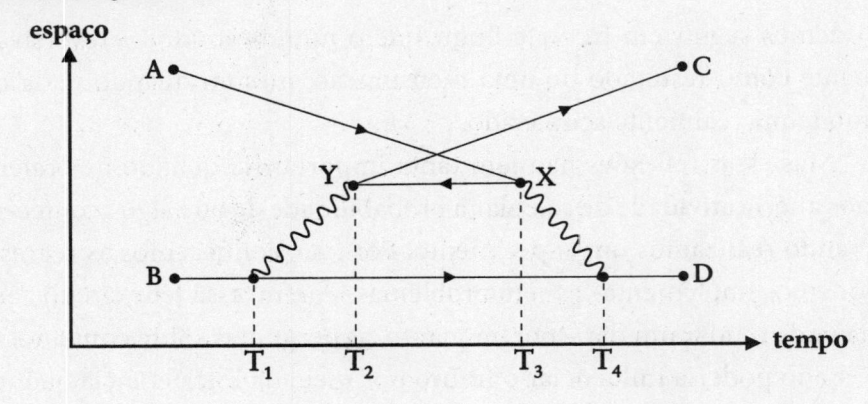

Figura 10.3 – Antimatéria... ou um elétron voltando no tempo.

Notavelmente, esse tipo particular de viagem no tempo não é impossível para as partículas subatômicas, como Dirac observou em 1928. Podemos ter uma noção de que a coisa não é tão impossível quanto parece, se reinterpretarmos os processos na figura 10.3, a partir de nossa perspectiva "adiante no tempo". Vamos registrar os eventos da esquerda para a direita na figura. Comecemos no tempo T = 0, em que existe um mundo de apenas dois elétrons, localizados em A e B. Continuamos com um mundo com apenas dois elétrons até o tempo T_1, quando o elétron de baixo emite um fóton. Entre os tempos T_1 e T_2, o mundo contém agora dois elétrons mais um fóton. No tempo T_2, o fóton morre e é substituído por um elétron (que chegará a C) e uma segunda partícula (que chegará a X). Hesitamos em chamar essa segunda partícula de elétron, porque se trata de um elétron voltando no tempo. A questão é: qual deve ser a aparência de um elétron voltando no tempo na perspectiva de alguém (como você) que se move adiante no tempo?

Para responder a essa questão, vamos imaginar que estamos filmando em vídeo uma sequência de um elétron que viaja nas proximidades de um ímã, como ilustrado na figura 10.4. Considerando-se que o elétron não esteja viajando muito rápido[35], ele fará um trajeto em círculo.

---

[35] É um detalhe técnico para garantir que o elétron receba aproximadamente a mesma força magnética conforme se movimente.

Interação

Que os elétrons podem ser desviados por um ímã é, como já dissemos, a ideia básica por trás da construção dos antigos televisores CRT e, de modo mais glamoroso, dos aceleradores de partículas, incluindo o Grande Colisor de Hádrons. Agora, imagine que peguemos o vídeo e o reproduzamos de trás para frente. É assim que seria um elétron voltando no tempo na perspectiva de alguém que se move adiante no tempo. Veríamos, então, o círculo do elétron voltando no tempo, na direção oposta à do avanço do filme. Da perspectiva de um físico, o vídeo da volta no tempo parecerá exatamente com um vídeo de avanço no tempo, com uma partícula que é, em todos os sentidos, idêntica a um elétron, exceto que ela parece possuir carga elétrica positiva. Temos, portanto, a resposta para nossa pergunta: elétrons voltando no tempo seriam semelhantes, para nós, a elétrons de carga positiva. Assim, se os elétrons realmente voltam no tempo, esperamos encontrá-los como elétrons de carga positiva.

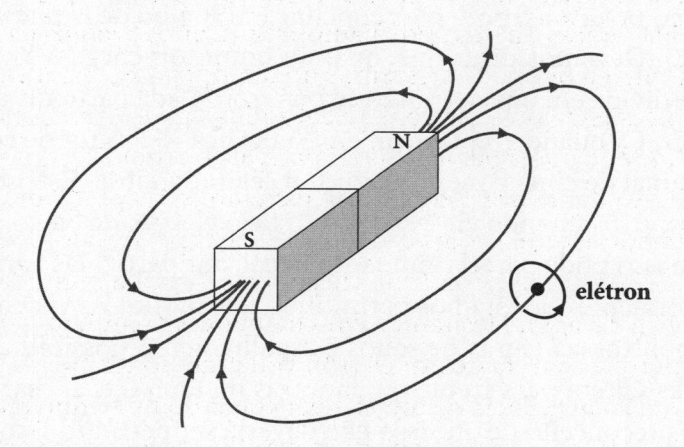

Figura 10.4 – Um elétron circulando próximo a um ímã.

Tais partículas efetivamente existem e são chamadas de pósitrons. Elas foram sugeridas por Dirac, no início do ano de 1931, para solucionar um problema com sua equação da mecânica quântica para o elétron. A equação parecia prever a existência de partículas com energia negativa. Posteriormente, o físico ofereceu um maravilhoso *insight* da sua maneira de pensar e, em particular, da sua firme convicção na correção de seus cálculos matemáticos: "Eu estava certo de que o fato de que os estados de energia negativa não poderiam ser excluídos da teoria matemática; então, pensei: vamos tentar achar uma explicação física para eles".

Um ano depois, aparentemente sem saber da previsão do colega, Carl Anderson viu alguns estranhos registros em seu aparato experimental ao observar partículas de raios cósmicos. Sua conclusão foi que "parece necessário considerar uma partícula de carga positiva com massa comparável àquela de um elétron". Uma vez mais, isso ilustra o poder fantástico do raciocínio matemático. Para que um cálculo matemático fizesse sentido, Dirac introduziu o conceito de uma nova partícula – o pósitron – e, poucos meses depois, ela foi descoberta, produzida pelas colisões de raios cósmicos de alta energia. O pósitron é nosso primeiro encontro com o personagem básico da ficção científica, a antimatéria.

Amparados por essa interpretação de que elétrons que voltam no tempo são pósitrons, podemos concluir o trabalho de explicação da figura 10.3. Devemos dizer que, quando um fóton chega a Y no tempo T_2, ele se divide em um elétron e um pósitron. Cada partícula avança no tempo até T_3, quando o pósitron em Y alcança X e se funde com o elétron original de cima para produzir um segundo fóton. Este se propaga até o tempo T_4, quando ele é absorvido pelo elétron de baixo.

Tudo isso pode parecer um tanto irreal: antipartículas surgiram em nossa teoria, porque estamos permitindo que partículas viajem de volta no tempo. Nossas regras de saltos e espalhamento possibilitam que as partículas saltem para frente ou para trás no tempo e, apesar de nosso possível preconceito de que isso não deveria ser permitido, concluímos que não temos como impedir tal fato. Ironicamente, se realmente *não* deixássemos que as partículas saltassem para trás no tempo, teríamos uma violação da lei da causa e efeito. Isso é curioso, pois nos parece que as coisas deveriam ser o contrário.

O fato de as coisas serem assim não é um acidente e sugere uma estrutura matemática mais profunda. É verdade que, ao ler este capítulo, você pode ter ficado com a sensação de que as regras de saltos e espalhamento parecem ser um tanto arbitrárias. Poderíamos desenvolver novas regras de espalhamento e ajustá-las, para então explorar as consequências? Bom, se fizéssemos isso, quase certamente estaríamos construindo uma má teoria – que violaria a lei da causa e efeito, por exemplo. A Teoria Quântica de Campos (TQC) é o nome da estrutura matemática mais profunda que baseia as regras de saltos e espalhamento e ela é notável por ser a única maneira de se construir uma teoria quântica das minúsculas partículas que também respeite a teoria da relatividade especial. Cercadas pelo aparato da TQC, as regras de saltos e espalhamento são fixas e perdemos a liberdade de escolha. Trata-se de um resultado muito importante para aqueles que buscam as leis fundamentais, porque usar simetria para remover opções cria a impressão de que o universo simplesmente tem de ser assim e isso parece ser um progresso no entendimento. Usamos aqui a palavra "simetria", e ela é adequada, porque as teorias de Einstein podem ser entendidas como imposição de restrições de simetria na estrutura de espaço e tempo. Outras simetrias também constrangem as regras de saltos e espalhamento e devemos passar por elas rapidamente no próximo capítulo.

Antes de deixarmos a EDQ, temos um ponto final a esclarecer. Se nos lembrarmos, a palestra inicial no encontro de Shelter Island foi a respeito do desvio de Lamb, uma anomalia no espectro do hidrogênio que não poderia ser explicada pela teoria quântica de Heisenberg e Schrödinger. Durante a semana do encontro, Hans Bethe produziu um primeiro cálculo aproximado da resposta. A figura 10.5 mostra a maneira EDQ de ilustrar um átomo de hidrogênio. A interação eletromagnética que mantém o próton e o elétron unidos pode ser representada por uma série de diagramas de Feynman de crescente complexidade, exatamente como vimos no caso de dois elétrons interagindo entre si na figura 10.1. Esboçamos na figura 10.5 dois dos possíveis diagramas mais simples. Antes da EDQ, os cálculos dos níveis de energia do elétron incluíam somente o diagrama superior da figura, que captura a física de um elétron confinado dentro do poço de potencial gerado pelo próton. Entretanto, como descobrimos, há muitas outras coisas que podem acontecer durante a interação. O segundo diagrama da figura 10.5 mostra o fóton flutuando brevemente em direção a um par elétron-pósitron, e esse processo também deve ser incluído em um cálculo dos níveis de energia possíveis do elétron. Esse e muitos outros diagramas entram no cálculo como pequenas correções do resultado principal[36]. Bethe incluiu corretamente os efeitos importantes dos diagramas de um ciclo, como o da figura, e descobriu que eles mudam sutilmente os níveis de energia e, portanto, os detalhes no espectro observado da luz. O resultado dele estava de acordo com a mensuração apresentada por Lamb. Em outras palavras, a EDQ nos força a imaginar um átomo de hidrogênio como uma cacofonia sibilante de partículas subatômicas saltando para dentro e para fora da existência. O desvio de Lamb foi o primeiro encontro direto da humanidade com essas etéreas flutuações quânticas.

Não demorou muito para que dois outros participantes de Shelter Island, Richard Feynman e Julian Schwinger, tomassem a iniciativa e, em alguns anos, a EDQ se desenvolvesse até a teoria que hoje conhecemos: a prototípica teoria quântica de campos, que serve de modelo para as demais que viriam a ser descobertas para descrever as interações fortes e fracas. Por seus esforços, Feynman, Schwinger e o físico japonês Sin-Itiro Tomonaga receberam o Prêmio Nobel de 1965, "por seu trabalho fundamental na eletrodinâmica quântica, com profundas consequências para o estudo da física das partículas elementares". É para essas profundas consequências que nos voltaremos agora.

---

[36] A primeira delas antecipada por Bohr, em 1913.

Interação

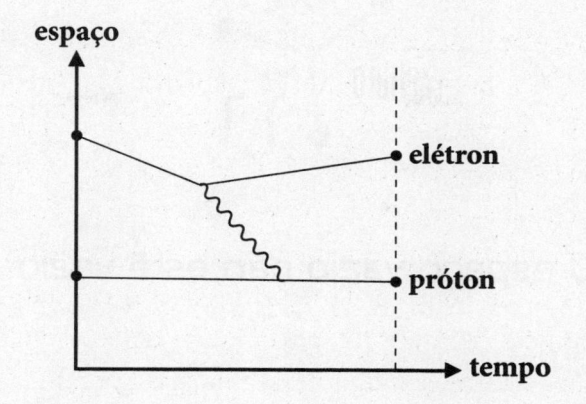

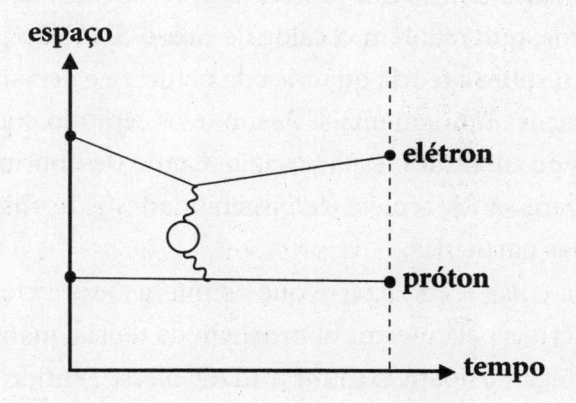

espaço

• elétron

• próton

tempo

espaço

• elétron

• próton

tempo

Figura 10.5 – O átomo de hidrogênio

CAPÍTULO 11

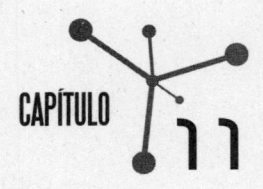

O espaço vazio não está vazio

Nem tudo no mundo provém das interações entre partículas carregadas eletricamente. A EDQ não explica os processos nucleares fortes, que unem os *quarks* dentro dos prótons e dos nêutrons, ou os processos nucleares fracos, que mantêm o calor de nosso Sol. Não podemos escrever um livro sobre a teoria quântica da natureza e deixar de fora metade das interações fundamentais. Assim, este capítulo corrigirá nossa omissão antes de adentrar o espaço vazio. Como descobrimos, o vácuo é um lugar interessante, repleto de possibilidades e de obstáculos para a navegação das partículas.

A primeira coisa a enfatizar é que as interações nucleares fortes e fracas são descritas pela mesma abordagem da teoria quântica de campos, que empregamos para explicar a EDQ. Nesse sentido é que o trabalho de Feynman, Schwinger e Tomonaga representou profundas consequências para a física. Como um todo, a teoria dessas três interações é conhecida, modestamente, como modelo-padrão da física de partículas. Enquanto aqui escrevemos, o modelo-padrão está sendo testado à exaustão pela maior e mais sofisticada máquina jamais construída: o Grande Colisor de Hádrons (ou LHC, do inglês *Large Hadron Collider*) do CERN. "À exaustão" é a expressão certa, porque, na falta de algo até agora desconhecido, utiliza-se o modelo-padrão para fazer previsões significativas sobre as energias envolvidas nas colisões de prótons quase à velocidade da luz, no LHC. Na linguagem deste livro, as regras quânticas começam a gerar relógios com ponteiros não maiores que 1, o que significa que a ocorrência de certos processos que envolvem a interação nuclear fraca pode ser prevista com probabilidade maior que 100%. Isso é claramente absurdo e implica que o LHC está a ponto de descobrir algo novo. O desafio é identificar isso entre as centenas de milhões de colisões de prótons geradas a cada segundo algumas centenas de metros abaixo das montanhas Jura.

O modelo-padrão contém, de fato, uma cura para o mal-estar das probabilidades disfuncionais, e ela se chama mecanismo de Higgs. Se ele estiver correto, o LHC deverá observar mais uma partícula da natureza, o bóson de Higgs, e com ele iniciar uma profunda mudança em nossa visão sobre o que constitui o espaço vazio. Vamos falar do mecanismo de Higgs mais adiante, neste mesmo capítulo, mas primeiro precisamos fazer uma pequena introdução ao triunfante, ainda que ruidoso, modelo-padrão.

O modelo-padrão da física de partículas

Na figura 11.1, listamos todas as partículas conhecidas. Elas são os elementos básicos de nosso universo, até onde sabemos enquanto escrevemos este livro, porém esperamos que haja mais algumas – talvez vejamos um bóson de Higgs ou, quem sabe, uma nova partícula associada com a abundante e enigmática matéria escura, algo que pareça necessário para explicar o universo como um todo; ou quiçá as partículas supersimétricas antecipadas pela teoria das cordas; ou os estados excitados da teoria de Kaluza-Klein, característicos das dimensões extras no espaço; ou *techniquarks*; ou *leptoquarks*; ou talvez... a especulação teórica é abundante, e é obrigação daqueles que conduzem os experimentos no LHC reduzir o campo, rejeitar as teorias erradas e apontar o caminho a seguir.

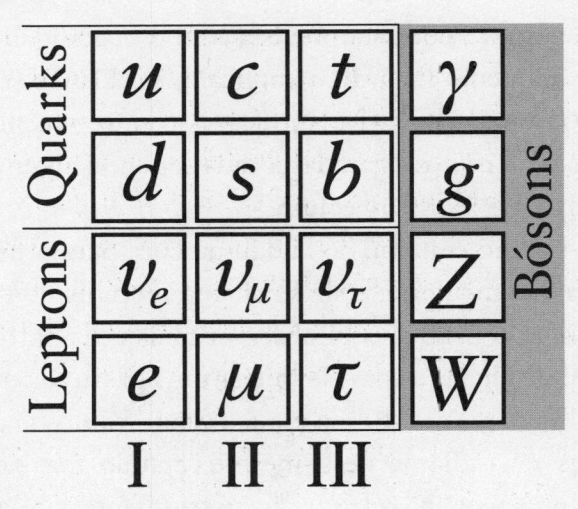

Figura 11.1 – As partículas da matéria

Tudo o que você pode ver e tocar, toda máquina inanimada, toda coisa viva, toda rocha e todo ser humano no planeta Terra, todo planeta e toda estrela em cada uma das 350 bilhões de galáxias no universo observável se constitui das partículas na primeira das quatro colunas. Você é um arranjo de apenas três delas: o *quark up*, o *quark down* e o elétron. Os *quarks* compõem seus núcleos atômicos e, como vimos, os elétrons fazem a Química. A partícula restante na primeira coluna, chamada de neutrino do elétron, pode ser menos familiar para você, mas há cerca de 60 bilhões delas fluindo em cada centímetro quadrado de seu corpo, a cada segundo, provenientes do Sol. A maioria navega direto através de seu corpo e de toda a Terra, livremente, o que explica por que você nunca viu ou sentiu um deles. No entanto, como veremos já, eles cumprem um papel crucial nos processos que energizam o Sol e, por isso, tornam nossa vida possível.

Essas quatro partículas formam um conjunto conhecido como a primeira geração da matéria, e, com as quatro interações fundamentais da natureza, elas parecem ser tudo o que é necessário para se construir um universo. Por razões que ainda não compreendemos, a natureza escolheu nos fornecer ainda mais duas gerações – clones da primeira, exceto pelo fato de possuírem mais massa. Elas estão representadas na segunda e na terceira colunas da figura 11.1. O *quark top*, particularmente, tem muito mais massa que as outras partículas fundamentais. Ele foi descoberto no acelerador Tevatron, do Fermilab, próximo a Chicago, em 1995, e sua massa foi medida e se verificou que ela tem mais de 180 vezes a de um próton. A razão de o *quark top* ser esse monstro, ao mesmo tempo que é um ponto, assim como é um elétron, é um mistério. Embora essas gerações extras de matéria não tenham um papel de protagonismo nos assuntos ordinários do universo, elas parecem ter sido essenciais nos momentos logo depois do Big Bang. Mas essa é outra história.

Também na figura 11.1, na coluna da direita, temos as partículas que carregam forças. A gravidade não é representada na tabela, porque não temos uma teoria quântica relacionada a ela que se encaixe confortavelmente na estrutura do modelo-padrão. Isso não quer dizer que não exista uma; a teoria das cordas é uma tentativa de trazer a gravidade para a cena, contudo, até agora, teve pouco sucesso. Como a gravidade é muito fraca, ela não desempenha um papel significativo nos experimentos da física de partículas e, por essa razão pragmática, não falaremos mais dela. Aprendemos no último capítulo como o fóton é responsável por mediar a interação eletromagnética entre partículas com carga elétrica. Esse comportamento foi determinado pela especificação de uma nova regra de espalhamento. As partículas W e Z fazem o trabalho correspondente para a interação fraca, enquanto os glúons medeam a interação forte. As diferenças primárias entre as descrições quânticas das interações surgem porque as regras de espalhamento são diferentes. É (quase) tão simples assim. Ilustramos algumas das novas regras de espalhamento na figura 11.2. A semelhança com a EDQ facilita a análise dos princípios básicos das interações fraca e forte. Só precisamos conhecer as regras de espalhamento e podemos desenhar diagramas de Feynman como o fizemos para a EDQ, no capítulo anterior. Felizmente, mudar as regras de espalhamento faz toda a diferença para o mundo físico.

Se este fosse um livro didático de física de partículas, poderíamos delinear as regras de espalhamento para cada um dos processos na figura 11.2, e muito mais. Essas regras, conhecidas como regras de Feynman, permitiria a nós, portanto, ou a um programa de computador, calcular a probabilidade de um processo ou outro, exatamente como descrevemos no capítulo anterior para a EDQ. As regras capturam algo essencial sobre o mundo, e é prazeroso ver que elas podem ser resumidas em algumas imagens e regras simples. Entretanto, este não é um livro didático de física de partículas; então, iremos enfocar o diagrama superior direito, porque ele representa uma regra de espalhamento particularmente importante para a vida na Terra. Mostra um *quark up* se espalhando em um *quark down* pela emissão de uma partícula W. Esse comportamento é explorado dramaticamente dentro do núcleo do Sol.

O Sol é um mar gasoso de prótons, nêutrons, elétrons e fótons com volume de um milhão de Terras, colapsando-se sob sua própria gravidade. A violenta compressão aquece o núcleo solar a 15 milhões de graus e, a essas temperaturas, os prótons começam a se fundir uns com os outros, para formar os núcleos de hélio. O processo de fusão libera energia, o que aumenta a pressão nas camadas externas da estrela, equilibrando a atração interna da gravidade. Avançaremos nesse ato de equilíbrio precário no epílogo, todavia, por ora, queremos entender o que significa dizer que os "prótons começam a fundir-se uns com os outros".

Isso parece simples, mas o mecanismo preciso da fusão no núcleo do Sol foi fonte de grande debate científico durante os anos 20 e 30. O cientista britânico Arthur Eddington foi o primeiro a propor que a fonte de energia do Sol era a fusão nuclear, mas logo foi contestado pelo argumento de que as temperaturas eram aparentemente muito baixas para que o processo ocorresse, tendo em vista as até então conhecidas leis da física. Entretanto, Eddington se manteve firme em sua posição, emitindo a famosa réplica: "O hélio com que lidamos deve ser reunido em algum momento e em algum lugar. Não discutimos com os críticos que insistem que as estrelas não são quentes o suficiente para esse processo; dizemos a eles que achem um lugar mais quente, então".

O espaço vazio não está vazio

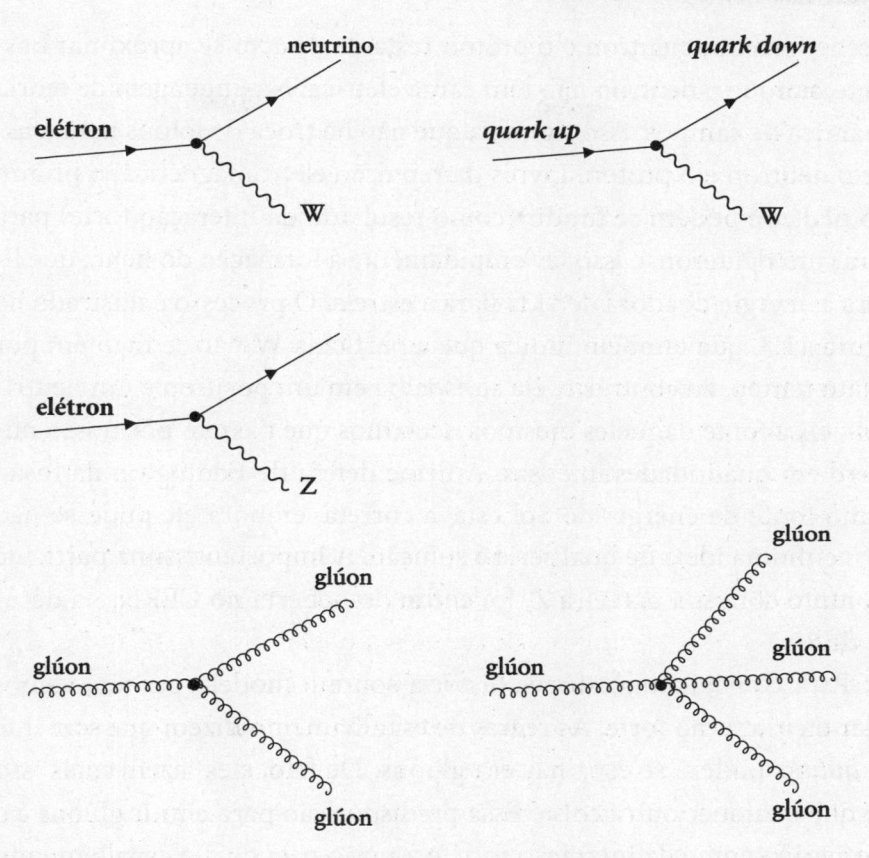

Figura 11.2 – Algumas das regras de espalhamento para as interações fraca e forte

O problema é que, quando dois prótons em movimento rápido no núcleo do Sol se aproximam, eles repelem um ao outro como resultado da interação eletromagnética (ou, na linguagem da EDQ, pela troca de fótons). Para se fundir, eles precisariam se aproximar tanto que efetivamente se sobreporiam, e, como Eddington e seus colegas bem sabiam, os prótons solares não se movimentam rápido o suficiente (porque o Sol não é tão quente) para superar sua repulsão eletromagnética mútua.

A resposta a essa charada é que a partícula W aparece para salvar o dia. Em um golpe, um dos prótons na colisão pode se converter em um nêutron pela conversão de um de seus *quarks up* em *quark down*, como especificado pela regra de espalhamento na figura 11.2. Agora, o recém-formado nêutron e o próton restante podem se aproximar bastante, porque o nêutron não tem carga elétrica. Na linguagem da teoria quântica de campos, isso significa que não há troca de fótons para afastar o nêutron e o próton. Livres da repulsão eletromagnética, o próton e o nêutron podem se fundir (como resultado da interação forte) para gerar um dêuteron, e isso leva rapidamente à formação do hélio, que libera a energia doadora de vida para a estrela. O processo é ilustrado na figura 11.3, que também indica que a partícula W não se mantém por muito tempo; ao contrário, ela se espalha em um pósitron e um neutrino – eis a fonte daqueles mesmos neutrinos que passam por nosso número em quantidades imensas. A firme defesa de Eddington da fusão como fonte de energia do Sol estava correta, embora ele pudesse não ter nenhuma ideia de qual seria a solução. A importantíssima partícula W, junto com sua parceira Z, foi enfim descoberta no CERN, na década de 80.

Para concluir nossa breve história sobre o modelo-padrão, vamos falar da interação forte. As regras de espalhamento dizem que somente os *quarks* podem se espalhar em glúons. De fato, eles fazem mais isso do que qualquer outra coisa. Essa predisposição para emitir glúons é o motivo do nome da interação forte e a razão pela qual o espalhamento de glúons é capaz de superar a repulsiva interação eletromagnética que, de outro modo, faria com que o próton com carga positiva explodisse. Felizmente, a interação forte não pode chegar a tanto. Os glúons não tendem a viajar além de aproximadamente 1 femtômetro (10^{-15} m) até se espalharem novamente. A razão por que os glúons têm tão pouco alcance em sua influência, enquanto os fótons podem atravessar o universo, deve-se ao fato de que aqueles também podem se espalhar em outros glúons, como ilustrado nas duas imagens finais da figura 11.2. Tal truque dessas partículas torna a interação forte bem diferente da interação eletromagnética e efetivamente limita suas ações no interior do núcleo atômico. Os fótons não têm essa propriedade de autoespalhamento, o que é ótimo, porque, se eles a tivessem, você não poderia ver o mundo em frente a seus olhos, uma vez que os fótons em sua direção espalhariam aqueles que viajam através de sua linha de visão. Ver o mundo ao redor é uma das maravilhas da vida e é um lembrete claro de que os fótons muito raramente interagem uns com os outros.

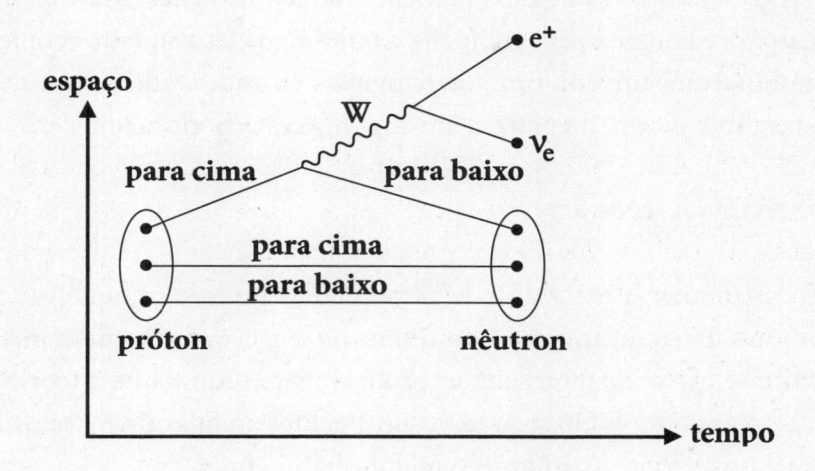

Figura 11.3 – Conversão do próton em um nêutron por decaimento fraco, com a emissão de um pósitron e um neutrino. Sem isso, o Sol não queimaria.

Não explicamos de onde vêm todas essas regras, nem explicamos por que o universo contém essas partículas. Há uma boa razão para isso: na realidade, não sabemos as respostas para nenhuma dessas questões. As partículas que constituem nosso universo – os elétrons, neutrinos e *quarks* – são os atores principais no desdobramento do drama cósmico, mas, até agora, não conseguimos explicar por que os personagens atuam de tal maneira.

O que é verdade, entretanto, é que, uma vez que temos a lista de partículas, a forma de elas interagirem entre si, como prescrito pelas regras de espalhamento, é algo que podemos antecipar parcialmente. As regras de espalhamento não são algo que os físicos simplesmente conjuraram do nada – em todos os casos, elas foram previstas com base na ideia de que a teoria que descreve as interações das partículas deveria ser uma teoria quântica de campos complementada por algo chamado simetria de calibre. Discutir a origem das regras de espalhamento nos levaria para muito além da linha principal deste livro – porém reiteramos que as regras essenciais são muito simples: o universo é construído por partículas que se movem e interagem de acordo com um conjunto de regras de saltos e de espalhamento. Podemos pegar essas regras e usá-las para calcular a probabilidade de que algo efetivamente acontece ao combinarmos um conjunto de relógios – considerando-se um relógio para todas e cada maneira como alguma coisa pode acontecer.

A origem da massa

Ao introduzir a ideia de que as partículas podem se espalhar, assim como saltar, entramos nos domínios da teoria quântica de campos; e saltar e se espalhar representam praticamente tudo a que a teoria se refere. No entanto, fomos um tanto negligentes ao falar da massa, mas por uma boa razão: guardamos o melhor para o final.

A física moderna das partículas procura oferecer uma resposta para a questão "qual é a origem da massa?" e ela faz isso com a ajuda de uma parte bela e sutil da física e de uma nova partícula – nova no sentido de que ainda não falamos dela neste livro e de que ninguém na Terra jamais a encontrou "cara a cara". Essa partícula é chamada de bóson de Higgs, e o LHC a tem sob estrita observação. Na época em que escrevíamos este livro, em setembro de 2011, aconteceram vislumbres interessantes de um possível objeto como o de Higgs nos dados do LHC, porém não houve eventos[37] suficientes para se chegar a uma decisão. Pode ser que no momento em que você lê este livro a situação já tenha mudado e que o bóson de Higgs seja uma realidade ou quem sabe os sinais interessantes tenham se dissipado sob a observação mais detalhada. O que é empolgante com relação à questão da origem da massa é

---

[37] Um "evento" é uma colisão próton-próton. Como a física fundamental é um jogo de contar (ela trabalha com estatísticas), é necessário repetir a colisão de prótons, para que se acumule um número suficiente daqueles eventos muito raros em que uma partícula de Higgs é produzida. O que constitui um número suficiente depende de quão habilidosos são os cientistas para eliminar com segurança os sinais falsos.

que a resposta é extremamente interessante, vai além do interesse óbvio de saber o que é massa. Vamos explicar agora essa afirmação enigmática e provocativa.

Quando examinamos os fótons e os elétrons na EDQ, apresentamos as regras dos saltos para cada qual e dissemos que elas eram diferentes – usamos o símbolo P(A, B) para a regra associada com o elétron que salta de A para B; e o símbolo L(A, B) para a regra correspondente ao fóton. Agora é hora de investigar por que as regras são distintas nos dois casos. Há uma diferença, uma vez que temos dois tipos de elétrons (como sabemos, eles "giram" – *spin* – de duas maneiras diferentes), enquanto os fótons são de três tipos. Todavia essa diferença em particular não nos interessa aqui. Há outra divergência, em razão de o elétron ter massa e o fóton, não – é isso o que queremos explorar.

A figura 11.4 ilustra uma forma de pensarmos a propagação de uma partícula com massa. A imagem mostra, em estágios, uma partícula saltando de A para B. Ela vai de A para o ponto 1, do ponto 1 para o ponto 2, e assim por diante, até finalmente saltar do ponto 6 até B. O interessante é que, posta desse modo, a regra para cada salto é a mesma que para uma partícula de massa zero, porém com uma importante condição: toda vez que a partícula muda de direção, devemos aplicar uma nova regra de redução, com o valor da redução inversamente proporcional à massa da partícula que estamos descrevendo. Isso significa que, em cada mudança de direção, os relógios das partículas pesadas recebem menos redução que os das partículas mais leves. É importante enfatizar que não se trata de uma prescrição *ad hoc*. O zigue-zague e a redução provêm diretamente das regras de Feynman para propagação de uma partícula com massa, sem mais suposições[38]. A figura 11.4 mostra apenas uma maneira de nossa partícula pesada chegar de A até

---

[38] Nossa capacidade de pensar em uma partícula com massa como uma partícula sem massa complementada por uma regra de "mudança de direção" vem do fato de que P(A,B) = L(A,B) + L(A,1)L(1,B)S + L(A,1)L(1,2)L(2,B)S^2 + L(A,1)L(1,2)L(2,3)L(3,B)S^3 + ..., em que S é o fator de redução associado com a mudança, e é sabido que devemos somar todos os possíveis pontos intermediários 1, 2, 3 etc.

O UNIVERSO QUÂNTICO

B, isto é, por meio de seis mudanças de direção e seis fatores de redução. Para obter o relógio final associado com uma partícula com massa saltando de A para B, devemos, como sempre, combinar todos os caminhos possíveis pelos quais a partícula pode ziguezaguear de A até B. O caminho mais simples é o reto, sem zigue-zagues, mas os caminhos com muita sinuosidade também precisam ser considerados.

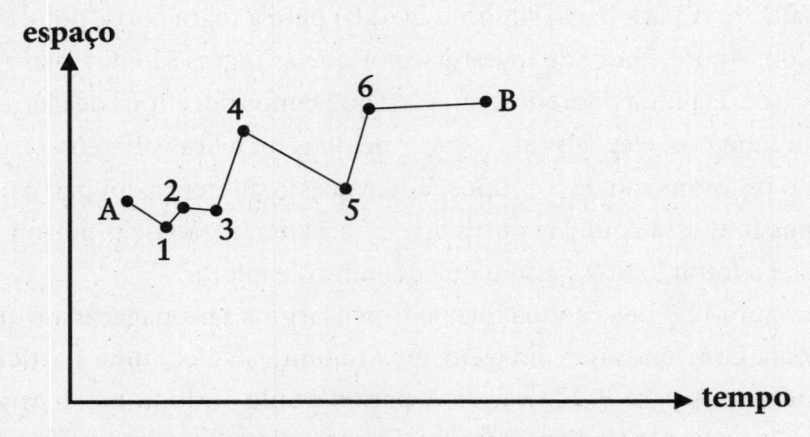

Figura 11.4 – Uma partícula com massa viajando de A até B.

Para as partículas com massa zero, o fator de redução associado a cada mudança de direção é impressionante, porque ele é infinito. Em outras palavras, devemos reduzir o relógio a zero depois da primeira troca de direção. O único caminho que interessa para as partículas sem massa é, portanto, o caminho reto – simplesmente, não há nenhum relógio associado com qualquer outro trajeto. Isso é exatamente o que esperaríamos, pois quer dizer que podemos usar a regra dos saltos para partículas sem massa quando esse for o caso da partícula em questão. Entretanto, para partículas com massa diferente de zero, as alterações de direção são permitidas; porém, se a partícula for muito leve, o fator de redução impõe um ônus severo sobre os caminhos com muitas mudanças de direção. Assim, os trajetos mais prováveis são aqueles com poucos desvios. Inversamente, partículas pesadas não são tão penalizadas com as trocas de direção e tendem a ser descritas por caminhos com muita sinuosidade. De fato, parece que as partículas pesadas devem ser pensadas como partículas sem massa que zigue-zagueiam de A até B. A quantidade de zigue-zagues é o que identificamos como massa.

Isso é bastante interessante, porque temos assim uma nova maneira de pensar sobre partículas com massa. A figura 11.5 ilustra a propagação de A até B de três partículas diferentes, com massa crescente. Em cada caso, a regra associada a cada "zigue" ou a cada "zague" do caminho é a mesma para a partícula sem massa e, para cada mudança de direção, temos de penalizá-la com uma redução de relógio. Não devemos ficar muito empolgados ainda, porque efetivamente não explicamos algo fundamental. Tudo o que fizemos foi substituir a palavra "massa" pela expressão "tendência a ziguezaguear". Podemos fazer isso porque as duas são descrições matematicamente equivalentes para a propagação de uma partícula com massa. Mas, mesmo assim, parece uma coisa interessante e, como veremos, ela pode ser mais do que uma mera curiosidade matemática.

Vamos entrar agora no âmbito da especulação – embora a teoria que vamos descrever possa já ter sido verificada no momento em que você lê este livro. Atualmente, o LHC está ocupado provocando a colisão de prótons com uma energia combinada de sete TeV. "TeV" é a sigla para tera-elétron-volts, que corresponde ao montante de energia que um elétron teria se fosse acelerado em uma diferença de potencial de sete milhões de volts. Para ter uma ideia de quanto de energia isso representa, seria aproximadamente a energia que as partículas subatômicas continham cerca de um trilionésimo de segundo depois do Big Bang, e isso é suficiente para gerar do nada uma massa igual a sete mil prótons (por meio da fórmula de Einstein: $E = mc^2$). E essa é somente metade da energia projetada; se necessário, o LHC tem mais gasolina no tanque!

Uma das razões principais por que 85 países do mundo se reuniram para construir e operar esse vasto e audacioso experimento é buscar o mecanismo responsável pela geração da massa das partículas fundamentais. A teoria mais largamente aceita para a origem da massa decorre de uma explicação para os zigue-zagues: ela admite uma nova partícula fundamental em que as outras colidem em seu caminho pelo universo.

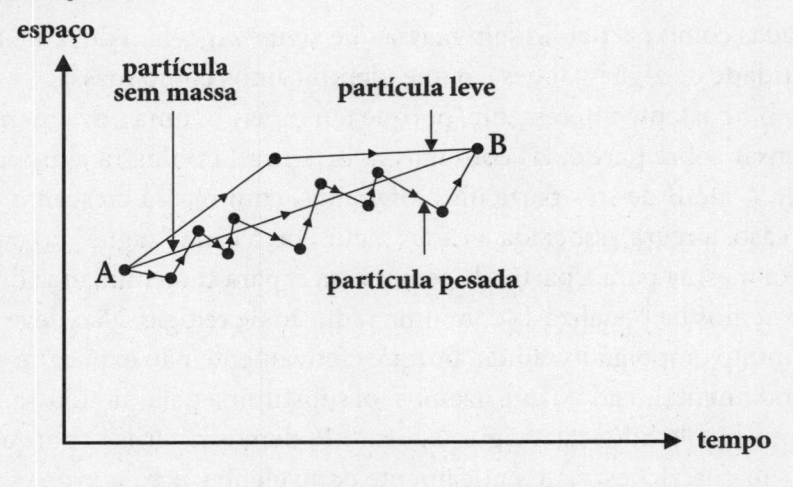

Figura 11.5 – Partícula de massa crescente se propagando de A até B. A partícula com mais massa é a que faz mais zigue-zagues.

Essa partícula é o bóson de Higgs. De acordo com o modelo-padrão, sem um Higgs, as partículas fundamentais saltariam de ponto a ponto sem nenhum zigue-zague, e o universo seria um lugar muito diferente. No entanto, se preenchermos o espaço vazio com partículas de Higgs, estas poderão desviar as partículas, fazendo-as ziguezaguear, e, como aprendemos, isso leva ao surgimento de massa. É como tentar andar dentro de um bar lotado – a pessoa é empurrada de um lado para o outro e acaba fazendo um caminho em zigue-zague dentro do lugar.

O mecanismo Higgs foi assim chamado em homenagem ao teórico escocês Peter Higgs e foi incluído na física das partículas em 1964. Obviamente, a ideia era muito avançada, porque várias pessoas chegaram a ela ao mesmo tempo – Higgs, é claro, e também Robert Brout e François Englert, que trabalhavam em Bruxelas; além de Gerald Guralnik, Carl Hagan e Tom Kibble, em Londres. O trabalho delas foi desenvolvido em cima dos esforços anteriores de muitos outros cientistas, entre eles, Heisenberg, Yoichiro Nambu, Jeffrey Goldstone, Philip Anderson e Weinberg. A realização completa da ideia, pela qual Sheldon Glashow, Abdus Salam e Weinberg receberam o Prêmio Nobel em 1979, foi nada menos que o modelo-padrão da física das partículas.

O espaço vazio não está vazio

A ideia é muito simples: o espaço vazio não é vazio, e isso leva aos zigue-zagues e, consequentemente, à criação de massa. Entretanto, temos mais a explicar: como pode o espaço vazio estar apinhado de partículas de Higgs – não notaríamos isso em nossa vida cotidiana – e como esse estranho estado de coisas começou? Certamente, essa parece uma proposição extravagante. Também não explicamos como algumas partículas (como os fótons) não têm massa, enquanto outras (como os bósons W e os *quarks top*) possuem massas comparáveis às de um átomo de prata ou ouro.

A segunda questão é mais fácil de responder que a primeira, pelo menos superficialmente. As partículas só interagem umas com as outras por meio da regra de espalhamento, e as partículas de Higgs não são diferentes nesse sentido. A regra de espalhamento para um *quark top* inclui a possibilidade de ele poder se ligar a uma partícula de Higgs e a correspondente redução do relógio (lembre-se de que todas as regras de espalhamento são acompanhadas de um fator de redução) é muito menor que no caso de *quarks* mais leves. Isso explica por que um *quark top* é tão mais pesado que um *quark up*. Isso não explica, porém, por que a regra de espalhamento é desse modo, é claro. A resposta atual para isso é o frustrante "é assim porque é". Ela está na mesma linha das questões "por que existem três gerações de partículas?" ou "por que a gravidade é tão fraca?" Do mesmo modo, os fótons não têm regra de espalhamento que os ligue às partículas de Higgs e, em consequência disso, não interagem com elas. Isso quer dizer que eles não zigue-zagueiam e não têm massa. Embora tenhamos fugido um pouco à questão, trata-se, de fato, de algum tipo de explicação e é verdade que, se pudermos detectar partículas de Higgs no LHC e verificar que elas se ligam a outras dessa maneira, seremos capazes de afirmar que obtivemos um emocionante entendimento sobre a forma como a natureza funciona.

A primeira de nossas perguntas sensacionais – especificamente, como é que o espaço vazio está abarrotado de partículas de Higgs? – é um pouco difícil de explicar. Para começar, precisamos ser claros sobre uma coisa: a física quântica sugere que não existe algo como "espaço vazio". Na verdade, o que chamamos "espaço vazio" é turbilhão agitado de partículas subatômicas e não há modo de varrê-las ou eliminá-las. Entendendo isso, torna-se muito menos intelectualmente desafiante aceitar que o espaço vazio está repleto de partículas de Higgs. Mas, vamos por etapas.

Imagine uma minúscula região do profundo espaço cósmico, uma esquina solitária do universo, milhões de anos-luz de uma galáxia. À medida que o tempo passa, é impossível evitar que partículas apareçam e desapareçam do nada. Por quê? Porque o processo de criação e aniquilação do par partícula/antipartícula é regido por regras. Um exemplo disso pode ser visto no diagrama inferior na figura 10.5: exclua as linhas e deixe apenas o *loop* do elétron – o diagrama corresponderá, então, a um par elétron-pósitron aparecendo espontaneamente do nada e desaparecendo em seguida. Como desenhar um *loop* não viola nenhuma das regras da EDQ, devemos reconhecer que se trata de uma possibilidade real. Lembre-se: tudo que pode acontecer realmente acontece. Essa possibilidade particular é apenas uma de um número infinito de maneiras como o espaço vazio pode se manifestar e, como vivemos em um universo quântico, a coisa correta a se fazer é combinar todas as possibilidades. Em outras palavras, o vácuo possui uma estrutura incrivelmente rica, constituída de todas as formas possíveis pelas quais as partículas podem aparecer ou desaparecer da existência.

O último parágrafo apresentou a ideia de que o vácuo não é vazio. Mostramos um cenário bem democrático, em que todas as partículas elementares desempenham uma função. Mas o que torna as partículas de Higgs tão especiais? Se o vácuo não fosse nada mais que um caldo agitado de criação e aniquilação de matéria/antimatéria, então todas as partículas elementares continuariam a ter massa zero – os próprios *loops* quânticos não são capazes de gerar isso[39]. Ao contrário, precisamos povoar o vácuo com algo diferente e é aqui que entram as partículas de Higgs. Peter Higgs simplesmente estipulou que o espaço vazio

---

[39] Temos aqui uma questão sutil que deriva da "simetria de calibre", que subscreve as regras de saltos e espalhamento das partículas elementares.

é povoado por partículas de Higgs[40] e não se sentiu obrigado a dar nenhuma explicação adicional sobre isso. As partículas de Higgs no vácuo fornecem o mecanismo de zigue-zague e estão trabalhando a todo o momento por meio da interação com toda e qualquer partícula com massa no universo, retardando seletivamente seu movimento para criar mais massa. A consequência final das interações entre a matéria ordinária e um vácuo cheio de partículas de Higgs é um lugar sem estrutura alguma para um mundo vivo, maravilhoso e diversificado de estrelas, galáxias e pessoas.

Claro, a grande questão é de onde vieram as partículas de Higgs. A resposta não é conhecida. Considera-se que elas sejam remanescentes do que se conhece como uma transição de fase ocorrida logo após o Big Bang. Se você tiver paciência e observar pela janela a temperatura caindo em um entardecer de inverno, verá a bela estrutura de cristais de gelo surgir como que por mágica do vapor d'água no ar da noite. A transformação de vapor d'água em gelo em um vidro frio é uma transição de fase – moléculas de água se reorganizam como cristais de gelo; é a mudança repentina e espontânea da simetria de uma nuvem de vapor sem forma iniciada por uma queda na temperatura. Os cristais de gelo se formam porque energeticamente é mais favorável isso acontecer. Do mesmo modo que uma bola rola montanha abaixo para assumir uma energia mais baixa em um vale ou que os elétrons se rearranjam em torno dos núcleos atômicos para formar as ligações que mantêm as moléculas unidas, a beleza esculpida de um floco de neve é uma configuração das moléculas de água de energia mais baixa que a de uma nuvem de vapor sem forma.

Acreditamos que algo similar aconteceu no início da história do universo. À medida que os gases quentes das partículas que eram o universo nascente se expandiram e se resfriaram, ocorreu que um vácuo sem partículas de Higgs se tornou energeticamente desfavorável e um vácuo com partículas de Higgs passou a ser o estado natural. O processo é,

---

[40] Ele era modesto demais para dar a elas esse nome.

> A IDEIA DE QUE O VÁCUO É PREENCHIDO POR ALGUM MATERIAL SUGERE QUE NÓS E TUDO O MAIS NO UNIVERSO VIVEMOS NOSSAS VIDAS DENTRO DE UM GIGANTESCO CONDENSADO QUE EMERGIU QUANDO O UNIVERSO SE RESFRIOU, ASSIM COMO O ORVALHO DA MANHÃ EMERGE COM A AURORA.

de fato, semelhante ao da água que se condensa em gotículas ou formas de gelo na vidraça de uma janela. A aparição espontânea de gotículas de água quando o líquido se condensa em um vidro cria a impressão de que aquelas gotas simplesmente surgiram do nada. Da mesma forma que com as partículas de Higgs, nos estágios de calor logo após o Big Bang, o vácuo estava efervescente com as flutuações quânticas velozes (aqueles *loops* em nossos diagramas de Feynman), conforme partículas e antipartículas surgiam e desapareciam do nada. Entretanto, algo radical aconteceu quando o universo se resfriou e, de repente, assim como as gotas de água aparecem no vidro, surgiu um "condensado" de partículas de Higgs, todas intimamente ligadas graças às suas interações mútuas em uma suspensão efêmera através da qual outras partículas se propagam.

A ideia de que o vácuo é preenchido por algum material sugere que nós e tudo o mais no universo vivemos nossas vidas dentro de um gigantesco condensado que emergiu quando o universo se resfriou, assim como o orvalho da manhã emerge com a aurora. Para que não pensemos que o vácuo é povoado meramente pelo resultado da condensação de partículas de Higgs, devemos ressaltar que há mais coisas nele do que isso. Conforme o universo se esfriou ainda mais, *quarks* e glúons também se condensaram para produzir o que são, naturalmente, *quarks* e glúon condensados. A existência deles está bem estabelecida pelos experimentos, e eles cumprem um papel muito importante em nosso entendimento da interação nuclear forte. Na verdade, é a condensação que faz surgir a maior parte da massa dos prótons e nêutrons. O vácuo de Higgs é, entretanto, responsável por gerar as massas observadas das partículas elementares – os *quarks*, elétrons, múons, taus e partículas W e Z. O condensado *quark* ajuda a explicar o que acontece quando um grupo de *quarks* se une para formar um próton ou um nêutron. Curiosamente, enquanto o mecanismo de Higgs é relativamente pouco importante na explicação da massa dos prótons, dos nêutrons e dos núcleos atômicos mais pesados, o contrário é verdadeiro no que diz respeito à explicação da massa das partículas W e Z. Para estas, a condensação de *quarks* e glúons gera uma massa de aproximadamente 1 GeV na ausência de uma partícula de Higgs, mas suas massas experimentalmente medidas são próximas a cem vezes isso. O LHC foi planejado para operar no domínio da energia de W e Z, em que ele pode observar o mecanismo responsável por suas massas comparativamente maiores. Se isso é a partícula de Higgs entusiasticamente prevista ou algo até agora não sonhado, somente o tempo e as colisões de partículas nos dirão.

Para incluir na história alguns números bastante surpreendentes, a energia armazenada em um metro cúbico de espaço vazio como resultado da condensação do *quark* e do glúon é de espantosos 10^{35} joules, e a energia em virtude da condensação das partículas de Higgs é cem vezes maior do que essa. Juntas, elas são responsáveis pelo total de energia que nosso Sol produz em mil anos. Para ser preciso, trata-se de energia negativa, porque o vácuo é inferior em energia a um universo que não contenha nenhuma partícula. A energia negativa surge em razão da energia de ligação associada com a formação dos condensados e não é, em si, misteriosa. Isso não é tão notável quanto o fato de que, para ferver água (reverter a transição de fase de vapor para líquido), você tenha de acrescentar energia.

O que é misterioso, porém, é que tamanha densidade de energia negativa em cada metro quadrado de espaço vazio deveria, se considerarmos o valor nominal, gerar uma expansão devastadora do universo, impedindo que jamais se formassem estrelas ou pessoas. O universo teria, literalmente, explodido momentos depois do Big Bang. Isso é o que acontece se pegarmos da física das partículas as previsões para condensação no vácuo e as encaixarmos diretamente nas equações de Einstein para a gravidade, aplicadas ao universo como um todo. Esse enigma atroz recebe o nome de problema da constante cosmológica e permanece como um dos problemas centrais na física fundamental. Certamente, ele sugere que precisamos tomar muito cuidado antes de afirmar possuir real entendimento da natureza do vácuo e/ou da gravidade. Existe algo absolutamente fundamental que ainda não compreendemos.

Com essa frase, chegamos ao fim de nossa história, porque alcançamos os limites de nosso conhecimento. O domínio do conhecido não é a arena do cientista pesquisador. A teoria quântica, como observamos no começo deste livro, tem uma reputação de dificuldade e de óbvia estranheza paradoxal, manifesta-se como uma base um tanto liberal de compreensão do comportamento das partículas da matéria. Entretanto, tudo o que descrevemos, com exceção deste capítulo final, é conhecido e bem compreendido. Seguindo as evidências, em vez do senso comum, somos levados a uma teoria que é visivelmente capaz de descrever uma grande variedade de fenômenos, desde nítidos arco-íris emitidos por átomos quentes à fusão entre estrelas. Colocar a teoria em prática nos levou à invenção tecnológica mais importante do século 20 – o transistor –, um dispositivo cuja operação seria inexplicável sem uma visão quântica do mundo.

Mas a teoria quântica é bem mais que um mero triunfo explanatório. No casamento forçado entre a teoria quântica e a relatividade, a antimatéria surgiu como uma necessidade teórica e foi oportunamente descoberta. O *spin*, a propriedade fundamental das partículas subatômicas em que se baseia a estabilidade dos átomos, foi igualmente uma previsão teórica requerida para a consistência da teoria. E agora, no segundo século quântico, o Grande Colisor de Hádrons viaja pelo desconhecido para explorar o próprio vácuo. Isso é progresso científico: a construção gradual e cuidadosa de um legado de explanações e previsões que mudam o modo como vivemos. E é isso que separa a ciência de todas as outras coisas. Não é simplesmente outro ponto de vista – ela

O espaço vazio não está vazio

revela uma realidade que seria impossível conceber, mesmo para o possuidor da mais agitada e surreal imaginação. A ciência é a investigação do real e, se o real parece surreal, então que assim seja. Não há melhor demonstração do poder do método científico do que a teoria quântica. Ninguém poderia ter chegado a ela sem os mais meticulosos e detalhados experimentos, e os físicos teóricos que a construíram foram capazes de suspender e abandonar suas mais profundas e seguras crenças, para explicar as evidências diante deles. Talvez o enigma da energia do vácuo sinalize com uma nova jornada quântica, quiçá o LHC forneça novos dados inexplicáveis e, quem sabe, tudo neste livro se torne uma aproximação de um cenário muito mais abrangente – a empolgante jornada para entender nosso Universo Quântico continua!

Quando começamos a pensar em escrever esta obra, passamos algum tempo debatendo sobre como concluí-la. Queríamos achar uma demonstração do poder intelectual e prático da teoria quântica que convenceria até o mais cético dos leitores de que a ciência realmente descreve, com detalhes requintados, o funcionamento do mundo. Concordamos que essa demonstração existe, embora ela envolva alguma álgebra – fizemos o melhor que pudemos para que fosse possível acompanhar o raciocínio sem adentrar muito nas equações, porém fica desde já o aviso. Assim, nosso livro termina aqui, a menos que você queira um pouco mais: a mais espetacular demonstração – a nosso ver – do poder da teoria quântica. Boa sorte e boa viagem!

EPÍLOGO

A morte das estrelas

Quando as estrelas morrem, muitas terminam como bolas superdensas de material nuclear envolvidas por um mar de elétrons. Estas são conhecidas como "anãs brancas". Esse será o destino de nosso Sol, quando se esgotar seu combustível nuclear, daqui a cindo bilhões de anos. Também será o fim de mais de 95% das estrelas em nossa galáxia. Com nada mais que caneta, papel e um pouco de raciocínio, podemos calcular a maior massa possível dessas estrelas. O cálculo, feito pela primeira vez por Subrahmanyan Chandrasekhar, em 1930, usa a teoria quântica e a relatividade para fazer duas previsões muito claras. Primeiro, a de que devem existir as estrelas anãs brancas – uma bola de matéria mantida pela força de compressão de sua própria gravidade graças ao princípio de exclusão de Pauli. Segundo, a de que, se desviarmos nossa atenção do pedaço de papel com esboços teóricos e contemplarmos o céu noturno, nunca veremos uma anã branca com massa maior que 1,4 vezes a massa do Sol. Essas previsões são espetacularmente audaciosas.

Atualmente, os astrônomos têm cerca de dez mil estrelas anãs brancas catalogadas. A maioria delas possui massa em torno de 0,6 de massa solar, mas a com maior massa registrada está justamente abaixo de 1,4 de massa solar. Esse número sozinho, "1,4", é um triunfo do método científico. Ele depende de um entendimento da física nuclear, da física quântica e da teoria da relatividade especial de Einstein – um pacote integrado da física do século 20. Para calculá-lo, também são necessárias as constantes fundamentais da natureza, de que falamos neste livro. No fim deste capítulo, teremos aprendido que a massa máxima é determinada pela relação

$$\left(\frac{hc}{G}\right)^{3/2} \frac{1}{m_p^2}$$

Observe com atenção a fórmula acima. Ela depende da constante de Planck, da velocidade da luz, da constante gravitacional de Newton e da massa de um próton. Como é maravilhoso podermos prever a maior massa de uma estrela em degeneração por meio da combinação de constantes fundamentais! A combinação tripla de gravidade, relatividade e *quantum* de ação, exposta na relação $(hc/G)^{1/2}$, é chamada de massa de Planck. Quando colocamos os números, ela chega a aproximadamente 55 microgramas: algo perto da massa de um grão de areia. Assim, a massa de Chandrasekhar é obtida, de maneira surpreendente, pela consideração de duas massas, uma do tamanho de um grão de areia, e outra da massa de um único próton. Desses números minúsculos emerge uma nova escala de massa na natureza: a massa de uma estrela em degeneração.

Poderíamos apresentar uma visão mais geral da massa de Chandrasekhar, mas vamos fazer um pouco mais: gostaríamos de descrever o cálculo efetivo, porque é ele que nos causa um frio na espinha. Não vamos chegar a calcular realmente o número preciso (1,4 de massa solar), contudo chegaremos perto e veremos como os físicos profissionais fazem para desenvolver profundas conclusões por meio de uma sequência de etapas lógicas cuidadosamente elaboradas, invocando, durante o processo, princípios físicos bem conhecidos. Não haverá tiro no escuro. Em vez disso, manteremos a calma e seremos levados, lenta e inexoravelmente, à mais empolgante das conclusões.

Nosso ponto de partida tem de ser a questão "o que é uma estrela?" Em uma boa aproximação, o universo é constituído de hidrogênio e hélio, os dois elementos mais simples formados nos primeiros minutos após o Big Bang. Depois de cerca de meio bilhão de anos de expansão, o universo se resfriou o suficiente para que regiões levemente mais densas nas nuvens de gás começassem a se agrupar sob sua própria gravidade. Essas áreas foram os embriões das galáxias e, dentro delas, em conglomerados menores, as primeiras estrelas começaram a se formar.

O gás nessas primeiras protoestrelas se tornou progressivamente mais quente à medida que as estrelas se colapsavam em si mesmas (como saberia qualquer pessoa que já tenha usado uma bomba de encher pneu de bicicleta, uma vez que comprimir um gás faz com que ele se aqueça). Quando o gás alcança temperaturas de cerca de cem mil graus, os elétrons não podem mais ser mantidos em órbita em torno dos núcleos do hidrogênio e do hélio, e os átomos se separam, deixando um plasma quente de elétrons e núcleos puros. O gás quente tenta se expandir para o exterior e resistir ao colapso subsequente, mas, em conglomerados com massa suficiente, a gravidade vence. Como os prótons têm carga elétrica positiva, eles irão se repelir uns aos outros; porém, conforme o colapso gravitacional prosseguir e a temperatura continuar a aumentar, os prótons se moverão cada vez mais rápido. Por fim, a uma temperatura de vários milhões de graus, os prótons estarão se movendo tão rapidamente que se aproximarão o suficiente para que a interação nuclear fraca se sobreponha. Quando isso acontece, dois prótons podem reagir entre si: um deles se transforma espontaneamente em um nêutron, com emissão simultânea de um pósitron e de um neutrino (exatamente como ilustrado na figura 11.3). Livres da repulsão elétrica, o próton e o nêutron se fundem sob a ação da interação nuclear forte para formar um dêuteron. Esse processo libera enormes volumes de energia, porque, assim como na formação de uma molécula de hidrogênio, a ligação entre partículas libera energia.

A liberação de energia em um único evento de fusão não é grande em comparação com os padrões cotidianos. Um milhão de reações de fusão próton-próton geram aproximadamente o mesmo volume de energia que a energia cinética de um mosquito em voo ou que uma lâmpada de 100 watts irradia em um nanossegundo. Entretanto, isso é enorme em termos de escala atômica e, lembre-se, estamos falando do centro denso de uma nuvem de gás em colapso, no qual há cerca de 10^{26} prótons por centímetro cúbico. Se todos os prótons em um centímetro cúbico se fundissem em dêuterons, seriam liberados 10^{13} joules de energia, o que é suficiente para abastecer uma pequena cidade por um ano.

A fusão de dois prótons em um dêuteron é o início de uma festa de fusões. O próprio dêuteron está "ansioso" para se fundir com um terceiro próton e fazer uma versão leve do hélio (chamada de hélio-3), com a emissão de um fóton; e esses núcleos de hélio se organizam em duplas e se fundem no hélio regular (chamado hélio-4), com a emissão de dois fótons. Em cada estágio, a fusão libera mais e mais energia. E, adicionalmente, o pósitron que foi emitido lá atrás, no começo da cadeia, também se funde rapidamente com um elétron no plasma circundante para produzir um par de fótons. Toda essa energia liberada tende a resultar em um gás quente de fótons, elétrons e núcleos, que avança contra a matéria em contração e detém o colapso gravitacional em progresso. Isto é uma estrela: a fusão nuclear queima o combustível nuclear no centro, e isso gera uma pressão para o exterior que estabiliza a estrela contra o colapso gravitacional.

É claro, existe uma quantidade finita de combustível de hidrogênio para ser queimada e eventualmente ela se esgota. Sem mais energia a ser liberada, não há mais pressão para o exterior. A gravidade novamente se sobrepõe e a estrela retoma seu colapso adiado. Se a estrela possuir massa suficiente, seu centro se aquecerá a temperaturas em torno de cem milhões de graus. Nesse estágio, o hélio produzido como resíduo na fase de queima do hidrogênio se inflama, fundindo-se, para produzir carbono e oxigênio, e uma vez mais o colapso gravitacional é temporariamente detido.

Entretanto, o que acontece se a estrela não possuir massa suficiente para iniciar a fusão do hélio? Este é o caso de estrelas com menos da metade da massa de nosso Sol, com as quais algo muito dramático acontece. A estrela se aquece conforme se contrai, no entanto, antes de seu centro atingir cem milhões de graus, outra coisa detém o colapso. Essa coisa é a pressão exercida por elétrons devido ao fato de as estrelas estarem presas ao princípio de exclusão de Pauli. Como aprendemos, o princípio de Pauli é crucial para compreender como os átomos se mantêm estáveis e é a base das propriedades da matéria. Além disso, ele explica a existência de estrelas compactas que sobrevivem apesar de não queimarem mais combustível nuclear. Como isso ocorre?

Conforme a estrela é comprimida, os elétrons são confinados em um volume menor. Podemos pensar em elétron em uma estrela relativamente a seu momento linear p e, portanto, a seu respectivo comprimento de onda de De Broglie, h/p. Especificamente, a partícula só pode ser descrita por um pacote de ondas que seja, pelo menos, do mesmo tamanho que seu comprimento de onda associado[41]. Isso significa que, quando a estrela está suficientemente densa, os elétrons devem se sobrepor um ao outro, ou seja, não podemos descrevê-los como pacotes de onda isolados. Isso, por sua vez, indica que os efeitos mecânicos quânticos e o princípio de Pauli, em particular, são importantes na descrição dos elétrons. Em específico, eles estão sendo comprimidos até o ponto em que dois elétrons tentam ocupar a mesma região de espaço e sabemos, de acordo com princípio de Pauli, que eles resistem a isso. Em uma estrela em degeneração, portanto, os elétrons evitam uns aos outros, e isso proporciona uma rigidez que detém qualquer colapso gravitacional em progresso.

Esse é o destino das estrelas mais leves. E quanto a estrelas como nosso Sol? Deixamos essas estrelas queimando hélio e gerando carbono e oxigênio alguns parágrafos atrás. O que acontece quando o hélio se esgota? Elas também devem começar a se colapsar sob a própria gravidade, o que significa que seus elétrons serão comprimidos. E, como nas

---

[41] Relembre do capítulo 5 que as partículas de momento linear definido são, de fato, descritas por ondas infinitamente longas e que, conforme permitimos alguma margem para o momento linear, podemos começar a localizar a partícula. Entretanto, isso pode ir longe demais e não faz sentido falar de uma partícula de certo comprimento de onda se ela está localizada a uma distância menor que esse comprimento de onda.

estrelas mais leves, o princípio de Pauli pode eventualmente se impor e deter o colapso. No entanto, para as estrelas com mais massa, até esse princípio de exclusão tem seus limites. À medida que a estrela colapsa, e os elétrons são comprimidos cada vez mais, seu centro se aquece, e os elétrons se movem mais rapidamente. Para estrelas com massa suficiente, os elétrons se movimentam tão rápido que se aproximam da velocidade da luz, e é aqui que algo novo acontece. Quando estão próximos da velocidade da luz, é reduzida a pressão que os elétrons exercem para resistir à gravidade, e eles não conseguem mais cumprir esse papel. Simplesmente, não podem mais enfrentar a gravidade e deter o colapso. Nossa tarefa neste capítulo é calcular quando isso acontece, e já contamos o fim da história: para estrelas com massa maior que 1,4 vezes a massa do Sol, os elétrons perdem, e a gravidade ganha.

Isso completa a visão geral que fornece a base para nosso cálculo. Podemos seguir em frente agora e esquecer tudo sobre fusão nuclear, porque estrelas incandescentes não fazem parte de nosso campo de interesse. Desejamos entender o que acontece dentro das estrelas mortas. Queremos ver como a pressão quântica de elétrons comprimidos se equilibra com a força da gravidade e de que maneira ela se torna menor se os elétrons estiverem se movendo muito rápido. A essência de nosso estudo é, portanto, um jogo de equilíbrio: gravidade *versus* pressão quântica. Se conseguimos equilibrá-las, temos uma anã branca; se a gravidade vence, temos uma catástrofe.

Embora não seja relevante para nosso cálculo, não podemos deixar as coisas em tamanho clima de suspense. Quando uma estrela de grande massa implode, duas opções lhe restam. Se ela não for muito pesada, continuará comprimindo os prótons e elétrons até que eles também possam se fundir para formar nêutrons. Especificamente, um próton e um elétron se convertem espontaneamente em um nêutron com a emissão de um neutrino, novamente por meio da interação nuclear fraca. Desse modo, inevitavelmente a estrela se transforma em uma minúscula bola de nêutrons. Nas palavras do físico russo Lev Landau, a estrela se torna "um gigantesco núcleo". Landau escreveu essas palavras em seu artigo "On the Theory of Stars" ("Sobre a Teoria das Estrelas"), de 1932, que foi publicado no mesmo mês em que o nêutron foi descoberto por James Chadwick. Provavelmente seja demais dizer que Landau previu a existência das estrelas de nêutrons, mas, com grande presciência, ele certamente antecipou algo parecido. Os créditos talvez devam ir para Walter Baade e Fritz Zwicky, que escreveram no ano seguinte: "Com toda reserva, antecipamos a percepção de que as supernovas representam as transições de estrelas comuns para estrelas de nêutrons, as quais, em seus estágios finais, consistem de nêutrons extremamente comprimidos". Tal ideia foi considerada tão excêntrica que foi parodiada no *Los Angeles Times* (veja a figura 12.1), e as estrelas de nêutrons se mantiveram como uma curiosidade teórica até meados dos anos 60.

Figura 12.1 – Charge do Los Angeles Times, edição de 19 de janeiro de 1934.

Em 1965, Anthony Hewish e Samuel Okoye encontraram "evidências de uma fonte incomum de alta temperatura de radiação na Nebulosa do Caranguejo", embora não tivessem identificado isso como uma estrela de

> O BURACO NEGRO É UM LUGAR ONDE AS LEIS DA FÍSICA, TAIS COMO AS CONHECEMOS, NÃO FUNCIONAM.

nêutrons. A identificação positiva foi feita em 1967, por Iosif Shklovsky e, mais adiante, por Jocelyn Bell e o próprio Hewish, depois de mensurações mais detalhadas. Esse primeiro exemplo de um dos mais exóticos objetos do universo foi posteriormente batizado de "pulsar de Hewish e Okoye". Curiosamente, a mesma supernova que criou o pulsar de Hewish e Okoye foi observada mil anos antes por astrônomos. A grande supernova de 1054, a mais brilhante da história registrada, foi observada por astrônomos chineses e pelos povos de Chaco Canyon, no sudoeste dos Estados Unidos, como mostra um famoso desenho na saliência de um penhasco.

Não dissemos ainda como esses nêutrons conseguiram se defender da gravidade e evitar o colapso em progresso, mas você deve saber como isso aconteceu. Os nêutrons (como os elétrons) estão presos ao princípio de Pauli. Eles também podem deter colapsos em progresso, portanto, assim como as anãs brancas, as estrelas de nêutrons representam um possível ponto final na vida das estrelas. As estrelas de nêutrons são um desvio em nossa história, todavia não podemos deixá-las de lado sem registrar que são objetos muito especiais em nosso maravilhoso universo: são do tamanho de cidades, tão densas que uma colher de chá delas pesa tanto quanto uma montanha e mantidas por nada mais que a aversão natural mútua de partículas de *spin* ½.

Há somente uma opção para as estrelas com maior massa no universo – nas quais até os nêutrons estão se movendo perto da velocidade da luz. Para essas gigantes, a catástrofe é esperada, porque os nêutrons não são mais capazes de gerar pressão suficiente para resistir à gravidade. Não existe mecanismo físico conhecido para impedir que um centro estelar com massa maior que três vezes a massa de nosso Sol se colapse em si mesmo. O resultado disso é um buraco negro: um lugar onde as leis da física, tais como as conhecemos, não funcionam. Presume-se que as leis da natureza não deixem de operar, porém um entendimento correto do funcionamento interno do buraco negro requer uma teoria quântica da gravidade, e esta não existe atualmente.

É hora de retomar o foco em nossos dois objetivos: provar a existência das estrelas anãs brancas e calcular a massa de Chandrasekhar. Sabemos como proceder: devemos equilibrar a pressão do elétron com a gravidade. Não é um cálculo que seja possível fazer de cabeça; por isso, vamos fazer um plano de ação. Ele é um pouco longo, porque queremos esclarecer alguns detalhes primeiro e depois preparar o terreno para o cálculo efetivo. Segue o plano.

Etapa 1: precisamos determinar o quanto da pressão dentro da estrela é devido aos elétrons altamente comprimidos. Você deve estar se perguntando por que não nos preocupamos com as outras coisas dentro da estrela – e os núcleos e os fótons? Os fótons não estão sujeitos ao princípio de Pauli e, no devido tempo, deixarão a estrela, de qualquer modo. Eles não pretendem lutar contra a gravidade. Quanto aos núcleos, aqueles com *spin* semi-inteiro estão sujeitos à regra de Pauli, mas (como veremos) sua massa maior significa que eles exercem uma pressão menor que a dos elétrons, então podemos, assim, ignorar sua contribuição para o jogo de equilíbrio. Isso simplifica bastante o assunto – a pressão do elétron é tudo de que precisamos, e é a ela que devemos direcionar nossa atenção.

Etapa 2: depois de calcularmos a pressão dos elétrons, teremos de fazer o jogo de equilíbrio. Agora pode não ser óbvio como realizaremos isso. Uma coisa é dizer "a gravidade puxa para o interior e os elétrons empurram para o exterior", outra coisa é colocar números nisso.

A pressão é diferente dentro da estrela: é maior no centro e menor na superfície. O fato de a pressão ser gradiente é crucial. Imagine um cubo de matéria estelar acomodado em algum lugar dentro da estrela, como ilustrado na figura 12.2. A gravidade age para empurrar o cubo em direção ao centro da estrela e nós queremos saber como a pressão dos elétrons vai lidar contra isso. A pressão do gás de elétrons exerce uma força sobre cada uma das seis faces do cubo e essa força é igual à pressão em cada face multiplicada por sua área. Essa declaração é precisa: até aqui, utilizamos a palavra "pressão" assumindo que todos temos entendimento intuitivo suficiente de que um gás em alta pressão "empurra mais" que um gás sob baixa pressão. Qualquer um que já tenha enchido um pneu sabe disso.

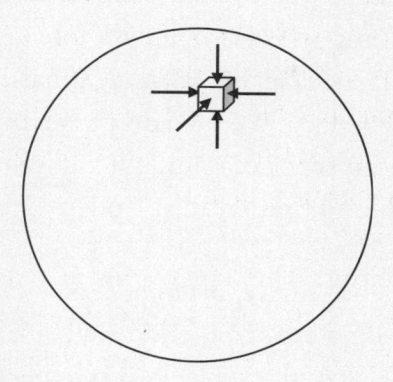

Figura 12.2 – Um pequeno cubo em algum lugar dentro do centro da estrela. As setas indicam a pressão exercida sobre o cubo pelos elétrons dentro da estrela.

Já que teremos de entender "pressão" corretamente, uma breve digressão por um território mais familiar é interessante. Ainda sobre o exemplo citado acima, um físico diria que um pneu está vazio porque a pressão do ar em seu interior é insuficiente para que ele suporte o peso do carro sem se deformar (por isso é que devemos ser convidados para todas as festas!). Podemos calcular qual precisa ser a pressão do pneu para um carro com massa de 1.500 kg, se quisermos que 5 cm de pneu estejam em contato com o solo, como ilustrado na figura 12.3. Retornamos à sala de aula novamente.

Se o pneu tem 20 cm de extensão e queremos 5 cm em contato com a estrada, então a área dele em contato com o solo será de 20 x 5 = 100 cm². Não sabemos ainda a pressão necessária no pneu – é o que desejamos calcular. Vamos representá-la pelo símbolo P. Precisamos conhecer a força para baixo, sobre o solo, exercida pelo ar dentro do pneu. Ela é igual à pressão multiplicada pela área do pneu em contato com o solo, ou seja, P x 100 cm². Devemos multiplicar esse valor por quatro, pois o carro tem quatro pneus: $P \times 400 \text{ cm}^2$. Essa é a força total exercida pelo ar dentro dos pneus sobre o solo. Pense nisso da seguinte maneira: as moléculas de ar dentro do pneu estão forçando o solo (para ser minucioso, elas estão forçando a borracha do pneu em contato com o solo, mas isso não é importante). Em geral, o solo não deixa essa ação por menos e empurra de volta com força igual, porém oposta (acabamos usando a terceira lei de Newton, afinal). O carro está sendo empurrado para cima pelo solo e puxado para baixo pela gravidade e, como ele não afunda no solo nem flutua no ar, sabemos que essas duas forças precisam se equilibrar entre si. Podemos, assim, equacionar a força que empurra para cima ($P \times 400 \text{ cm}^2$) com a força da gravidade que puxa para baixo. Essa força é justamente o peso do carro e sabemos como calculá-la usando a segunda lei de Newton: $F = ma$, onde a é a aceleração da gravidade na superfície da Terra, que é de $9{,}81 \text{m/s}^2$. Logo, o peso é de $1.500 \text{ kg} \times 9{,}8 \text{ m/s}^2 = 14.700$ newtons (1 newton é igual a 1 kg m/s^2, que é mais ou menos o peso de uma maçã). Equacionando as duas forças, temos:

$$P \times 400\text{cm}^2 = 14{,}700\text{N}.$$

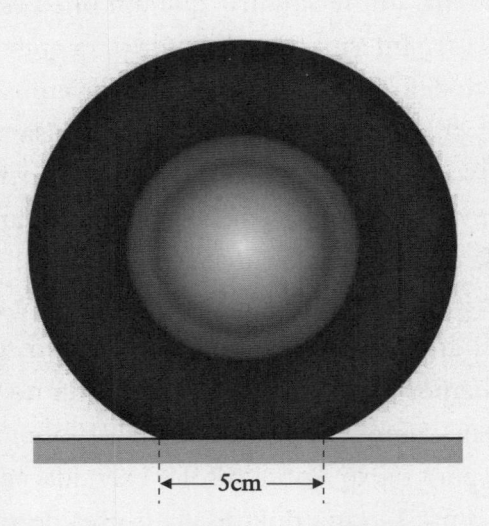

Figura 12.3 – Um pneu em leve deformação enquanto suporta o peso do carro.

É uma equação fácil: $P = (14.700/400)$ N/cm² $= 36,75$ N/cm². Uma pressão de 36,75 newtons por centímetro quadrado talvez não seja uma maneira muito comum de expressar a pressão de um pneu, mas podemos convertê-la em "bar". Um bar é a pressão-padrão do ar e é igual a 101 mil newtons por metro quadrado. Existem 10 mil centímetros quadrados em um metro quadrado; logo, 101 mil newtons por metro quadrado é equivalente a 10,1 newtons por centímetro quadrado. A pressão desejada para nosso pneu é, portanto, de 36,75/10,1 = 3,6 bar (ou 52 psi – você pode calcular sozinho). Também podemos usar nossa equação para deduzir que, se a pressão cair em 50%, para 1,8 bar, a área do pneu em contato com o solo dobrará, o que resultará em um pneu vazio.

Depois desse curso de reciclagem sobre pressão, estamos prontos para retornar ao pequeno cubo de matéria estelar, ilustrado na figura 12.2.

Se a base do cubo está mais próxima do centro da estrela, a pressão sobre ela deve ser um pouco maior do que sobre a face de cima. Essa diferença de pressão faz surgir uma força sobre o cubo que quer empurrá-lo para longe do centro da estrela ("para cima", na figura), e isso é o que queremos, porque ele será, ao mesmo tempo, puxado em direção ao centro da estrela pela gravidade ("para baixo", na figura). Para que pudéssemos calcular o equilíbrio dessas duas forças, deveríamos saber um pouco sobre a estrela. Contudo, é mais fácil falar do que fazer, uma vez que, embora a etapa 1 nos permita calcular quanto o cubo é empurrado pela pressão dos elétrons, ainda temos de calcular quanto a gravidade o puxa na direção contrária. A propósito, não necessitamos nos preocupar com a pressão sobre os lados do cubo, porque eles são equidistantes do centro da estrela. Assim, a pressão na lateral esquerda equilibra a pressão na direita e isso garante que o cubo não se mova para um ou outro lado.

Para calcular a força da gravidade no cubo, precisamos recorrer à lei da gravidade de Newton, que nos diz que toda porção de matéria dentro da estrela atrai nosso pequeno cubo por um valor que se reduz em força quanto mais distante a porção de matéria estiver do cubo. Assim, porções de matéria mais distantes atraem menos que as porções mais próximas. Lidar com o fato de que a atração gravitacional sobre o cubo é diferente para as distintas porções da matéria estelar, conforme sua distância, parece ser um problema complicado, mas podemos ver como fazer isso, pelo menos em princípio – devemos dividir a estrela em vários pedaços e calcular a força sobre o cubo para cada um desses pedaços. Felizmente, não teríamos de pensar em cortar a estrela em pedaços, porque podemos explorar um belo resultado. A lei de Gauss (assim chamada em homenagem ao famoso matemático Carl Friedrich Gauss) nos informa que: (a) é possível ignorar totalmente a gravidade de todos os pedaços mais distantes do centro da estrela do que nosso pequeno cubo; (b) o efeito gravitacional resultante de todos os pedaços situados próximos do centro é exatamente o mesmo que seria se todos os pedaços estivessem comprimidos no centro exato da estrela. Usando a lei de Gauss em conjunto com a lei da gravidade de Newton, somos capazes de dizer que o cubo experimenta uma força que o atrai em direção ao centro da estrela e que essa força é igual a

$$G \frac{M_{in} M_{cubo}}{r^2}$$

onde M_{in} é a massa da estrela em uma esfera cujo alcance é de somente a distância até o cubo; M_{cubo} é a massa do cubo; r é a distância entre o cubo e o centro da estrela; e G é a constante de Newton. Por exemplo, se o cubo está na superfície da estrela, M_{in} é a massa total da estrela. Para qualquer outra localização, M_{in} é menor.

Estamos progredindo aqui, porque, para equilibrar as forças sobre o cubo (o que significa que ele não se move e que a estrela não vai explodir ou colapsar[42]), é necessário que:

---

[42] Podemos generalizar para a estrela toda, porque não estamos sendo específicos sobre onde realmente o cubo está. Se nós pudermos demonstrar que um cubo localizado em qualquer lugar na estrela não se move, isso indica que outros semelhantes a ele não se moverão e que a estrela é estável.

$$(P_{inf} - P_{sup})A = G\frac{M_{in} M_{cubo}}{r^2} \qquad (1)$$

onde P_{inf} e P_{sup} são as pressões do gás de elétrons nas faces superior e inferior do cubo, e A é a área de cada lado do cubo (lembre-se, a força exercida por uma pressão é igual a esta multiplicada pela área). Rotulamos essa equação de "(1)" porque ela é muito importante e vamos mencioná-la mais adiante.

Etapa 3: prepare uma xícara de chá e fique à vontade, porque, depois de passar pela etapa 2, teremos calculado as pressões, P_{inf} e P_{sup} e tal etapa haverá indicado precisamente como equilibrar as forças. Entretanto, o trabalho mesmo está por vir, uma vez que ainda teremos de, efetivamente, executar a etapa 1 e calcular a diferença de pressão expressa do lado esquerdo da equação (1). Essa é nossa próxima tarefa.

Imagine uma estrela que contenha elétrons e outras partículas. Como os elétrons estão espalhados? Vamos concentrar nossa atenção em um elétron típico. Sabemos que essas partículas obedecem ao princípio de exclusão de Pauli, o que significa que não é provável encontrar dois elétrons na mesma região de espaço. O que isso quer dizer para o mar de elétrons a que nos referimos como "gás de elétrons" em nossa estrela? Como os elétrons são necessariamente separados uns dos outros, podemos supor que cada um se acomoda solitariamente dentro de um pequeno cubo imaginário no interior da estrela. Na verdade, isso não é muito certo, pois sabemos que existem dois tipos de elétrons – *spin up* e *spin down* – e o princípio de Pauli só proíbe a aproximação entre partículas idênticas, o que significa que podemos ter dois elétrons no cubo. Compare isso com a situação que ocorreria se os elétrons não obedecessem ao princípio de Pauli. Nesse caso, eles não estariam localizados em dupla dentro de "caixinhas virtuais". Em vez disso, poderiam se espalhar e aproveitar um espaço bem maior. De fato, se fôssemos ignorar as diferentes maneiras de interação dos elétrons entre si e com outras partículas na estrela, não haveria limitação de espaço.

O UNIVERSO QUÂNTICO

Sabemos o que acontece quando confinamos uma partícula quântica: ela salta conforme o princípio da incerteza de Heisenberg e, quanto mais confinada, mais salta. Isso significa que, à medida que nossa pretensa anã branca colapsa, os elétrons ficam cada vez mais confinados e isso os torna cada vez mais agitados. É a pressão exercida por essa agitação que detém o colapso gravitacional.

Conseguimos fazer mais que falar, porque podemos usar o princípio da incerteza de Heisenberg para determinar o momento linear típico de um elétron. Especificamente, se confinarmos o elétron a uma região de tamanho Δx, ele saltará com um momento linear típico $p \sim h\Delta x$. De fato, no capítulo 4, falamos que isso se parece com um limite mais elevado do momento linear e que o momento linear típico é algo entre zero e esse valor. Essa informação é interessante para que a usemos depois. Conhecer o momento linear nos ensina duas coisas, de imediato. Primeiro, se os elétrons não obedecessem ao princípio de Pauli, eles não estariam confinados em uma região de tamanho Δx, mas de tamanho muito maior. Isso, por sua vez, resultaria em menos agitação, e menos agitação significa menos pressão. Assim, está claro como o princípio de Pauli entra no jogo: comprimindo os elétrons, de modo que, pelo princípio de Heisenberg, eles tenham uma agitação sobrecarregada. Daqui a pouco, converteremos em uma fórmula da pressão essa ideia de uma agitação sobrecarregada, porém antes devemos mencionar a segunda coisa que aprendemos. Como o momento linear $p = mv$, a velocidade da agitação também depende inversamente da massa. Assim, os elétrons estão saltando muito mais vigorosamente que os núcleos mais pesados que também compõem a estrela, por isso é que a pressão exercida pelos núcleos não é relevante. Então, como vamos do conhecimento do momento linear de um elétron para o cálculo da pressão que um gás de elétrons semelhantes exerce?

O que precisamos fazer primeiro é calcular qual deve ser o tamanho dos pequenos blocos que contêm os pares de elétrons. Nossos blocos têm volume $(\Delta x)^3$ e, uma vez que temos de encaixar todos os elétrons dentro da estrela, podemos expressar isso em termos do número de elétrons no interior da estrela (N) dividido pelo volume da estrela

A morte das estrelas

(V). Necessitamos de exatamente $N/2$ caixinhas para acomodar todos os elétrons, pois podemos colocar dois em cada caixinha. Isso significa que cada uma ocupará um volume de V dividido por $N/2$, que é igual a $2(V/N)$. Precisaremos bastante da grandeza N/V (o número de elétrons por unidade de volume dentro da estrela) no raciocínio a seguir, portanto atribuiremos a ela um símbolo: n. Podemos agora calcular qual deve ser o volume das caixinhas para que contenha todos os elétrons na estrela, ou seja, $(\Delta x)^3 = 2/n$. Extraindo a raiz cúbica do lado direito da expressão, concluímos que

$$\Delta x = \sqrt[3]{2/n} = (2/n)^{1/3}$$

Substituímos agora essa expressão proveniente do princípio da incerteza para obter o momento linear típico dos elétrons devido à sua agitação quântica:

$$p \sim h(n/2)^{1/3} \qquad (2)$$

onde o sinal $\sim$ indica "semelhante a". Evidentemente, isso é um pouco vago, porque os elétrons não estarão todos agitados da mesma maneira: alguns se moverão mais rapidamente que o valor médio e outros se movimentarão mais lentamente. O princípio da incerteza de Heisenberg não pode nos informar exatamente quantos elétrons se deslocam a uma velocidade ou a outra. Em vez disso, ele nos oferece uma declaração mais abrangente e diz que, se você confinar um elétron, ele se agitará com um momento linear semelhante a $h/\Delta x$.

Vamos pegar esse momento linear típico e assumir que ele é o mesmo para todos os elétrons. No processo, vamos perder um pouco da precisão em nossos cálculos, mas ganharemos em simplicidade – e estamos pensando em física de modo correto.[43]

---

[43] Certamente, é possível calcular com mais precisão como os elétrons se movem, desde que usemos mais matemática.

Agora, sabemos a velocidade dos elétrons, que é a informação de que precisamos para calcular qual é a pressão que eles exercem sobre o pequeno cubo. Para entender isso, imagine uma frota de elétrons, todos se movendo na mesma direção e à mesma velocidade (v) rumo a um espelho plano. Eles atingem o espelho e ricocheteiam de volta, novamente viajando à mesma velocidade, porém na direção contrária. Vamos calcular a força exercida pelos elétrons sobre o espelho. Depois disso, podemos tentar fazer um cálculo mais realista, em que os elétrons não estejam todos viajando na mesma direção. Essa metodologia é muito comum em física: primeiro, pense em uma versão mais simples do problema que você quer resolver. Desse modo, consegue aprender física sem ir além do que o braço pode alcançar e ganha confiança para enfrentar problemas mais complexos. Imagine que a frota de elétrons se componha de n partículas por metro cúbico e que tenhamos um corte transversal circular de área de $1m^2$ – como ilustrado na figura 12.4. Em um segundo, nv elétrons atingirão o espelho (se v for medido em metros por segundo). Sabemos disso porque todos os elétrons que estão a uma distância $v \times 1$ segundos do espelho irão rebater no espelho a cada segundo, isto é, todos os elétrons no tubo desenhado na figura. Uma vez que um cilindro tem volume igual a sua área de corte transversal multiplicada por seu comprimento, o tubo tem um volume de v metros cúbicos e, como existem n elétrons por metro cúbico na frota, nv elétrons atingem o espelho a cada segundo.

Quando cada elétron ricocheteia no espelho, ele tem seu momento linear invertido, o que significa que muda seu momento linear por um valor igual a $2mv$. Agora, do mesmo modo como se requer uma força para deter um ônibus em movimento e fazê-lo retornar, uma força é exigida para reverter o momento linear de um elétron. Eis Isaac Newton novamente. No capítulo 1, falamos de sua segunda lei como $F = ma$, mas esse é um caso especial de declaração mais genérica, que afirma que a força é igual à taxa pela qual o momento linear muda[44]. Assim,

---

[44] A segunda lei de Newton pode ser escrita como $F = dp/dt$. Para massa constante, ela pode ser interpretada da forma mais conhecida: $F = mdv/dt = ma$.

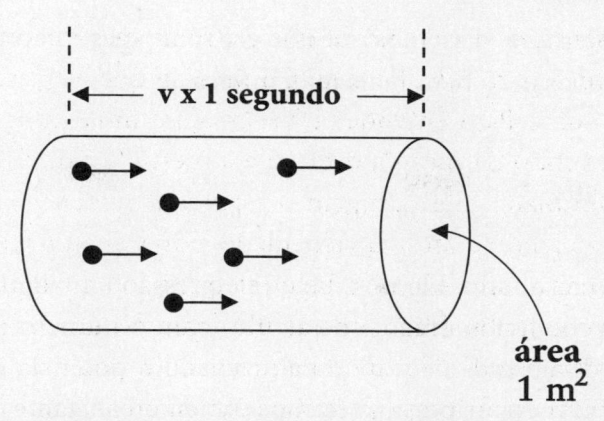

Figura 12.4 – Uma frota de elétrons (os pequenos pontos) deslocando-se na mesma direção. Todos os elétrons em um tubo desse tamanho atingirão o espelho a cada segundo.

toda a frota de elétrons transmitirá uma força resultante sobre o espelho $F = 2mv \times (nv)$, porque essa é a mudança resultante no momento linear dos elétrons a cada segundo. Devido ao fato de o feixe de elétrons ter um metro quadrado, isso também é igual à pressão exercida pela frota de elétrons sobre o espelho.

Trata-se de um pequeno passo para irmos da frota de elétrons ao gás de elétrons. Em vez de todos os elétrons avançarem na mesma direção, devemos considerar que alguns viajam para cima; outros, para baixo; outros, para a esquerda; e por aí vai. O efeito resultante é reduzir a pressão em qualquer direção por um fator de 6 (pense nas seis faces de um cubo) para $(2mv) \times (nv) / 6 = nmv^2 / 3$. Podemos substituir v nessa equação por nossa estimativa, baseada em Heisenberg, das velocidades típicas às quais os elétrons zunem por aí (ou seja, a equação [2]), para chegar ao resultado final da pressão exercida pelos elétrons em uma estrela anã branca[45]:

$$P = \frac{1}{3}nm\frac{h^2}{m^2}\left(\frac{n}{2}\right)^{2/3} = \frac{1}{3}\left(\frac{1}{2}\right)^{2/3}\frac{h^2}{m}n^{5/3}$$

---

[45] Combinamos aqui os expoentes de acordo com a regra geral $x^a x^b = x^{a+b}$.

O UNIVERSO QUÂNTICO

Se você se lembra, dissemos que isso era só uma estimativa. O resultado completo, usando bem mais matemática, é:

$$P = \frac{1}{40}\left(\frac{3}{\pi}\right)^{2/3}\frac{h^2}{m}n^{5/3} \qquad (3)$$

É um belo resultado. Ele nos diz que a pressão em algum lugar na estrela varia proporcionalmente de acordo com o número de elétrons por unidade de volume naquele local, elevado à potência de $5/3$. Não devemos nos preocupar por não termos obtido a constante de proporcionalidade correta em nossa abordagem aproximada – o fato de que obtivemos todo o restante corretamente é o que interessa. De fato, já havíamos dito que nossa estimativa do momento linear dos elétrons era provavelmente um pouco grande, e isso explica por que nossa estimativa da pressão é maior que o valor real.

Conhecer a pressão em termos da densidade dos elétrons é um bom começo, no entanto será mais adequado para nossos objetivos expressá-la em termos da real densidade da massa na estrela. Podemos fazer isso com base na segura hipótese de que a maior parte da massa da estrela vem dos núcleos e não dos elétrons (um próton tem massa quase 2 mil vezes maior que a de um elétron). Também sabemos que o número de elétrons deve ser igual ao de prótons na estrela, porque a estrela é eletricamente neutra. Para obter a densidade da massa, precisamos descobrir quantos prótons e nêutrons existem por metro cúbico dentro da estrela, sem nos esquecer dos neutros, porque eles são um subproduto do processo de fusão. Para anãs brancas mais leves, o centro será predominantemente hélio-4, produto final da fusão do hidrogênio, o que indica que haverá números iguais de prótons e nêutrons. Um tempo para um pouco de notação: o número da massa atômica, A, é convencionalmente usado para informar o número de prótons + nêutrons dentro de um núcleo. Nesse caso, $A = 4$ para o hélio-4. O número de prótons em um núcleo é dado pelo símbolo Z e, para o hélio, $Z = 2$. Podemos, então, descrever um relacionamento entre a densidade do elétron, n, e a da massa, ρ:

$$n = Z\,p/(m_p A)$$

Assumimos que a massa do próton, m_p, é igual à do nêutron, o que é bem suficiente para nossos objetivos. A grandeza $m_p A$ é a massa de cada núcleo; $\rho/m_p A$ é, então, o número de núcleos por unidade de volume, e multiplicar esse número por Z é obter o número de prótons por unidade de volume, que deve ser igual ao número de elétrons – é isso que a equação nos mostra.

É possível empregar essa equação para substituir n na equação (3) e, como n é proporcional a ρ, a conclusão é que a pressão varia na proporção da densidade à potência de 5/3. A física notável que acabamos de descobrir é que

$$P = k\rho^{5/3} \qquad (4)$$

e não devemos nos preocupar muito com os números puros que definem a escala geral da pressão, que foi o motivo pelo qual agrupamos tudo no símbolo k. É interessante notar que k depende da razão entre Z e A e, portanto, será diferente para tipos distintos de estrela anã branca. Agrupar alguns números em um símbolo nos ajuda a enxergar o que é importante. Nesse caso, os símbolos poderiam nos distrair do ponto importante, que é o relacionamento entre a pressão e a densidade na estrela.

Antes de continuarmos, note que a pressão gerada pela agitação quântica não depende da temperatura da estrela. Ela só tem a ver com o quanto comprimimos a estrela. Também haverá uma contribuição adicional à pressão do elétron que ocorre simplesmente porque os elétrons estão zunindo por aí normalmente em razão de sua temperatura e, quanto mais quente a estrela, maior o zunido. Não falamos dessa fonte de pressão, porque o tempo é curto e, se fôssemos em frente e a calculássemos, veríamos que ela é ofuscada pela pressão quântica muito maior.

Finalmente, estamos prontos para integrar nossa equação para a pressão quântica com a equação (1), que vale a pena repetir aqui:

O UNIVERSO QUÂNTICO

$$(P_{inf} - P_{sup})A = G\frac{M_{in}\,M_{cubo}}{r^2} \qquad (1)$$

Entretanto, isso não é tão fácil quanto parece, porque precisamos saber a diferença de pressão nas faces superior e inferior do cubo. Poderíamos reescrever inteiramente a equação (1) em termos da densidade dentro da estrela, que é algo que varia conforme o local no interior da estrela (tem de ser assim ou não haveria diferença de pressão sobre as faces do cubo) e, então, poderíamos tentar resolver a equação para determinar como a densidade varia conforme a distância do centro da estrela. Fazer isso seria resolver uma equação diferencial e queremos evitar esse nível de matemática. Em vez disso, vamos ser mais astuciosos e pensar mais (fazendo menos cálculos) sobre a equação (1), para deduzir um relacionamento entre a massa e o raio de uma estrela anã branca.

Obviamente, o tamanho de nosso pequeno cubo e sua localização dentro da estrela são completamente arbitrários, e nenhuma das conclusões a que chegaremos acerca da estrela como um todo pode depender dos detalhes do cubo. Vamos começar fazendo algo que pode parecer sem propósito. Podemos expressar a localização e o tamanho do cubo em termos do tamanho da estrela. Se R é o raio da estrela, conseguimos descrever a distância entre o cubo e o centro da estrela como $r = aR$, onde a é simplesmente um número adimensional entre 0 e 1. Por adimensional, queremos dizer que é um número puro, que não possui nenhuma unidade. Se $a = 1$, o cubo está na superfície da estrela e, se $a = ½$, ele está a meia distância do centro. Do mesmo modo, podemos descrever o tamanho do cubo relativamente ao raio da estrela. Se L é o comprimento de um lado do cubo, é possível escrever $L = bR$, onde, novamente, b é um número puro, que será muito pequeno se quisermos que o cubo seja pequeno com relação à estrela. Não há nada de profundo aqui. Nesse estágio, isso deve parecer tão óbvio quanto sem propósito. O único ponto digno de nota é que R é a distância natural a ser usada, porque não há outras distâncias relevantes para uma estrela anã branca que pudessem representar alternativas significativas.

Do mesmo modo, podemos continuar nossa estranha obsessão e expressar a densidade da estrela na posição do cubo em termos de densidade média da estrela, isto é, podemos escrever $\rho = f\bar{\rho}$, onde f é, novamente, um número puro, e $\bar{\rho}$ é a densidade média da estrela. Como já apontamos, a densidade do cubo depende de sua posição dentro da estrela – quanto mais próximo do centro, maior sua densidade. Uma vez que esta ρ não depende da posição do cubo, f deve fazer isso, isto é, f depende da distância r, o que obviamente significa que ele depende do produto aR. Agora, eis aqui a informação que sustenta o resto de nossos cálculos: f é um número puro, e R não é um número puro (porque ele está medindo uma distância). Esse fato sugere que f só pode depender de a e não de R. Trata-se de uma conclusão muito importante, porque ela nos afirma que o perfil de densidade de uma estrela anã branca é "invariante de escala." Isso quer dizer que a densidade varia com o raio sempre da mesma maneira, independentemente de qual seja o raio da estrela. Por exemplo, a densidade no ponto ¾ da distância do centro da estrela será a mesma fração da densidade média em toda estrela anã branca, independentemente do tamanho da estrela. Há duas maneiras de analisar essa importante conclusão e pensamos em apresentar ambas. Um de nós a explicou assim: "Isso se dá porque qualquer função adimensional de r (que é o que representa f) só pode ser adimensional se for uma função de uma variável adimensional; e a única variável adimensional que temos é $r/R = a$, porque R é a única grandeza que carrega as dimensões da distância, que está à nossa disposição".

O outro autor achou que a explicação seguinte é mais clara: "Em geral, f pode depender, de forma complicada, de r, a distância entre o pequeno cubo e o centro da estrela. Mas, vamos assumir aqui que um seja diretamente proporcional ao outro, ou seja, $f \propto r$. Em outras palavras, $f = Br$, onde B é uma constante. Aqui, o ponto essencial é que queremos que f seja um número puro, enquanto r é medido em (digamos) metros. Isso significa que B precisa ser medido em 1/metros, de modo que as unidades de distância se anulem entre si. Portanto, o que devemos adotar para B? Não podemos utilizar algo arbitrário, como '1 metro inverso', porque isso seria sem sentido e não tem nada a ver com a estrela. Por que não adotar 1 inverso anos-luz, por exemplo, e obter uma resposta bem diferente? A única distância que temos de manipular é R, o raio físico da estrela. Assim, somos forçados a usar isso para assegurar que f também seja um número puro. Isso indica que f depende somente de r/R. Você perceberá que é possível chegar à mesma conclusão, se começarmos assumindo que $f \propto r^n$. Trata-se exatamente do que dissemos, só que mais longo.

Isso significa que podemos expressar a massa de nosso pequeno cubo, de tamanho L e volume L^3, situado a uma distância r do centro da estrela, do seguinte modo:

$$M_{cubo} = f(a)L^3\bar{\rho}$$

Escrevemos $f(a)$ em vez de somente f, para que nos lembremos de que f só depende de nossa opção de $a = r/R$ e não das propriedades de larga escala da estrela. O mesmo argumento pode ser usado para afirmar que podemos escrever $M_{in} = g(a)M$, onde $g(a)$ é, uma vez mais, uma função de a. Por exemplo, a função $g(a)$ avaliada em $a = \frac{1}{2}$ nos mostra a fração da massa da estrela presente em uma esfera de metade do raio da própria estrela, e ela é a mesma para todas as estrelas anãs brancas, independentemente de seu raio, em razão do argumento do parágrafo anterior[46]. Você deve haver notado que temos trabalhado gradualmente sobre os vários símbolos que aparecem na equação (1), substituindo-os pelas grandezas adimensionais *(a, b, f e g)* multiplicadas por grandezas que dependem somente da massa e do raio da estrela (a densidade média da estrela é determinada relativamente a M e R, porque $\bar{\rho} = M/V$ e $V = 4\pi R^3/3$, o volume de uma esfera). Para concluir a tarefa, só precisamos fazer o mesmo para a diferença de pressão, o que (de acordo com a equação [4]) podemos escrever como

---

[46] Para aqueles com habilidades matemáticas, demonstre-se que $g(a) = 4\pi R^3 \bar{\rho} \int_0^a x^2 f(x)\,dx$ ou seja, que a função $g(a)$ é de fato determinada se conhecemos a função $f(a)$.

$P_{inf} - P_{sup} = h(a,b)k\bar{\rho}^{5/3}$ onde $h(a,b)$ é uma grandeza adimensional. O fato de que $h(a,b)$ depende de a e de b se dá porque a diferença de pressão não só depende de onde está o cubo (representado por a), mas também de seu tamanho (representado por b): cubos maiores terão uma diferença de pressão maior. O ponto essencial é que, assim como $f(a)$ e $g(a)$, $h(a,b)$ não pode depender do raio da estrela.

Podemos fazer uso das expressões que acabamos de derivar para reescrever a equação (1):

$$(h\kappa \bar{\rho}^{5/3}) \times (b^2 R^2) = G \frac{(gM) \times (fb^3 R^3 \bar{\rho})}{a^2 R^2}$$

Ela parece bem confusa e não sugere que estamos a uma página de resolvermos tudo. A questão é notar que essa fórmula está expressando um relacionamento entre a massa da estrela e seu raio – uma relação concreta entre os dois está praticamente à mão (ou a uma distância desesperadora, dependendo de como você lida com a matemática). Depois de substituir pela densidade média da estrela (ou seja, por $\bar{\rho} = M/(4\pi R^3/3)$), essa equação confusa pode ser reorganizada assim:

$$RM^{1/3} = \kappa/(\lambda G) \qquad (5)$$

onde:
$$\lambda = \frac{3}{4\pi} \frac{bfg}{ha^2}$$

Agora, λ só depende das grandezas adimensionais a, b, f, g e h, o que significa que ele não depende das grandezas que descrevem a estrela como um todo, M e R, e isso quer dizer que ele deve ter o mesmo valor para todas as estrelas anãs brancas.

Se você está preocupado com o que aconteceria se mudássemos a e/ou b (o que implica modificar as localizações e/ou o tamanho de nosso pequeno cubo), então deixou escapar a força desse argumento. Tomados pelo valor nominal, realmente parece que mudar a e b afetaria λ, de modo que teríamos uma resposta diferente para $RM^{1/3}$. No entanto, isso é impossível, porque sabemos que $RM^{1/3}$ é algo que depende da estrela e não das propriedades específicas de um pequeno cubo que podemos ou não imaginar. Isso demonstra que qualquer variação em a ou em b deve ser compensada por mudanças correspondentes em f, g e h.

A equação (5) indica, especificamente, que as anãs brancas podem existir. Ela diz isso porque fomos capazes de equilibrar a equação gravidade-pressão (equação [1]). Não se trata de uma coisa trivial – pois poderia ser possível que nenhuma combinação de M e R na satisfizesse a equação.

A equação (5) também prevê que a grandeza $RM^{1/3}$ deve ser uma constante. Em outras palavras, se olharmos para o céu e medirmos o raio e a massa das anãs brancas, descobriremos que o raio multiplicado pela raiz cúbica da massa nos dará o mesmo número para toda anã branca. Trata-se de uma previsão ousada.

O argumento que acabamos de apresentar pode ser aperfeiçoado, porque é possível calcular exatamente qual deve ser o valor de λ. Entretanto, para fazê-lo, precisaríamos resolver uma equação diferencial de segunda ordem na densidade e isso seria um caminho matemático muito extenso para este livro. Lembre-se: λ é um número puro: ele simplesmente "é o que é" e, com um pouco de matemática superior, somos capazes de calculá-lo. O fato de não o termos calculado não deve desacreditar nossas conquistas: provamos que as estrelas anãs brancas podem existir e conseguimos fazer uma previsão relacionada à sua massa e a seu raio. Depois de calcular λ (o que pode ser feito com um computador doméstico) e de substituir os valores para K e G, a previsão é que

$$RM^{1/3} = (3,5 \times 10^{17} kg^{1/3} m) \times (Z/A)^{5/3}$$

que é igual a $1,1 \times 10^{17}$ $kg^{1/3}$m para núcleos de puro hélio, carbono ou oxigênio ($Z/A = 1/2$). Para núcleos de ferro, $Z/A = 26/56$, 1,1 reduz sutilmente para 1,0. Nós vasculhamos a literatura acadêmica e coletamos os dados sobre as massas e os raios de 16 anãs brancas espalhadas pela Via Láctea, nossa galáxia. Para cada estrela, calculamos o valor de $RM^{1/3}$ e o resultado é o que as observações astronômicas revelaram: $RM^{1/3} \approx 0{,}9 \times 10^{17}\ kg^{1/3}m$. A concordância entre as observações e a teoria é empolgante – conseguimos usar o princípio de exclusão de Pauli, o princípio da incerteza de Heisenberg e a lei da gravidade de Newton, para prever a relação massa-raio das estrelas anãs brancas.

Existe, é claro, alguma incerteza nesses números (o valor teórico de 1,0 ou 1,1 e o número observado de 0,9). Uma análise científica adequada falaria agora sobre se é verossímil essa concordância entre teoria e experimento, contudo, para nossos fins, esse nível de análise é desnecessário porque a concordância já é razoavelmente boa. É fantástico que tenhamos conseguido calcular tudo isso dentro de uma precisão de cerca de 10%, e é bastante evidente que demonstramos um bom entendimento das estrelas e da mecânica quântica.

Os físicos profissionais e astrônomos não parariam aqui. Eles estariam ávidos para testar a teoria em seus mínimos detalhes, e isso aperfeiçoaria a descrição que apresentamos neste capítulo. Especificamente, uma análise melhorada levaria em conta que a temperatura da estrela exerce, de fato, algum papel em sua estrutura. Além disso, o mar de elétrons está se agitando na presença de núcleos atômicos carregados positivamente, mas, em nossos cálculos, ignoramos totalmente as interações entre os elétrons e os núcleos (e entre elétrons e elétrons). Negligenciamos esses detalhes, porque alegamos que eles produziriam correções muito pequenas em nossa abordagem mais simples. Essa alegação é sustentada por cálculos mais detalhados e é por isso que nossa abordagem simples concorda tão bem com os dados.

Obviamente, já aprendemos muito: estabelecemos que a pressão do elétron é capaz de sustentar uma estrela anã branca e conseguimos prever com alguma precisão como o raio da estrela muda se adicionarmos ou removermos massa da estrela. Diferente das estrelas "comuns", que estão queimando combustível avidamente, note que as anãs brancas se tornam menores com o aumento de massa. Isso ocorre porque a massa extra adicionada aumenta a gravidade da estrela e isso faz com que ela se contraia. Considerando o valor nominal, o relacionamento expresso na equação (5) parece sugerir que precisaríamos adicionar um valor infinito de massa para que a estrela se contraísse até não ter dimensões. Porém não é isso o que acontece. O relevante, conforme mencionamos no início do capítulo, é que eventualmente migramos para a situação em que os elétrons ficam tão comprimidos que a teoria da relatividade especial de Einstein se torna importante, em razão de a velocidade dos elétrons se aproximar da velocidade da luz. O impacto em nossos cálculos mostra que temos de parar de usar as leis da mecânica de Newton e substituí-las pelas leis de Einstein. Isso, como veremos, faz toda a diferença.

O que estamos prestes a descobrir é que, à medida que a estrela ganha mais massa, a pressão exercida pelos elétrons não será mais proporcional à densidade elevada à potência de $5/3$. Em vez disso, a pressão aumenta menos rapidamente com a densidade. Faremos os cálculos daqui a pouco, no entanto imediatamente podemos ver que isso poderia ter consequências catastróficas para a estrela. Significa que, quando adicionamos massa, há o aumento natural da gravidade, mas um aumento menor da pressão. O destino da estrela depende de quanto "menos rápido" a pressão varia com a densidade quando os elétrons estão se movendo velozmente. É hora de calcular qual é a pressão de um gás de elétrons relativístico.

Felizmente, não precisamos acionar a maquinaria pesada da teoria de Einstein, porque o cálculo da pressão em um gás de elétrons se movendo próximo à velocidade da luz segue quase exatamente o mesmo raciocínio que apresentamos para um gás de elétrons de "movimento lento". A diferença principal é que não podemos escrever que o momento linear $p = mv$, porque isso não é mais correto. O que é correto, entretanto, é que a força exercida pelos elétrons ainda é igual à taxa de mudança de seu momento linear. Antes, deduzimos que uma frota de elétrons ricocheteando em um espelho exerce uma pressão $P = 2mv \times (nv)$. Para o caso relativístico, podemos escrever a mesma expressão, desde que troquemos mv pelo momento linear, p. Também estamos assumindo que a velocidade dos elétrons é próxima à velocidade da luz; assim, podemos substituir v por c. Finalmente, ainda devemos dividir tudo isso por 6, para obter a pressão na estrela. Isso quer dizer que podemos escrever a pressão para o gás relativístico como $P = 2p \times nc/6 = pnc/3$. Como antes, podemos ir em frente e usar o princípio da incerteza de Heisenberg para dizer que o momento linear típico dos elétrons confinados é $h(n/2)^{1/3}$ e, portanto:

$$P = \frac{1}{3} nch \left(\frac{n}{2}\right)^{1/3} \alpha\, n^{4/3}$$

Novamente, podemos comparar essa fórmula à resposta exata, que é

$$P = \frac{1}{16} \left(\frac{3}{\pi}\right)^{1/3} hcn^{4/3}$$

Enfim, é possível seguir a mesma metodologia de antes para expressar a pressão em termos da densidade da massa dentro da estrela e derivar a alternativa à equação (4):

$$P = \kappa' \rho^{4/3}$$

onde $k' \alpha\, hc \times (Z/(Am_p))^{4/3}$. Como prometido, à medida que a densidade aumenta, a pressão cresce menos rapidamente do que no caso não relativístico. Especificamente, a densidade aumenta a uma potência de 4/3 em vez de 5/3. A razão para essa variação mais lenta pode estar relacionada ao fato de que os elétrons não podem viajar mais rápido que a velocidade da luz. Isso significa que o fator "fluxo", *nv*, que usamos para calcular a pressão, satura em *nc*, e o gás não é capaz de lançar os elétrons contra o espelho (ou face do cubo) a uma taxa suficiente para manter o comportamento $\rho^{5/3}$.

Podemos explorar agora as implicações dessa mudança, uma vez que conseguimos adotar o mesmo argumento do caso não relativístico para derivar a contraparte da equação (5):

$$\kappa' M^{4/3} \ \alpha \ GM^2$$

Trata-se de uma conclusão muito importante, porque, diferente da equação (5), ela não tem nenhuma dependência do raio da estrela. A equação está nos dizendo que esse tipo de estrela, composta de elétrons à velocidade da luz, só pode ter um valor muito específico de massa. Substituir por K' do parágrafo anterior nos dá a seguinte previsão:

$$M \alpha \left(\frac{hc}{G}\right)^{3/2} \left(\frac{Z}{Am_p}\right)^2$$

Esse é exatamente o resultado que anunciamos no começo deste capítulo para a massa máxima que uma estrela anã branca pode ter. Estamos muito perto de reproduzir o resultado de Chandrasekhar. Tudo o que resta entender é por que esse valor especial é a massa máxima possível.

Aprendemos que, para estrelas anãs brancas que não têm muita massa, o raio não é tão pequeno e os elétrons não estão muito comprimidos. Eles, portanto, não têm agitação quântica em excesso e sua velocidade é pequena comparada à da luz. Para essas estrelas, vimos que elas são estáveis com um relacionamento massa-raio na forma $RM^{1/3}$ = constante. Agora, imagine adicionar mais massa à estrela. A relação massa-raio nos informa que a estrela se comprime e, em consequência disso, os elétrons ficam mais comprimidos também, o que faz com que eles se agitem mais rapidamente. Adicione ainda mais massa e a estrela se comprime ainda mais. Adicionar massa, portanto, aumenta a velocidade dos elétrons até que, eventualmente, eles viajem a velocidades comparáveis à velocidade da luz. Ao mesmo tempo, a pressão mudará lentamente de $P \alpha \rho^{-5/3}$ para $P \alpha \rho^{-4/3}$ e, no último caso, a estrela só fica estável a um valor específico de massa. Se a massa for aumentada para além desse valor específico, o lado direito da fórmula $k'M^{4/3} \alpha GM^2$ torna-se maior que o lado esquerdo, e a equação se desequilibra. Isso significa que a pressão do elétron (que está no lado esquerdo da equação) é insuficiente para equilibrar a atração para o interior imposta pela gravidade (que está no lado direito) e a estrela necessariamente se colapsa.

Se tivéssemos sido mais detalhistas em nossa abordagem do momento linear do elétron e houvéssemos usado matemática avançada para calcular os números ausentes (de novo, uma tarefa fácil para um computador pessoal), poderíamos fazer uma previsão precisa da massa máxima de uma estrela anã branca. A fórmula para isso seria:

$$M = 0.2 \left(\frac{hc}{G}\right)^{3/2} \left(\frac{Z}{Am_p}\right)^2 = 5.8 \left(\frac{Z}{A}\right)^2 M_\odot$$

onde re-expressamos o conjunto de constantes físicas em termos da massa de nosso Sol M. Observe, a propósito, que todo o trabalho extra que tivemos simplesmente retorna a constante de proporcionalidade, que tem um valor de 0,2. Essa equação fornece o tão procurado limite de Chandrasekhar: 1,4 da massa solar para $Z/A = \frac{1}{2}$.

Este é realmente o fim de nossa jornada. Os cálculos neste capítulo foram de um nível matemático mais elevado que o do resto do livro, mas isso se trata, a nosso ver, de uma das mais espetaculares demonstrações do poder da física moderna. Temos de admitir que não é uma coisa útil, contudo é, certamente, um dos grandes triunfos da mente humana. Usamos relatividade, mecânica quântica e raciocínio matemático apurado para calcular corretamente o tamanho máximo de um pequeno ponto de matéria que pode enfrentar a gravidade pelo princípio de exclusão. Isso significa que a ciência está certa: que a mecânica quântica, não importa o quão estranha possa parecer, é uma teoria que descreve o mundo real. E essa é uma boa maneira de encerrar nosso texto.

Leitura adicional

Usamos muitos livros na preparação deste livro. Entretanto, alguns merecem menção especial e são excelentes recomendações.

Para a história da mecânica quântica, as fontes definitivas são dois livros soberbos de Abraham Pais: *Inward Bound* (*Salto para o interior*) e *Subtle is the Lord...* (*Sutil é o Senhor...*). Os dois são um tanto técnicos, porém ricos em detalhes históricos.

O livro de Richard Feynman, *QED: The Strange Theory of Light and Matter* (*EDQ: A estranha teoria da luz e da matéria*) é de nível semelhante a este livro e enfoca mais a teoria da eletrodinâmica quântica, como indica o título. É agradável de ler, como a maioria dos escritos de Feynman.

Para aqueles que procuram se aprofundar, o melhor livro sobre os fundamentos da mecânica quântica ainda é, em nossa opinião, o livro de Paul Dirac, *The Principles of Quantum Mechanics* (*Os princípios da mecânica quântica*). É necessário um elevado nível de conhecimento matemático para lê-lo.

Na internet, recomendaríamos duas palestras disponíveis na iTunes University: "*Modern Physics: The Theoretical Minimum – Quantum Mechanics*" (*Física moderna: O mínimo teórico – Mecânica quântica*), de Leonard Susskind; e o texto mais avançado *Quantum Mechanics* (*Mecânica quântica*), de James Binney, da Universidade de Oxford. Ambos requerem um razoável conhecimento matemático.